空间可展开天线机构创新设计

郭宏伟　刘荣强　李　兵　著

科学出版社

北　京

内 容 简 介

本书概述了空间可展开天线机构的特点与分类、发展现状与应用情况，系统介绍了空间可展开天线机构的创新设计理论与方法。书中详细介绍了模块化构架式、弹性铰链展开式、折叠肋式和双层环形桁架式等新型可展开天线机构的设计方法，围绕不同类型的空间可展开天线机构构型设计、展开与驱动、运动学与动力学分析、结构设计与优化、样机研制与试验等进行阐述。

本书面向航天领域的科研工作者，同时可供航空宇航科学与技术、机械工程等相关专业的高等院校师生参考。

图书在版编目（CIP）数据

空间可展开天线机构创新设计/郭宏伟，刘荣强，李兵著. —北京：科学出版社，2018.11

　　ISBN 978-7-03-059699-4

Ⅰ. ①空…　Ⅱ. ①郭…　②刘…　③李…　Ⅲ. ①卫星天线-天线设计　Ⅳ. ①TN827

中国版本图书馆 CIP 数据核字（2018）第 260172 号

责任编辑：朱英彪　赵晓廷 / 责任校对：张小霞
责任印制：张　伟 / 封面设计：蓝正设计

科 学 出 版 社 出版
北京东黄城根北街 16 号
邮政编码：100717
http://www.sciencep.com
北京九州迅驰传媒文化有限公司 印刷
科学出版社发行　各地新华书店经销
*
2018 年 11 月第 一 版　开本：720×1000　B5
2024 年 1 月第三次印刷　印张：20 1/2
字数：413 000
定价：**168.00 元**
（如有印装质量问题，我社负责调换）

序　言

　　空间可展开天线在高分辨率对地观测、卫星通信和深空探测等重大航天工程中扮演着重要的角色，目前已成为各航天大国的研究热点之一。

　　该书作者紧密围绕国家航天任务需求，在空间可展开天线机构方面开展了系统而深入的研究工作，取得了突破性的进展：设计出模块化构架式、双层环形桁架式、折叠肋式等多种空间可展开天线机构，提出了空间可展开天线机构的创新设计方法，并成功研制了多种大型空间可展开天线机构；将工程应用与理论研究紧密结合，不断进行开拓与创新，逐步形成了特色鲜明的空间可展开天线机构设计理论与方法。

　　该书是作者多年来研究成果的总结，所提出的理论与方法具有重要的学术价值。书中详细介绍了空间可展开天线机构研究方面的创新性、突破性工作，涵盖了构型综合理论、性能评价方法、结构设计与优化、运动学与动力学分析、样机研制与试验测试等内容。该书所提出的理论与方法以及形成的关键技术等研究成果已在航天工程中得到应用。

　　该书丰富和发展了空间机构学理论，内容翔实，适用面广，对于从事宇航空间机构研究的科技工作者有着重要的借鉴和参考价值。

中国工程院院士

2018 年 7 月

前　　言

空间可展开天线机构对天线工作反射面起到在轨展开、高精度定位与稳定支撑的作用，是航天器雷达天线的重要组成部分。随着卫星通信、对地观测、深空探测等航天任务的不断增多，对新型空间可展开天线机构的需求也不断增加。本书在国内外已有的空间可展开天线机构研究与应用基础上，介绍空间可展开天线机构的创新设计方法。

本书概述了空间可展开天线机构的功能与需求、特点与分类、发展与应用，介绍了空间可展开天线机构创新设计的理论与方法。全书共 12 章：第 1 章概述了空间可展开天线机构的分类与特点、发展现状与应用情况；第 2 章介绍了空间可展开天线机构的组成、创新设计流程、机构设计理论与应用；第 3 章介绍了空间可展开天线机构的运动学与动力学、参数优化与网面设计、地面试验与测试等建模及分析方法；第 4～12 章分别介绍了模块化平面可展开天线机构、基于弹性铰链的抛物柱面可展开天线机构、折叠肋式可展开天线机构、双层环形桁架式可展开天线机构、基于 Bennett 单元的可展开天线机构、模块化构架式可展开天线机构、索杆张拉式可展开天线机构、薄膜天线可展开机构和固面天线可展开机构共 9 类新型空间可展开天线机构的设计工作，以期丰富空间可展开天线机构的结构形式和种类，进一步推动空间可展开天线机构的工程应用。

本书作者均为从事空间折展机构研究的科研人员。第 1～3 章、第 5～7 章、第 10～12 章由郭宏伟撰写，第 4 章、第 8 章由刘荣强撰写，第 9 章由李兵撰写。郭宏伟对全书进行了统稿。

本书相关的研究工作得到了国家自然科学基金项目(U1613201，U1637207，51575119，51675114)以及航天工程部门项目的资助，本书是作者多年来与航天工程部门开展科研合作的结晶，特此对项目资助单位表示感谢。

邓宗全院士开创了作者团队的宇航空间机构研究方向，在全书的撰写过程中给出了指导性意见和建议，并对全书进行了审读，在此特别感谢。王岩、杨慧、宋小科、史创、刘瑞伟、李冰岩、唐愉真、张蒂、田进和王建东等为本书提供了相关资料，并参加了相关文字的核校、图表绘制工作，在此表示感谢。

由于作者水平有限，书中难免存在不足之处，恳请读者批评指正。

作　者

2018 年 5 月

目　　录

序言

前言

第1章　绪论 ……………………………………………………………… 1

　1.1　概述 …………………………………………………………………… 1

　　1.1.1　空间可展开天线的功能 ……………………………………… 1

　　1.1.2　空间可展开天线的需求分析 ………………………………… 1

　1.2　空间可展开天线的分类 ……………………………………………… 2

　1.3　空间可展开天线机构的特点 ………………………………………… 3

　1.4　空间可展开天线机构的应用 ………………………………………… 4

　　1.4.1　平面可展开天线机构 ………………………………………… 4

　　1.4.2　抛物面可展开天线机构 ……………………………………… 8

　　1.4.3　抛物柱面可展开天线机构 …………………………………… 17

　1.5　本章小结 ……………………………………………………………… 20

　参考文献 …………………………………………………………………… 20

第2章　空间可展开天线机构设计理论 ………………………………… 23

　2.1　空间可展开天线机构的组成 ………………………………………… 23

　2.2　空间可展开天线机构创新设计流程 ………………………………… 24

　2.3　空间可展开天线机构构型设计理论 ………………………………… 26

　　2.3.1　图论 …………………………………………………………… 26

　　2.3.2　螺旋理论 ……………………………………………………… 29

　2.4　基于图论的可展开单元拓扑结构设计与分析 ……………………… 30

　　2.4.1　概念构型建立 ………………………………………………… 30

　　2.4.2　拓扑结构分析 ………………………………………………… 35

　　2.4.3　运动副的确定 ………………………………………………… 37

　　2.4.4　实例分析 ……………………………………………………… 40

　2.5　基于螺旋理论的过约束可展开单元构型综合 ……………………… 46

　　2.5.1　过约束可展开单元的螺旋表示 ……………………………… 46

　　2.5.2　公共约束存在下的可展开单元综合 ………………………… 50

　　2.5.3　实例分析 ……………………………………………………… 53

　　2.5.4 冗余约束存在下的可展开单元综合 ·············· 56

2.6 本章小结 ··· 58

参考文献 ··· 58

第3章 空间可展开天线机构分析方法 ······················· 60

3.1 展开过程运动学与动力学分析 ···················· 60

　　3.1.1 展开过程运动学建模方法 ···················· 60

　　3.1.2 展开过程动力学建模方法 ···················· 62

3.2 展开态动力学建模与仿真 ························· 72

　　3.2.1 多铰桁架机构动力学建模 ···················· 73

　　3.2.2 有限元建模与模态分析 ······················ 76

　　3.2.3 动力学等效建模方法 ························ 77

3.3 参数优化与网面设计 ····························· 78

　　3.3.1 结构参数优化 ······························ 78

　　3.3.2 天线网面设计 ······························ 79

3.4 可展开天线机构试验方法 ························· 85

　　3.4.1 微重力环境模拟 ···························· 85

　　3.4.2 力学测试 ·································· 86

　　3.4.3 精度测试 ·································· 89

3.5 本章小结 ····································· 89

参考文献 ··· 89

第4章 模块化平面可展开天线机构设计 ················· 91

4.1 模块化可展开天线机构方案 ···················· 91

　　4.1.1 单模块概念设计 ···························· 91

　　4.1.2 基本单元设计与优选 ························ 92

　　4.1.3 可展开机构方案的生成 ······················ 96

4.2 天线机构展开运动学分析 ························· 97

　　4.2.1 运动学分析模型 ···························· 97

　　4.2.2 运动奇异解耦 ····························· 100

　　4.2.3 展开运动仿真 ····························· 105

4.3 天线机构展开动力学分析 ························ 105

　　4.3.1 展开过程刚体动力学分析 ··················· 105

　　4.3.2 展开过程柔性动力学分析 ··················· 108

4.4 天线机构优化设计 ····························· 112

　　4.4.1 优化模型 ································· 112

　　　　4.4.2　近似数学模型的建立 ·············113
　　　　4.4.3　参数优化 ·····················116
　　4.5　天线机构设计与样机研制 ··········119
　　　　4.5.1　模块化可展开机构设计 ·········119
　　　　4.5.2　天线机构模态分析 ···········120
　　　　4.5.3　样机研制与试验 ············122
　　4.6　本章小结 ·······················126
　　参考文献 ···························126
第5章　基于弹性铰链的抛物柱面可展开天线机构设计 ···127
　　5.1　弹性铰链力学建模与试验验证 ·······127
　　　　5.1.1　带簧力学建模 ···············127
　　　　5.1.2　弹性铰链力学建模 ············131
　　　　5.1.3　试验验证 ·················134
　　5.2　弹性铰链折展过程分析 ············135
　　　　5.2.1　准静态展开过程性能分析 ······136
　　　　5.2.2　展开过程分析 ··············138
　　5.3　抛物柱面可展开天线机构设计 ·······143
　　　　5.3.1　天线机构组成 ··············143
　　　　5.3.2　天线机构展开动作流程 ········144
　　　　5.3.3　机构展开原理 ··············145
　　5.4　抛物柱面可展开天线机构研制与测试 ···147
　　　　5.4.1　样机研制 ·················147
　　　　5.4.2　试验测试 ·················148
　　5.5　本章小结 ·······················151
　　参考文献 ···························151
第6章　折叠肋式可展开天线机构设计 ·········152
　　6.1　折叠肋式可展开天线机构原理与运动学分析 ···152
　　　　6.1.1　天线机构的组成与工作原理 ······152
　　　　6.1.2　天线机构运动学分析 ···········154
　　　　6.1.3　天线机构柔索布置 ···········157
　　6.2　折叠肋式可展开天线机构动力学分析 ···162
　　　　6.2.1　动力学建模与模态分析 ········162
　　　　6.2.2　频率影响因素分析 ···········164
　　6.3　参数优化与结构设计 ·············165

　　　　6.3.1　优化模型建立 ·· 166
　　　　6.3.2　结构参数优化 ·· 166
　　　　6.3.3　折叠肋机构设计 ·· 167
　　6.4　索网设计与样机验证 ·· 169
　　　　6.4.1　索网拓扑成型 ·· 169
　　　　6.4.2　样机研制与验证 ·· 171
　　6.5　本章小结 ·· 173
　　参考文献 ·· 173
第7章　双层环形桁架式可展开天线机构设计 ·· 175
　　7.1　双层环形桁架式可展开天线机构的特点 ·· 175
　　7.2　双层环形桁架式可展开天线机构的构建与分析 ·· 177
　　　　7.2.1　基于连系桁架的构建方法 ·· 177
　　　　7.2.2　基于四棱柱可展开单元的构建方法 ·· 178
　　　　7.2.3　双层环形桁架可展开条件分析 ·· 187
　　7.3　基于连系桁架的可展开天线机构设计 ·· 188
　　　　7.3.1　内外层环形桁架机构设计 ·· 188
　　　　7.3.2　可展开天线机构设计 ·· 190
　　7.4　双层环形桁架式可展开天线机构等效动力学建模 ······································ 190
　　　　7.4.1　双层环形桁架单元应变能与动能计算 ·· 191
　　　　7.4.2　连续体应变能及动能计算 ·· 194
　　　　7.4.3　天线单元连续体等效模型建立 ·· 195
　　　　7.4.4　等效动力学模型验证 ·· 195
　　7.5　双层环形桁架式可展开天线机构动力学特性分析 ······································ 200
　　　　7.5.1　双层环形桁架节点受力分析 ·· 200
　　　　7.5.2　双层环形桁架固有频率影响因素分析 ·· 202
　　　　7.5.3　影响因素灵敏度分析 ·· 204
　　7.6　本章小结 ·· 205
　　参考文献 ·· 205
第8章　基于Bennett单元的可展开天线机构设计 ·· 207
　　8.1　Bennett机构及其替代构型 ·· 207
　　　　8.1.1　Bennett机构 ·· 207
　　　　8.1.2　Bennett机构替代构型 ·· 208
　　8.2　Bennett机构模块化组网 ·· 211
　　　　8.2.1　过渡单元法 ·· 211

8.2.2　机构网络构建 …………………………………………… 213

8.2.3　机构网络自由度分析 …………………………………… 215

8.3　基于 Bennett 单元的抛物柱面天线机构设计 ………………… 224

8.3.1　机构网络的展开和收拢状态 …………………………… 224

8.3.2　抛物柱面拟合过程 ………………………………………… 225

8.3.3　抛物柱面天线模型 ………………………………………… 227

8.4　基于 Bennett 单元的双层天线机构设计 ……………………… 228

8.4.1　复合机构设计 ……………………………………………… 228

8.4.2　可展开双层机构网络构建 ………………………………… 229

8.4.3　索网桁架机构形面拟合 …………………………………… 231

8.4.4　可展开抛物面天线机构设计 ……………………………… 234

8.4.5　样机研制与试验 …………………………………………… 238

8.5　本章小结 …………………………………………………………… 240

参考文献 …………………………………………………………………… 241

第 9 章　模块化构架式可展开天线机构设计 …………………………… 242

9.1　新型模块化天线机构方案设计 ………………………………… 242

9.1.1　可展开肋单元 ……………………………………………… 242

9.1.2　构型创新设计与分析 ……………………………………… 243

9.2　天线机构尺度设计与建模 ……………………………………… 245

9.2.1　天线抛物面的拟合方法 …………………………………… 245

9.2.2　可展开机构几何建模 ……………………………………… 247

9.2.3　可展开机构三维建模 ……………………………………… 249

9.3　天线机构动力学建模与分析 …………………………………… 250

9.3.1　动力学建模 ………………………………………………… 251

9.3.2　动力学分析 ………………………………………………… 253

9.4　可展开天线索网设计 …………………………………………… 255

9.4.1　索网结构分析 ……………………………………………… 255

9.4.2　索网结构找形 ……………………………………………… 255

9.4.3　索网结构的误差计算 ……………………………………… 256

9.5　可展开机构优化设计 …………………………………………… 257

9.5.1　索单元拉力优化 …………………………………………… 257

9.5.2　结构参数优化 ……………………………………………… 259

9.6　本章小结 …………………………………………………………… 260

参考文献 …………………………………………………………………… 260

第 10 章 索杆张拉式可展开天线机构设计 ································ 262

10.1 索杆张拉式可展开天线机构参数化建模 ················ 262

    10.1.1 基本张拉单元 ·· 262

    10.1.2 基本张拉模块 ·· 263

    10.1.3 索杆张拉天线机构 ·· 266

10.2 天线机构力学分析 ·· 268

    10.2.1 天线机构力学建模 ·· 268

    10.2.2 基本参数求解 ·· 272

10.3 索杆张拉式可展开天线机构参数分析 ················ 273

    10.3.1 张拉天线解域分析 ·· 273

    10.3.2 张拉天线参数分析 ·· 275

    10.3.3 张拉天线展开形态分析 ·· 280

10.4 索杆张拉式可展开天线机构设计与研制 ············ 281

    10.4.1 张拉天线机构设计 ·· 281

    10.4.2 样机研制与试验 ·· 282

10.5 本章小结 ·· 284

参考文献 ··· 285

第 11 章 薄膜天线可展开机构设计 ································ 286

11.1 薄膜天线可展开机构构型设计 ························ 286

    11.1.1 系统组成 ·· 286

    11.1.2 薄膜天线可展开机构构型 ·· 287

11.2 薄膜的折叠与张拉找形分析 ···························· 288

    11.2.1 薄膜的折叠 ·· 288

    11.2.2 薄膜张拉系统设计 ·· 290

    11.2.3 薄膜力学特性分析 ·· 291

11.3 基于弹性伸杆的可展开机构设计 ···················· 293

    11.3.1 弹性伸杆机构 ·· 293

    11.3.2 豆荚杆展开机构 ·· 296

    11.3.3 三棱柱式薄膜天线机构设计 ··· 298

11.4 本章小结 ·· 300

参考文献 ··· 300

第 12 章 固面天线可展开机构设计 ································ 302

12.1 太阳花式可展开天线机构设计 ························ 302

    12.1.1 基本可展开单元设计 ·· 302

　　12.1.2　基本可展开单元组装与运动特性分析 …………………………… 304

　　12.1.3　太阳花式可展开机构设计 ……………………………………… 307

12.2　多瓣式可展开天线机构设计 ………………………………………… 309

　　12.2.1　天线机构的分瓣设计 …………………………………………… 309

　　12.2.2　可展开机构设计 ………………………………………………… 310

12.3　本章小结 ……………………………………………………………… 314

参考文献 ……………………………………………………………………… 314

第1章 绪 论

1.1 概 述

1.1.1 空间可展开天线的功能

空间可展开天线是指装载在卫星、飞船等航天器上的具有展开功能的天线，是卫星信号的输入器和输出器。空间可展开天线是航天器的关键有效载荷之一，相当于航天器的"眼睛"和"耳朵"。例如，在卫星通信领域，卫星天线可实现空间数据中继、空间与地球间数据传输，具有覆盖区域广、距离远、安全可靠等特点；在电子侦察领域，卫星天线具有成像、目标识别等多种工作模式，能够不受气候和作战环境的影响，不间断地对目标进行实时侦察，已成为军事侦察和战略预警的重要手段；在导航领域，用户通过卫星天线可对地面、海洋、空中和空间目标进行导航定位；在资源探测领域，卫星天线能够"看透"地层，普查农作物、森林、海洋和空气等资源[1,2]。

空间可展开天线作为获取信息的核心装备，现已广泛应用于无线通信、军事侦察、导航、遥感、深空探测及射电天文等领域。

1.1.2 空间可展开天线的需求分析

从 1957 年最早的人造卫星天线应用至今，大型空间天线技术得到了迅速发展，许多科学应用领域如空间通信、太空观测、电子侦察及资源勘探等都对空间天线提出了不同的功能需求，且需求量与日俱增，对空间天线的技术性能要求也越来越高[3-5]。

为增加卫星的覆盖区域和提高卫星的精度，满足卫星多功能、多波段、大容量、大功率、长寿命等的需要，天线必须具有非常宽的信号接收频带；同时，因为所接收的信号很弱，所以对天线的增益要求较高。因此，卫星天线不可避免地趋于大型化和复杂化。

电子侦察卫星、空间通信卫星、环境监测卫星和导航卫星等是大口径空间天线最常应用的领域，其对天线口径的需求都在 10m 以上。根据天线部署轨道及性能指标的不同，天线口径可达几十米至上百米，例如，地球静止轨道电子侦察卫星的接收天线口径通常为 30～100m，而太阳能发电卫星为了传输高能微波至地球则需要上百米口径的超大型天线。除了对卫星天线的大口径需求外，天线反射面的形面精度也是影响天线增益等电性能的主要因素。随着天线口径的增大和工作频率的提高，对天线反射面精度的要求也越来越高。而同时满足卫星天线的大口径与高精度具有较大难度，天线结构也会很复杂[6,7]。

随着卫星在地球探测、射电天文观测、深空探测和能量传输等方面的深入应用，大型天线的需求量日益增加。当天线折叠起来仍然过大且不能收藏于运载工具之内时，需要把天线分成若干部分，分批送入轨道后再在卫星上利用空间机器人装配成完整的天线，这类天线称为空间组装型天线。该类天线能适应空间天线大型化、高频化的发展要求，具有不可估量的发展潜力[8-10]。

1.2　空间可展开天线的分类

为适应不同空间任务及满足不同用途卫星的需求，各式各样的空间天线应运而生。空间天线的分类方式也不尽相同，根据目前应用较多的空间天线特点，可按照天线结构形状、反射面结构形式和天线机构展开方式等进行分类。

1. 按照天线结构形状分类

按照天线结构形状，空间天线可分为线状天线、抛物面天线、抛物柱面天线和平面天线。①线状天线结构简单、质量轻，常用于小型漫游器，如旅行者号航天器就采用了线状天线。②由抛物面反射器和位于其焦点处的馈源组成的天线称为抛物面天线。以轴对称的抛物面一部分为天线的反射器，有正馈和偏馈两种形式，偏馈式天线由于没有馈源的遮挡，电性能优于正馈式天线。抛物面天线的主要优势是它的高方向性，故应用最多。③抛物柱面天线由线性馈源和抛物柱面反射器组成。其具有如下优点：天线具有自动扫描功能；多馈源可实现大功率工作；兼顾自动波束扫描功能，能实现天线的高增益。空间抛物柱面天线已应用于降水雷达、搜索雷达和射电天文望远镜等多类有效载荷。④平面天线为有源相控阵天线，具有波束指向非常灵活、迅速和多波束形成等优点，广泛应用于高分辨率对地观测、海洋观测、天基预警等航天任务中，如用于美国海洋资源卫星、航天飞机成像雷达、火星探路者和火星探测漫游器等。

2. 按照天线反射面结构形式分类

按照天线反射面结构形式，空间天线可分为刚性反射面天线、金属网反射面天线和薄膜反射面天线三类。

刚性反射面天线也称固面反射面天线。固面反射面主要由多块刚性金属板或碳纤维板拼合而成，其最大优点是反射面精度高，但是结构质量大、折展比小，仅限于口径较小的天线，已应用于深空探测天文望远镜。

金属网反射面天线是目前卫星天线应用最广的一种形式，其反射面由柔性金属网构成，典型的编织网材料是镀金、钼或铍铜线，具有单位面积质量轻、易折叠的特点，便于与各种可展开的支撑机构组合成型。目前，在轨运行的大口径空间天线大多数采用此类反射面。

薄膜反射面天线是近年来提出的一种新型反射面天线，通过在聚酰亚胺薄膜材料上镀一层金属反射介质来达到反射电磁波的目的。该天线具有精度高、质量轻、收拢体积小、易于实现折叠与展开等特点，能够满足空间天线对大口径、高精度及超轻质量等技术指标的要求，是未来空间天线的发展方向之一。

3. 按照天线机构展开方式分类

早期的空间天线口径较小，一般采用不可展开的整体式天线。而对于大口径天线，由于受发射运载空间的限制，多采用可展开形式，即在发射时天线处于收拢状态，当卫星入轨后展开至工作状态。可展开天线已广泛应用于地球静止轨道通信卫星、电子侦察卫星、跟踪与数据中继卫星等。

根据天线机构展开方式不同，可将空间天线分成不同的类别，常见的有固面可展开天线、径向肋可展开天线、缠绕肋可展开天线、环柱形可展开天线、环形桁架式可展开天线、索杆张拉式可展开天线、模块构架式可展开天线、柔性自回弹可展开天线和充气可展开天线等。

1.3　空间可展开天线机构的特点

空间可展开天线机构是天线系统的重要组成部分，对天线反射面起到展开、成型与支撑定位的作用，并提供足够的刚度与精度。空间可展开天线机构的结构形式、性能对天线系统的工作性能至关重要。目前，在轨应用的空间天线机构通常具有可展开、轻质量、高稳定等特点[1,2,10]。作为骨架，可展开机构占据天线质量的主要部分，决定了天线的刚度，直接影响天线的固有频率，是卫星可展开天线设计的关键内容。下面列出空间可展开天线机构的主要特点。

1. 可展开

为满足多功能、多波段、大容量、高功率、高增益的需求，空间天线不可避免地趋于大型化，机构的可展性使得大口径空间天线的设计与应用成为现实。可展开天线机构的设计就是要实现大折展比，即发射状态的收拢体积小，展开状态的口径大。

2. 轻质量

减小质量是航天器结构与机构永恒的设计目标，空间天线机构的质量是其设计过程中严格限制的约束条件，通常通过设计新的结构形式和采用新的轻质材料来减小天线机构的质量。例如，在结构设计上采用弹性驱动、弹性自展开或充气等形式，在天线反射面方面采用柔性网面、薄膜等材料。

3. 高稳定

要保持天线在真空、高低温交变和微重力空间环境下的工作性能，天线机构必须具有高稳定特性，即热稳定、高精度和高刚度性能。天线机构的形式和材料需要能够适应大范围的温度变化，受热变形要小，且具有足够的刚度以抵抗空间各种扰动产生的变形。

1.4　空间可展开天线机构的应用

空间天线是卫星结构的重要组成部分，在移动通信、射电天文、对地观测和军事侦察等领域都得到了广泛的应用。下面详细介绍空间可展开天线机构在国内外各卫星天线中的应用现状。

1.4.1　平面可展开天线机构

自 1978 年第一个空间合成孔径雷达(synthetic aperture radar, SAR)诞生以来，已经有多个国家掌握了 SAR 技术，大量形式各异的可展开机构作为空间 SAR 天线支撑机构得到了广泛的应用[11,12]。

1. 美国 SEASAT 卫星天线

1978 年 6 月美国国家航空航天局(National Aeronautics and Space Administration, NASA)喷气推进实验室(Jet Propulsion Laboratory, JPL)发射了世界首颗载有 SAR 的海洋观测卫星 SEASAT，开启了借助 SAR 天线从太空观测地球的时代，其天线如图 1.1 所示[13]。SEASAT 卫星天线采用 V 状可展开机构支撑天线阵面，由八块天线面板组合而成，天线面板依靠六棱锥机构保持同步。

图 1.1　美国 SEASAT 卫星天线

2. 欧洲太空局 ENVISAT 卫星天线

欧洲太空局(简称欧空局) 2000 年发射的 ENVISAT 卫星上所搭载的高级合成孔径雷达(advanced synthetic aperture radar, ASAR)天线，有源阵面重 600kg，如图 1.2 所示[14]。该天线没有采用可展开支撑机构，但是展开后由高刚度铰链锁紧刚化，具有多极化、多入射角、大幅宽等新特性。分辨率为 30m，可测绘 500km 的成像幅宽。

图 1.2　欧空局 ENVISAT 卫星的 ASAR 天线

3. 加拿大 RadarSat 卫星天线

1995 年 11 月，加拿大航空局成功发射了 RadarSat-Ⅰ卫星，并于 1996 年 4 月正式工作，其天线如图 1.3 所示[15]。RadarSat-Ⅰ卫星天线由两套相同的四棱锥可展开机构支撑，两块天线面板形成卫星两翼，天线阵面共重 446kg，工作于 C 频段，最大分辨率为 8m。

2007 年，加拿大航天局又发射了 RadarSat-Ⅱ卫星，其天线如图 1.4 所示[16]。作为 RadarSat-Ⅰ的承继卫星，RadarSat-Ⅱ卫星采用了有源相控阵天线，其阵面共有 4 个面板，展开尺寸为 15m×1.4m，分辨率为 3m。RadarSat-Ⅱ 卫星上单翼天线重 400kg，其中支撑机构重 57kg。单侧可展开支撑机构由一组电机组件驱动展开，并依靠一套六连杆联动机构来传递动力、协调单翼两块面板的展开位移和速度，使整套机构实现展开。RadarSat 卫星天线具有刚度高、质量轻、运动简单的特点，但属于非模块化机构，无法进行模块化拓展。

 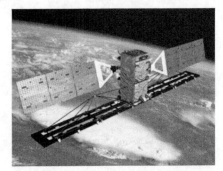

图 1.3　RadarSat-Ⅰ 卫星天线　　　　图 1.4　RadarSat-Ⅱ 卫星天线

4. 日本 ALOS 卫星天线

日本于 2006 年在种子岛宇宙中心发射了先进对地观测卫星 ALOS，其搭载的 Palsar 天线如图 1.5 所示[17]。Palsar 天线阵面重 600kg，可展开机构由 2 组支撑杆构成，以电机驱动，副支撑杆连接 4 块面板进行联动；该支撑机构展开运动平稳，且质量轻。Palsar 天线展开后的尺寸为 8.9m×3.1m，工作于 L 波段，最大分辨率可达 2.5m。

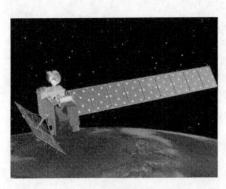 

(a) 展开状态　　　　　　　　　　　(b) 收拢状态

图 1.5　日本 ALOS 卫星天线

5. 薄膜天线

薄膜天线具有质量轻的优势，已成为天基预警雷达天线的发展趋势，目前已成为各航天大国竞相研究的热点。其中最具代表性的是美国喷气推进实验室研制的 L 波段薄膜天线，如图 1.6 所示[18]。样机尺寸为 3.3m×1.5m，天线阵面采用三层薄膜结构，辐射单元为微带贴片天线。薄膜材料由 0.13mm 厚的 Kapton 介质材料构成，涂覆的铜层厚度为 5μm。薄膜与周边支撑杆件由一系列的张力索连接，薄膜层间的距离由连接点结构和薄膜层间的泡沫隔条共同保持。天线周边桁架采用复合充气式结构，天线阵面单位面积质量为 2kg/m^2。2000 年以后，美国喷气推进实验室在上述 3m 模型的基础上，又设计制造了 10m 口径薄膜阵列天线，如图 1.7 所示。

图 1.6　L 波段薄膜天线

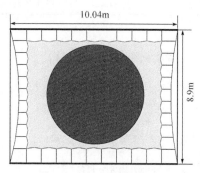

图 1.7　10m 口径薄膜天线

德国航空太空中心和欧空局开展了合作研究，研制了用豆荚杆展开的薄膜天线，面积为 40m^2，总质量不超过 60kg[19]。此外，加拿大航天局和 EMS 公司合作研制了与之结构类似的 2.6m×1.7m 薄膜天线样机，如图 1.8 所示。

图 1.8　豆荚杆展开的薄膜天线样机

表征平面天线可展开机构的性能指标主要有展开/收拢尺寸、展开/收拢基频、质量和可支撑天线面板数。上述典型平面天线可展开机构的技术参数对比如表 1.1 所示。

表 1.1　典型平面天线可展开机构的技术参数

可展开天线机构	展开尺寸/m	收拢尺寸/m	展开基频/Hz	收拢基频/Hz	质量/kg	可支撑天线面板数目
SEASAT	10.7×2.2	1.4×2.2	0.9	10	29	8
ERS-1	10×1	2.05×1.1	4	50	85	5
SRTM	8.1×0.9	—	—	—	—	—
RadarSat-I	15×1.5	3.75×1.5	3.8	20	—	4
ENVISAT	10×1.3	2×1.3	3.8	—	—	5
ALOS	8.9×3.1	2.3×3.1	4	—	—	4
RadarSat-II	15×1.4	3.75×1.4	4	20	124	4

1.4.2　抛物面可展开天线机构

抛物面可展开天线机构根据反射面不同可分为网面可展开天线机构和固面可展开天线机构。

1. 网面可展开天线机构

1) 径向肋可展开天线

NASA 针对跟踪与数据中继卫星和"伽利略"号木星探测器研制了一种伞状天线，称为径向肋可展开天线，主要由径向折叠的刚性肋和反射网组成[20]。天线工作表面采用镀金钼网，用 18 根抛物线形碳纤维肋对镀金金属丝网进行支撑，金属丝网与一组等间距的条带连接在一起以保持设计形状，其结构如图 1.9 所示。这些支撑肋无法折叠，因此天线收拢后的高度与肋的长度相差不大。一个口径为 5m 的径向肋可展开天线，其收拢后的直径和高度分别为 0.9m 和 2.7m，天线总质量为 24kg。径向肋可展开天线结构简单、自重小，但折展比不高。

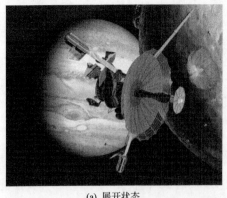

(a) 展开状态　　　　　　　　　　　　　　　　(b) 收拢状态

图 1.9　径向肋可展开天线

2) 缠绕肋可展开天线

缠绕肋可展开天线为 NASA 喷气推进实验室与洛克希德·马丁公司联合研制的一种网状抛物面天线,其结构主要包括反射网面、弹性肋和中心轮毂等[21]。收拢时,肋缠绕在中心轮毂上,肋为空心薄壁结构,截面形状可采用凸透镜形,以实现弹性大变形;天线依靠释放肋储存的弹性势能实现展开。美国发射的 ATS-6 卫星上携带了一个口径为 9.1m 的缠绕肋可展开天线,其收拢后的直径和高度分别为 2.0m 和 0.45m,如图 1.10 所示。该天线由 48 根肋组成,总质量为 60kg。缠绕肋可展开天线具有很高的展开可靠性及较大的折展比,较适合作为较大口径的可展开天线,但其刚度较低。

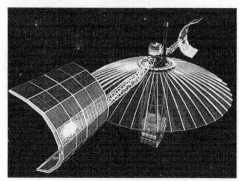 

(a) 展开状态   (b) 收拢状态

图 1.10 ATS-6 卫星缠绕肋可展开天线

3) 折叠肋可展开天线

Harris 公司为亚洲蜂窝卫星系统设计了一个折叠肋可展开天线,天线的支撑桁架由若干根可以折叠的肋组成,肋展开时呈直线状,肋上装有许多长度不等的支撑杆,通过这些支撑杆来使反射网形成抛物面的形状。2009 年 7 月发射成功的 TerreStar-1 卫星搭载了 Harris 公司的展开口径为 18m 的大口径折叠肋可展开天线(图 1.11),它的平均面密度为 0.3kg/m²,是目前面密度最小的可展开天线[22]。天线骨架由 6 根支肋组成,每根支肋由内外两部分铰接而成:内侧用单杆铰接于中心毂上,外侧用双杆铰接于内侧杆端。通过索构件的预应力平衡肋骨架,整个天线结构系统处于平衡稳定状态。该结构是张拉整体结构与传统铰链式可展开桁架结构的有机结合。

2016 年,洛克希德·马丁公司制造了新一代安全通信卫星 MUOS-5,其上搭载了两个由 Harris 公司制造的折叠肋可展开天线,口径分别为 5.4m 和 14m,如图 1.12 所示[23,24]。

(a) 展开状态

(b) 收拢状态

图 1.11　TerreStar-1 卫星径向折叠肋可展开天线

图 1.12　MUOS-5 卫星折叠肋可展开天线

4) 环形桁架式可展开天线

环形桁架式可展开天线由可展开环形桁架、前索网、后索网、拉索和金属反射网组成，其中可展开环形桁架由若干个四边形单元组成，如图 1.13 所示。图中机构的对角杆长度可变，利用这个特点实现机构的展开。环形桁架式可展开天线的优点

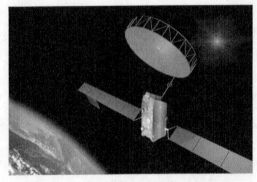
(a) 展开状态

(b) 收拢状态

图 1.13　环形桁架式可展开天线

是口径可达百米级，且随着口径的增大，天线质量不会成比例增加，天线折展比大，质量小。2000 年发射的 Thuraya 卫星上携带了一个口径为 12.25m 的环形桁架式可展开天线，质量为 55kg，收拢后的直径和高度分别为 1.3m 和 3.8m[25,26]。其中前、后索网安装在可展开环形桁架上，且前、后索网间连接有一定预紧力的竖向拉索，前、后索网在竖向拉索预紧力的作用下呈抛物面形状。

5) 模块构架式可展开天线

模块构架式可展开天线是一种新型的可展开天线，采用模块化思想设计，通常由六棱柱或四面体模块组成，改变模块的数量和大小可以得到不同口径的可展开天线。2006 年，日本国家空间发展局发射的工程试验卫星 ETS-Ⅷ上携带了两个 19m×17m 的模块构架式可展开天线[27-29]。该天线最突出的特点是每个天线由14 个直径为 4.8m 的模块组成，收拢后的高度和直径分别为 4m 和 1m，天线总质量为 170kg，如图 1.14 所示。

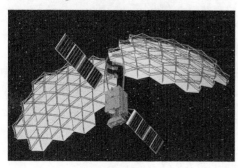 

(a) 展开状态　　　　　　　　　　　　　(b) 收拢状态

图 1.14　ETS-Ⅷ卫星模块构架式可展开天线

6) 四面体构架式可展开天线

俄罗斯成功研制了一种四面体构架式可展开天线。这种构架式天线的基本单元是可以展开和收拢的四面体，天线依靠弹簧铰链储存的弹性势能实现展开。多个四面体单元的顶点和底面互相倒置，就构成了一个四面体架构式可展开天线，如图 1.15 所示[30]。2012 年，中国空间技术研究院西安分院研制出展开尺寸为6m×2.8m 的四面体架构式可展开天线(图 1.16)，应用于对生态环境和灾害进行大范围、全天候、全天时动态监测的任务中[31]。

7) 索杆张拉式可展开天线

剑桥大学的 Tibert 等设计了索杆张拉式可展开天线，并加工制作了口径为 3m

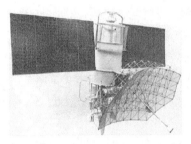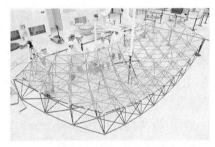

图 1.15　俄罗斯四面体构架式可展开天线　　　图 1.16　中国四面体架构式可展开天线

的原理样机，如图 1.17 所示[32-34]。该天线主要由可伸缩的套筒压杆和连接杆件端部节点的拉索组成，中间布置的索网可用于天线抛物面的成型。其展开原理为可伸缩的压杆在设置于压杆管内的微电机驱动下伸展至指定长度，从而使结构中的拉索具有设计的预拉力，形成自平衡结构体系。

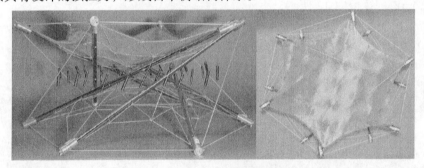

图 1.17　索杆张拉式可展开天线

2012 年，欧空局研制出了一种索杆张拉式可展开天线，如图 1.18 所示[35,36]。该天线结构由压杆和拉索构成，杆件之间无直接连接的机械运动副铰链，而是通过索把杆件连接起来，是典型的一阶张拉结构。天线质量为 57kg，展开口径

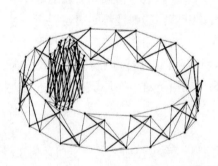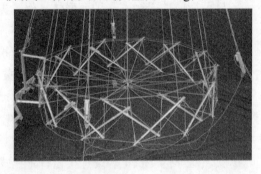

图 1.18　欧空局索杆张拉式可展开天线

为 12m，收拢后高度为 4.4m、直径为 1.2m。通过水平索和竖直索之间的协调使结构形状改变，进而实现展开，且展开过程中结构始终处于稳定平衡状态。

综上可知，网面可展开天线机构的结构形式多种多样，典型网面可展开天线机构的参数汇总于表 1.2。网面可展开天线结构因其质量轻、折展比大、口径大而成为目前空间天线的主流。

表 1.2 典型网面可展开天线机构的参数

天线机构类型	口径/m	收拢直径/m	收拢高度/m	质量/kg	形面精度/mm
径向肋	5	0.9	2.7	24	0.56
缠绕肋	9.1	2	0.455	60	0.8
折叠肋	12	0.84	4.56	127(含支撑臂)	—
环形桁架式	12.25	1.225	3.78	55	1.4
模块构架式	13	1.04	4.03	170	2.4

2. 固面可展开天线机构

国外学者从 20 世纪 60 年代就开始了固面可展开天线的研究，这种天线是由多块刚性板通过铰链连接构成的。目前发展比较成熟的结构形式有太阳花式 (Sunflower)、DAISY、MEA(multiple element antennas) 和 SSDA(solid surface deployable antenna)可展开天线机构。

1) 太阳花式可展开天线

最早出现的一种固面可展开天线是美国 TRW 公司研制的太阳花式可展开天线[37]，它使用抛物面形金属面板来构成工作表面，采用铰链来实现面板间的收拢与展开，机构原理比较简单，其结构如图 1.19 所示。

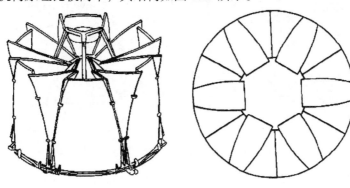

(a) 收拢状态   (b) 展开状态

图 1.19 太阳花式可展开天线

　　这种天线的突出优点是形面精度高，例如，一个展开口径为 10m 的太阳花式可展开天线，其形面精度高达 0.13mm；缺点是折展比小，一个展开口径为 4.9m 的太阳花式可展开天线，其收拢直径和高度分别为 2.15m 和 1.8m，且质量也较大。为了减小收拢体积，美国 TRW 公司设计了 12 个单元和 18 个单元的结构，如图 1.20 所示。该公司还设计了双层的固面可展开机构，内环 12 单元、外环 12 单元和内环 6 单元、外环 12 单元，以改善 6 个单元收拢率小的缺陷，如图 1.21 所示。

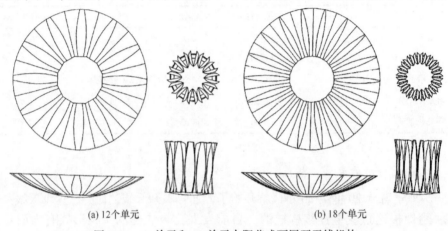

(a) 12 个单元　　　　　　　　　　　　(b) 18 个单元

图 1.20　12 单元和 18 单元太阳花式可展开天线机构

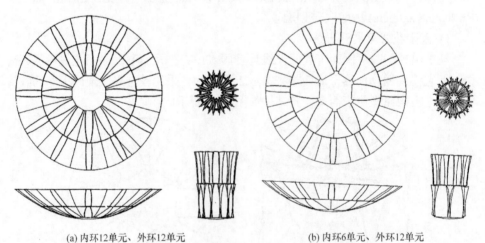

(a) 内环 12 单元、外环 12 单元　　　　　　　(b) 内环 6 单元、外环 12 单元

图 1.21　双层太阳花式可展开天线机构

2) DAISY 可展开天线

　　德国 Dornier 公司和欧空局联合研制了一种卡塞格伦型可展开天线，称为 DAISY 可展开天线[38,39]。它采用形状相同的 25 块金属面板，以中心轮毂为中心

呈辐射状排列，面板间通过空间连杆机构连接以增大系统刚度，其结构如图 1.22 所示。所有面板的背面都有独立的支撑桁架以减小面板的变形，因此一个展开口径为 8m 的可展开天线，其形面精度高达 8μm，收拢后的直径和高度分别为 2.9m 和 4.1m。由此可见，DAISY 可展开天线形面精度很高，折展比较大，结构刚度好，但与太阳花式可展开天线一样质量较大，不适合作为大口径天线。

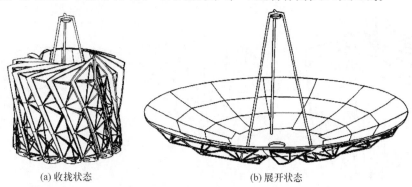

(a) 收拢状态   (b) 展开状态

图 1.22 DAISY 可展开天线

DAISY 可展开天线机构原理也用于俄罗斯 Spektr-R 卫星中的 10m 口径太空射电望远镜，其形面精度为 0.7mm，如图 1.23 所示。

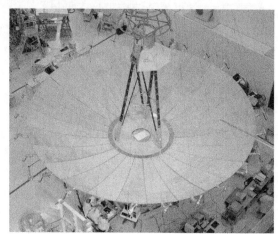

(a) 收拢状态   (b) 展开状态

图 1.23 Spektr-R 卫星的太空射电望远镜

3) MEA 可展开天线

MEA 可展开天线是由 Dornier 公司和欧空局共同研制的，与 DAISY 可展开天线收拢的形状类似，其工作面板也以中心轮毂为中心呈周向排列[37]。面板与中心轮毂间采用万向铰连接，面板之间通过带有球铰的杆件连接，杆件可以协调天线的展开以及保持运动的同步性，其结构如图 1.24 所示。口径为 4.7m 的 MEA 可展开天线样机，其形面精度为 0.2mm，收拢后的直径和高度分别为 1.7m 和 2.4m。MEA 可展开天线的形面精度高，刚度和强度大，折展比较大，但结构比较复杂，质量较大。

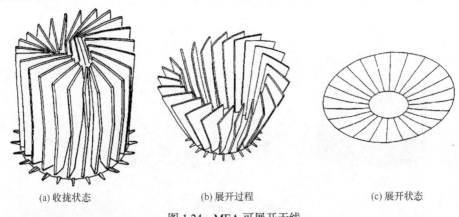

(a) 收拢状态　　　　　　　　(b) 展开过程　　　　　　　　(c) 展开状态

图 1.24　MEA 可展开天线

4) SSDA 可展开天线

英国剑桥大学可展开结构实验室研制了一种 SSDA 可展开天线，口径为 1.5m 的 SSDA 天线样机收拢后的直径和高度分别为 0.56m 和 0.81m[32,38,39]。其展开原理与其他几种天线有较大不同，如图 1.25 所示。面板间通过连杆连接，连杆在起始端处通过转动副和盘面连接，末端通过球副和下一个盘面连接，每个盘面与连杆连接处安装一个电机，以作为机构的展收驱动。SSDA 可展开天线的形面精度高，但天线质量大，机构复杂。

固面可展开天线机构的性能对比如表 1.3 所示，这些天线共同的特点是结构刚度高，强度大，形面精度非常高。但是，天线的结构形式也从本质上决定了它们的折展比小、质量大的缺点，使它们的应用范围受到了很大的限制。

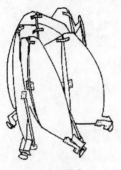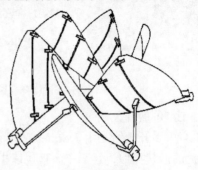

(a) 收拢状态　　　　　　　　　　　　(b) 前期展开状态

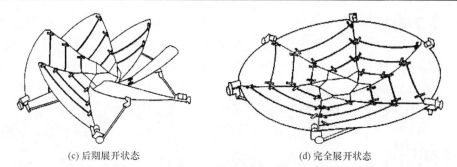

(c) 后期展开状态　　　　　　　　　　　　(d) 完全展开状态

图 1.25　SSDA 可展开天线的展开过程

表 1.3　固面可展开机构性能对比

结构形式	口径/m	收拢直径/m	收拢高度/m	形面精度/mm	质量/kg
太阳花式	4.9	2.2	1.8	0.051	31
双层太阳花式	15	4.35	6.45	—	—
DAISY	8	2.88	4	0.008	—
MEA	4.7	1.69	2.4	0.2	94
SSDA	1.5	0.55	0.81	—	—

1.4.3　抛物柱面可展开天线机构

1. PAFR 抛物柱面天线

2011 年，美国空军研究实验室在 ISAT(Innovative Space Based Radar Antenna Technology)项目资助下研究了 PAFR 大尺寸抛物柱面雷达天线[40,41]，如图 1.26 所示。其展开原理是利用一维伸展臂机构带动网面和天线馈源实现展开，展收比达 110：1。

图 1.26　PAFR 大口径天线效果图

由于网面支架之间距离远，在其之间增加预紧绳索使整个结构在大跨度上能够保持稳定和平衡，并降低伸展臂的负载压力，提高整体刚度。该团队制作了12m×6m 的天线样机并进行原理验证试验，其展开过程如图 1.27 所示。

(a) 收拢状态　　　　　　　(b) 展开过程　　　　　　　(c) 展开状态

图 1.27　PAFR 抛物柱面天线原理样机

2. 双向可展开弹性薄壳抛物柱面天线

2004 年，英国 Soykasap 等研究了双向可展开弹性薄壳抛物柱面天线，并制作了等比例原理验证模型[42]。该模型由四个各向同性材料的曲面构成，具有连续的反射工作表面。天线借助带簧和各向同性材料的自身弹性能量驱动实现展开，如图 1.28 所示。

图 1.28　双向可展开弹性薄壳抛物柱面天线

3. 薄膜式抛物柱面天线

NASA 设计了一种轻质、双频(Ku 和 Ka)、宽幅扫描的先进降水雷达天线(advanced precipitation radar antenna, APRA)，采用一个 5.3m × 5.3m 的抛物柱面反射器(图 1.29)，其电子扫描双频相控阵馈源满足沿焦线的要求特性[43,44]。

图 1.29　APRA 降水雷达天线

2007 年·Eastwood 等设计了 PR-2 抛物柱面天线的半尺寸原理验证模型(2.6m×2.6m)，其抛物柱面结构由展开铰链实现，反射面使用薄膜材料[45]，如图 1.30 所示。薄膜反射面与展开铰链通过悬线连接，悬线可以作为调节机构调整薄膜反射面的形面，以提高薄膜反射面的形面精度。铰链一方面为薄膜反射面提供抛物线构型，另一方面作为可展开机构，即铰链完全展开后形成抛物曲线状。

(a) 薄膜反射面　　　　　　　　　　　　　(b) 展开铰链

图 1.30　PR-2 抛物柱面天线原理验证模型

1.5　本 章 小 结

本章介绍了空间可展开天线的功能及其发展需求，对空间可展开天线进行了分类，并阐述了可展开天线机构的特点，对平面、抛物面、抛物柱面天线机构的发展现状与应用进行了回顾和总结。

参 考 文 献

[1] Imbriale W A. 行星探测航天器天线技术[M]. 李海涛, 等译. 北京: 清华大学出版社, 2013.

[2] 邓宗全. 空间折展机构设计[M]. 哈尔滨: 哈尔滨工业大学出版社, 2013.

[3] Diedrichs U. The role of space for the European Union's common security and defence policy: important but impossible?[C]. IEEE International Conference on Recent Advances in Space Technologies, Istanbal, 2011:1-6.

[4] Maurice M S, Masoni S C, York G, et al. Basic research in space science: meaningful collaboration with developing countries[C]. IEEE International Conference on Recent Advances in Space Technologies, Istanbul, 2009:1-5.

[5] Macdonald M, McInnes C, Hughes G. Technology requirements of exploration beyond Neptune by solar sail propulsion[J]. Journal of Spacecraft and Rockets, 2010, 47(3):472-483.

[6] Thompson R W, Wilhite A W, Reeves D, et al. Mass growth in space vehicle and exploration architecture development[J]. Acta Astronautica, 2010, 66(7-8):1220-1236.

[7] Lindenmoyer A, Stone D. Status of NASA's commercial cargo and crew transportation initiative[J]. Acta Astronautica, 2010, 66(5-6):788-791.

[8] Puig L, Barton A, Rando N. A review on large deployable structures for astrophysics missions[J]. Acta Astronautica, 2010, 67(1-2):12-26.

[9] Kiper G, Soylemez E. Deployable space structures[C]. IEEE International Conference on Recent Advances in Space Technologies, Istanbul, 2009:131-138.

[10] 刘荣强, 田大可, 邓宗全. 空间可展开天线结构的研究现状与展望[J]. 机械设计, 2010, 27(9):1-10.

[11] 朱良, 郭巍, 禹卫东. 合成孔径雷达卫星发展历程及趋势分析[J]. 现代雷达, 2009, 31(4):5-10.

[12] 林幼权. 星载合成孔径成像雷达发展现状与趋势[J]. 现代雷达, 2009, 31(10):10-13.

[13] Campbell B E, Hawkins W. An 11-meter deployable truss for the SEASAT radar antenna[C]. 12th Aerospace Mechanisms Symposium NASA, Washington DC, 1979:77-88.

[14] Bartsch A, Trofaier A M, Hayman G, et al. Detection of open water dynamics with ENVISAT ASAR in support of land surface modelling at high latitudes[J]. Biogeosciences, 2012, 9(2):703-714.

[15] Gralewski M R, Adams L, Hedgepeth J M. Deployable extendable support structure for the RadarSat synthetic aperture radar antenna[C]. International Astronautical Federation Congress, Washington DC, 1992:18.

[16] Thomas W D R. RadarSat-2 extendible support structure[J]. Canadian Journal of Remote Sensing, 2004, 30(3):282-286.

[17] Rosenqvist A, Shimada M, Watanabe M. ALOS PALSAR: technical outline and mission concepts[C]. 4th International Symposium on Retrieval of Bio-and Geophysical Parameters from SAR Data for Land Applications, Innsbruck, 2004:1-7.

[18] Huang J. The development of inflatable array antennas[J]. IEEE Antennas and Propagation Magazine, 2001, 43(4):44-50.

[19] Meguro A, Tsujihata A, Hamamoto N, et al. Technology status of the 13m aperture deployment antenna reflectors for Engineering Test Satellite Ⅷ[J]. Acta Astronautica, 2000, 47(2-9): 147-152.

[20] You Z, Pellegrino S. Deployable mesh reflector[C]. Proceedings of the IASS-ASCE International Symposium, Atlanta, 1994:102-112.

[21] Freeland R E, Bilyeu G D, Veal G R, et al. Large inflatable deployable antenna flight experiment results[J]. Acta Astronautica, 1997, 41(4-10):267-277.

[22] Freeland R E, Bilyeu G D. In-step inflatable antenna experiment[J]. Acta Astronautica, 1993, 30: 29-40.

[23] Semler D, Tulintseff A, Sorrell R, et al. Design, integration, and deployment of the TerreStar 18-meter reflector[C]. 28th AIAA International Communications Satellite Systems Conference, Anaheim, 2010:8885-8867.

[24] Santiago-Prowald J, Baier H. Advances in deployable structures and surfaces for large apertures in space[J]. CEAS Space Journal, 2013, 5(3-4):89-115.

[25] Medzmariashvili E, Tserodze S, Tsignadze N, et al. A new design variant of the large deployable space reflector[C]. 10th Biennial International Conference on Engineering, Construction, and Operations in Challenging Environments, Houston, 2006:1-8.

[26] Tibert A G. Optimal design of tension truss antennas[C]. 44th AIAA/ASME/ASCE/AHS/ASC Structures, Structural Dynamics, and Materials Conference, Norfolk, 2003:2051-2060.

[27] Kishimoto N, Natori M C, Higuchi K, et al. New deployable membrane structure models inspired by morphological changes in nature[C]. 47th AIAA/ASME/ASCE/AHS/ASC Structures, Structural Dynamics, and Materials Conference, Newport, 2006:3722-3725.

[28] Yamada K, Tsutsumi Y, Yoshihara M, et al. Integration and testing of large deployable reflector on ETS-Ⅷ[C]. Proceedings of 21st International Communications Satellite Systems Conference and Exhibit, Yokohama, 2003:2217.

[29] Meguro A, Ishikawa H, Tsujihata A. Study on ground verification for large deployable modular structures[J]. Journal of Spacecraft and Rockets, 2006, 43(4):780-787.

[30] Meguro A, Harada S, Watanabe M. Key technologies for high-accuracy large mesh antenna reflectors[J]. Acta Astronautica, 2003, 53(11):899-908.

[31] 狄杰建. 索网式可展开天线结构的反射面精度优化调整技术研究[D]. 西安: 西安电子科技大学, 2005.

[32] Tibert A G. Deployable tensegrity structures for space applications[D]. Stockholm: Royal Institute of Technology, 2002.

[33] Tibert A G, Pellegrino S. Deployable tensegrity reflectors for small satellites[J]. Journal of Spacecraft and Rockets, 2002, 39(5):701-709.

[34] Tibert A G, Pellegrino S. Furlable reflector concept for small satellites[C]. 19th AIAA Applied Aerodynamics Conference, Anaheim, 2001:1-11.

[35] Zolesi V S, Ganga P L, Scolamiero L, et al. On an innovative deployment concept for large space structures[C]. 42nd International Conference on Environmental Systems, San Diego, 2012: 3601-3614.

[36] You Z, Pellegrino S. Cable-stiffened pantographic deployable structures part 2: mesh reflector[J]. AIAA Journal, 1997, 35(8):1348-1355.

[37] Guest S D, Pellegrino S. A new concept for solid surface deployable antennas[J]. Acta Astronautica, 1996, 38(2):103-113.

[38] Tan L T, Pellegrino S. Stiffness design of spring back reflectors[C]. 43rd AIAA/ASME/ASCE/ AHS/ASC Structures, Structural Dynamics, and Materials Conference, Denver, 2002:2307-2317.

[39] Tan L T, Pellegrino S. Ultra thin deployable reflector antennas[C]. 45th AIAA/ASME/ASCE/ AHS/ASC Structures, Structural Dynamics, and Materials Conference, Palm Springs, 2004: 2416-2425.

[40] Guerci J, Jaska E. ISAT-innovative space-based-radar antenna technology[C]. IEEE International Symposium on Phased Array Systems and Technology, Boston, 2003:45-51.

[41] Lane S A, Murphey T W, Zatman M. Overview of the innovative space-based radar antenna technology program[J]. Journal of Spacecraft and Rockets, 2011, 48(1):135-145.

[42] Soykasap O, Watt A M, Pellegrino S. New deployable reflector concept[C]. 45th AIAA/ ASME/ASCE/AHS/ASC Structures, Structural Dynamics, and Materials Conference, Palm Springs, 2004:1475-1485.

[43] Lin J, Sapna G H, Scarborough S, et al. Advanced precipitation radar antenna singly curved parabolic antenna reflector development[C]. 44th AIAA/ASME/ASCE/AHS/ASC Structures, Structural Dynamics, and Materials Conference, Norfolk, 2003:1651-1660.

[44] Rahmat-Samii Y, Huang J, Lopez B, et al. Advanced precipitation radar antenna: array-fed offset membrane cylindrical reflector antenna[J]. IEEE Transactions on Antennas and Propagation, 2005, 53(8):2503-2515.

[45] Eastwood I, Durden S L. Next-generation spaceborne precipitation radar instrument concepts and technologies[C]. 45th AIAA Aerospace Sciences Meeting and Exhibit, Reno, 2007: 1105-1113.

第 2 章　空间可展开天线机构设计理论

空间可展开天线机构种类繁多、形式多样，受苛刻的发射条件、极端的工作环境以及严格的尺寸包络、质量、功耗等约束，空间可展开天线机构设计在理论与技术上极具挑战。此外，大型可展开天线机构往往是一个空间多闭环、大柔性的复杂机械系统，在其收拢状态和展开状态均要求具有较高的刚度和稳定性；而其展开过程又是一个由机构转变成结构的复杂过程，要求表现出少自由度机构的特征，以保证天线能够同步或有序地展开。空间可展开天线机构设计涉及机械、材料、力学和控制等多学科。例如，空间可展开天线机构多环路解耦的参数设计、规避运动奇异的驱动控制、展开过程运动学与动力学、展开态准结构非线性动力学、性能指标多目标优化等问题，已成为空间大型可展开天线机构的共性理论与技术难题。

2.1　空间可展开天线机构的组成

空间可展开天线机构一般为空间多闭环的杆系机构，它由固定杆、可折叠杆和运动副共同构成。通常采用模块化设计，即由基本模块单元或简单机构按照一定的可动方式连接组合而成。目前应用的可展开天线机构绝大多数都是由简单的可展开单元拼接装配而成的，如日本 ETS-Ⅷ天线的四边形肋单元可展开机构[1]、美国 AstroMesh 天线的四边形单元可展开机构[2]、俄罗斯 Arkon-2 天线的三棱锥单元可展开机构[3]、加拿大 RadarSat-I 天线的四棱锥单元可展开机构[4]和美国 SRTM(shutte radar topography mission)任务中的四棱柱单元可伸展臂等[5]。

邓宗全院士提出了空间大尺寸折展机构组成原理：大型空间折展机构是由基本可展开单元通过共连杆、共支链连接构成的从动系统与驱动部件及机架组成的[6]。国内外学者也从形态学、仿生学角度提出了桁架模块的概念，以模块为基本单元来研究可展开桁架的构型，并设计了多级模块化结构，通过不同的模块组合实现不同的形态，从而获得大口径可展开天线机构的新构型。例如，以剪刀机构及其变形机构为单元组成可展开机构组网，以平面机构为单元构成多面体可展开机构，以过约束闭环机构为单元组成可展开机构网络等。

采用棱锥、棱柱等多面体可展开模块组成大口径可展开天线机构是目前最实用的一种设计方法，国际上已经有多个多面体可展开机构宇航应用的实例。除了传统桁架式可展开天线机构构型，一些学者提出的新型可展开天线单元机构构型也为可展开天线的构建提供了全新的思路。例如，将刚性桁架与柔性索相结合构成索杆、索肋张拉式天线单元机构，可以充分发挥刚性杆、柔性索的特性，具有质量轻、刚度高的优势；将传统可展开单元中的关节铰链替换为弹性铰链或用弹性储能杆件作为驱动，可设计出新型的可展开单元；用 Bennett、Myard 和 Bricard 等过约束单闭环空间机构作为可展开单元，相对于平面机构，空间单闭环机构的折叠比大，能很好地满足未来可展开机构对大折展比的要求。

综上所述，基本可展开单元构型创新是天线机构构型创新设计的基础，因此基本可展开单元构型的综合具有极大的重要性。图论、螺旋理论等构型综合理论作为机构创新设计的一种最有效的方法，可对空间可展开机构进行系统的综合，能够设计出新型可展开模块或可展开机构构型。

2.2　空间可展开天线机构创新设计流程

空间可展开天线机构的创新设计是一个从预定目标出发，不断地进行综合、分析和决策的过程，以设计出具有新颖性、创造性、实用性的机构为目的。空间可展开天线机构的设计包含拓扑结构设计、运动学分析与动力学分析、结构设计与优化、样机研制与试验等。空间可展开天线机构的拓扑结构设计要解决构型创新设计问题；运动学分析要解决平稳顺畅展开的问题；动力学分析要解决展开后刚度、精度等的稳定性问题；结构设计与优化要解决空间环境适应性和结构材料选择与参数匹配问题；样机研制与试验要解决制造与装配工艺、地面模拟试验与验证方法问题。空间可展开天线机构创新设计流程如图 2.1 所示。

明确了任务要求后，可展开天线机构创新设计是一个拓扑结构设计、运动学分析、动力学分析、结构设计与优化的反复迭代过程。首先对可展开天线机构的拓扑结构进行设计，包括基本原理分析与可展开单元类型选择、单元拓扑结构设计、单元构型综合与优选、大尺度组网与模块化方案设计，从而提出模块化可展开天线机构设计方案。然后基于运动学对可展开天线机构进行尺度设计，包括多环路参数设计与设计约束解耦、展开运动分析，从而保证可展开天线机构的展开过程顺畅、无奇异。接着对可展开天线机构的展开过程进行动力学特性分析和参数优化，使其展开过程平稳。最后优化设计出满足性能指标的可展开天线机构，研制样机并开展试验验证。

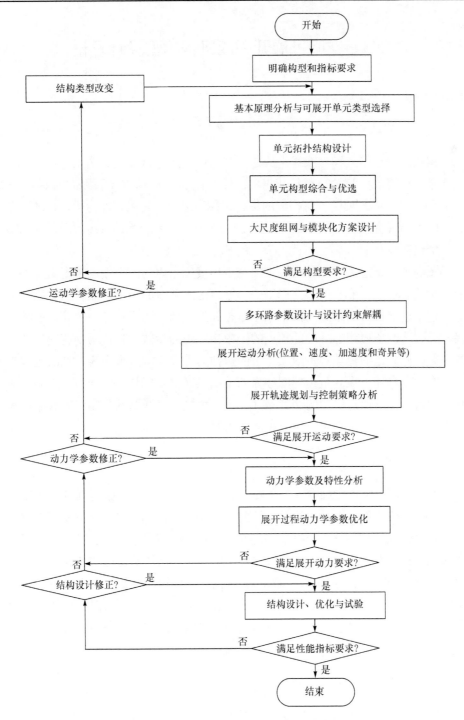

图 2.1　空间可展开天线机构创新设计流程

2.3 空间可展开天线机构构型设计理论

2.3.1 图论

1. 图的定义

图是由一组结点和边或线组成的，结点通过边进行连接。图用字母 G 表示，把非空结点集合 V 称为顶点集或点集，其元素称为顶点，$n(G)$ 表示顶点数。E 是由 V 中的点组成的无序点对构成的集合，称为边集，其元素称为边，且同一点对在 E 中可出现多次，$m(G)$ 表示边数。把一个有 V 个结点、E 条边的图称为图 G，用一个偶数对 (V, E) 表示，记为 $G = (V, E)$。

图的每一条边由两个称为端点的结点连接。用边的两个端点来定义这条边：e_{ij} 表示连接结点 i 和 j 的边。如果一个结点是一条边的一个端点，那么称这个结点与这条边邻接。一条边的两个端点是相邻的。如果两条边与一个共同的结点邻接，那么这两条边相邻。图的顶点的个数称为图的阶数，连接两个相同顶点的边的条数，称为边的重数。重数大于 1 的边称为重边。端点重合为一点的边称为自环。既没有自环也没有重边的图称为简单图。通路是指从一点到另一点经过的点和边的组合，是顶点和边的交替序列，边的个数就是通路的长度，有起始点和终止点。回路是指起始点和终止点相同的通路。

2. 连通图与子图

如果在两个结点之间存在一条路，那么就称这两个结点是连通的。注意，两个被连通的结点不一定必须相邻。若在图 G 中的任意两个结点之间都存在路，则称图 G 为连通图。在一个连通图中任何一个结点最小的度是 1。对于图 H 和图 G，如果 $V(H) \subseteq V(G)$，$E(H) \subseteq E(G)$，并且 H 中边的重数不超过 G 中边的重数，则图 H 是图 G 的子图，记为 $H \subseteq G$。图 G 的子图中所有的结点和边都属于图 G，换句话说，图 G 的子图是通过从图 G 中移走一定数量的结点或边获得的。从图 G 中移除一个结点需要移除所有与该结点相连的边，而移走一条边不需要移走它的结点，尽管这可能导致存在一个或两个孤立点。

3. 多重边、自回路和多重图

如果两条边的端点是相同的，那么称这两条边为多重边。如果图中包含多重边，那么称这个图为多重图。关联于同一结点的一条边称为自回路。本书中除了有其他说明，所指的图均为简单图。

4. 完全图和二分图

若在一个图中所有的结点对都邻接，则这个图称为完全图。根据定义，完全图只有一个分量图。一个有 n 个结点、包含 C_n^2 条边的完全图表示为 K_n。

正则图是指每个顶点的度都相等的图。每个顶点的度都等于 r 的正则图称为 r 正则图。空图是 0 正则图，完全图 K_n 是 $n-1$ 正则图。

如果图 G 的结点能被分成两个子集 V_1 和 V_2，V_1 中的每个结点都与 V_2 中的每个结点关联，且只与 V_2 中的结点关联，则就称图 G 为完全二分图。完全二分图表示为 $K_{i,j}$，其中 i 是 V_1 中的结点数，j 是 V_2 中的结点数。

5. 平面图

若一个图形绘制在一个平面上，其所有边都呈直线，且各边仅在顶点处相交，就说这个图形嵌入在一个平面上。当一个图形能嵌入在一个平面上时，这个图形是平面的。也就是说，如果 G 是一个平面图，则存在一个可嵌入在 G 上的同构图 G'，称 G' 是 G 的平面表示。平面图以外的图统称为非平面图。对于简单图 G，设 D_i、D_j 是不相邻的任意两顶点，若不能在 D_i 与 D_j 间增加一条边而不破坏图的平面性，则称图 G 为最大平面图。一个图形在平面上是可嵌入的，当且仅当它在球面上是可嵌入的。一个图形的平面嵌入能转变成一个不同的平面嵌入，这样任何指定环路都能够变成外环路。一个图形为平面图的充要条件是它没有同胚于 $K_{3,3}$ 或 K_5 图形的子图。一个图为非平面图的充要条件是其子图或胚图不为这两个基本非平面图中的任何一个。

6. 极大外平面图

若 G 是简单外平面图，且对于 G 中任何不相邻的相异顶点 u 和 D，$G+uD$ 不是外平面图，则称 G 是极大外平面图。

7. 胚图

若将图中的二度点(只与两条边关联的顶点)去掉，即与其连接的两条边直接连接成一条边，则可得到原图的胚图。胚图的任一顶点至少与两条边关联。胚图通常是构建一些特定图的重要方法。

8. 树

树是没有回路的连通图。设 T 是有 v 个结点的树，具有下列特点：

(1) T 的任意两个结点有且只有一条路连接。

(2) T 包含 $v-1$ 条边。

(3) 用一条边连接树中任意两个不相邻的结点只能形成一个回路。

9. 生成树和基本回路

生成树 T 是一个包含连通图 G 的所有结点的树。显然，T 是 G 的子图。对应一个生成树，G 的边集 E 能够分解为两个不相交子集，称为弧和弦。G 的弧是由形成生成树 T 的边集 E 的所有元素组成的，而弦是由不属于 T 的边集 E 的所有元素组成的。弧和弦的合集为边集 E。

一般来说，一个连通图的生成树并不是唯一的。在生成树添加一个弦，将形成一个且只有一个回路。对应一个生成树的所有回路的集合构成一个独立回路集或基本回路集。基本回路是回路空间的基础，图形的任意回路可用基本回路的线性组合表示。

10. 顶点的度

设 $D \in V(G)$，G 中与顶点 D 相关联的边的数目称为顶点 D 的度，记为 $\deg(D)$。如果 $\deg(D)$ 是奇数，那么称顶点 D 为奇顶点；如果 $\deg(D)$ 是偶数，那么称顶点 D 为偶顶点。在图中，称度为 0 的顶点为孤立点，度为 1 的顶点为悬挂点。用 $\delta(G)$ 和 $\Delta(G)$ 分别表示图 G 中顶点度的最小值和最大值，分别称为 G 的最小度和最大度。

11. 图的同构

若能在图 G_1 和 G_2 的顶点集 $V(G_1)$ 和 $V(G_2)$ 之间建立一一对应的关系，使得连接 G_1 中任何一对顶点的边数等于连接 G_2 中与之对应的一对顶点的边数，则称 G_1 和 G_2 是同构的，记作 $G_1 \cong G_2$。两个同构图必须有相同数量的结点和相同数量的边，对应结点的度彼此相等。

12. 图的矩阵描述

描述图特性的矩阵主要有邻接矩阵和关联矩阵。

1) 邻接矩阵

邻接矩阵是表示图顶点与顶点之间连接关系的矩阵。对于一个图 $G(V,E)$，其邻接矩阵为

$$\mathbf{AM}(G) = \left[(\mathrm{am})_{ij} \right]_{n \times n} \tag{2.1}$$

邻接矩阵中的元素按如下规则确定：

$$(\mathrm{am})_{ij} = \begin{cases} 1, & \text{顶点 } i \text{ 和 } j \text{ 有边直接相连} \\ 0, & \text{顶点 } i \text{ 和 } j \text{ 没有边直接相连} \end{cases} \tag{2.2}$$

邻接矩阵可以描述拓扑图的顶点数、边数以及顶点之间的连接关系。

2) 关联矩阵

关联矩阵是表示图顶点与边之间关联关系的矩阵。对于一个图 $G(V, E)$，设 n 为拓扑图的顶点数，m 为图的边数，则关联矩阵为

$$\mathbf{IM}(G) = \big[(\mathrm{im})_{ij} \big]_{n \times m} \tag{2.3}$$

式中

$$(\mathrm{im})_{ij} = \begin{cases} 1, & \text{顶点 } i \text{ 和 } j \text{ 相关联} \\ 0, & \text{顶点 } i \text{ 和 } j \text{ 不相关联} \end{cases} \tag{2.4}$$

关联矩阵可以描述图的顶点数、边数以及顶点与边之间的关联关系。

2.3.2　螺旋理论

Ball 于 1900 年在 *A Treatise on the Theory of Screws* 中提出了螺旋的概念，通过 6 个元素来表示一个空间矢量的方向和位置，如图 2.2 所示[7]。其解析表达式为

$$\$ = (\boldsymbol{S}; \boldsymbol{S}_0) = (\boldsymbol{S}; \boldsymbol{r} \times \boldsymbol{S} + h\boldsymbol{S})$$
$$= (l \ m \ n; \ p \ q \ r) \tag{2.5}$$

式中，$\boldsymbol{S}$ 为螺旋方向；$\boldsymbol{S}_0$ 为螺旋线距，与原点位置有关；h 为螺旋节距，$h = \boldsymbol{S} \cdot \boldsymbol{S}_0 / (\boldsymbol{S} \cdot \boldsymbol{S})$。

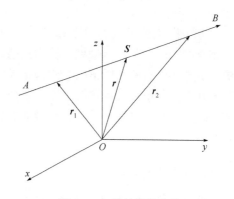

图 2.2　矢量的螺旋表示

对于 $\$ = (\boldsymbol{S}; \boldsymbol{S}_0)$，如果 $\boldsymbol{S} \cdot \boldsymbol{S}_0 \neq 0$，那么它为一般意义的螺旋。当 $\boldsymbol{S} \cdot \boldsymbol{S} = 1$ 时，称 $\$$ 为单位螺旋。当 $h = 0$ 时，$\boldsymbol{S} \cdot \boldsymbol{S}_0 = 0$，若 $\boldsymbol{S} \neq 0$，$\boldsymbol{S}_0 \neq 0$，则称 $\$$ 为线矢量。当 $h = \infty$ 时，$\boldsymbol{S} = 0$，$\boldsymbol{S}_0 \neq 0$，则称 $\$$ 为偶量。线矢量表示为 $\$ = (\boldsymbol{S}; \boldsymbol{r} \times \boldsymbol{S})$，可以表示一个轴线方向为 $\boldsymbol{S}$ 的转动副或一个轴线方向为 $\boldsymbol{S}$ 的约束力。偶量表示为 $\$ = (0; \boldsymbol{S})$，可以表示一个运动方向为 $\boldsymbol{S}$ 的移动副或约束力偶。对于两螺旋 $\$_1 = (\boldsymbol{S}_1; \boldsymbol{S}_{01})$ 和 $\$_2 = (\boldsymbol{S}_2; \boldsymbol{S}_{02})$，其互易积表示为

$$\$_1 \circ \$_2 = \boldsymbol{S}_1 \cdot \boldsymbol{S}_{02} + \boldsymbol{S}_2 \cdot \boldsymbol{S}_{01} \tag{2.6}$$

式中，$\circ$ 为互易积符号。

运动螺旋和力螺旋的互易积表示两螺旋产生的瞬时功率。当两螺旋的互易积为 0 时，称两螺旋互逆或互为反螺旋。对于一个运动螺旋 $\$$ 的反螺旋 $\$^{r}$，如果 $\$^{r}$

的节距为 0，则表示一个约束力，限制了沿 $\boldsymbol{S}^{\mathrm{r}}$ 方向的移动；如果 $\boldsymbol{S}^{\mathrm{r}}$ 的节距为无穷大，则表示一个约束力偶，约束了沿 $\boldsymbol{S}^{\mathrm{r}}$ 方向的转动。

对于一个具有多个环路的机构，如果采用螺旋表示机构中所有的运动副，则这些螺旋可以组成一个螺旋系。定义机构中运动副的数目为 n_{c}，螺旋系为 $\boldsymbol{M}_{\mathrm{C}}$，机构自由度为 DOF，可以得到以下公式：

$$DOF = n_{\mathrm{c}} - \mathrm{rank}(\boldsymbol{M}_{\mathrm{C}}) \tag{2.7}$$

螺旋理论采用 6 个标量表达矢量的方向和位置，易于描述机构运动副的空间几何关系，因此在机构分析中得到了广泛的应用，解决了复杂的机构学问题。螺旋理论也可应用于空间可展开机构的构型综合、运动分析和动力分析等。

李群理论、微分流形理论等也被应用到机构的构型综合与设计中，本书主要基于图论和螺旋理论开展空间可展开天线机构的创新设计。

2.4　基于图论的可展开单元拓扑结构设计与分析

基于图论的可展开单元拓扑结构分析与设计步骤：①提出概念构型；②分析拓扑结构；③确定运动副。该方法适用于平面或空间可展开单元。在该拓扑结构分析方法中有两个图谱概念将被提及：加权图谱和拓扑图。加权图谱主要描述可展开机构各顶点的连接关系，用于计算机自动求解和枚举可展开单元概念构型。拓扑图主要描述可展开单元各构件的连接关系，用于分析可展开单元概念构型的结构拓扑关系。

2.4.1　概念构型建立

可展开单元的概念构型设计思路：以稳定桁架结构为胚图，将稳定桁架中的某些杆件替换为可折叠杆，设计出可以收拢的新结构，从而将一个稳定桁架结构转化为一个可展开机构。

要实现稳定桁架结构的计算机自动生成，可采用加权图谱和加权邻接矩阵来描述稳定桁架结构，且加权图谱和加权邻接矩阵应该满足以下性质。

(1) 所有顶点位于外环上，组成正多边形。

(2) 顶点的度 i 满足 $v-1 \geqslant i \geqslant \alpha$（$v$ 为顶点数，α 为维度）。

(3) 稳定桁架结构由两种固定杆构成：棱边固定杆用权值 3 表示，底边固定杆用权值 2 表示。

(4) 若几何体中的顶点数大于 $\alpha+1$，且加权邻接矩阵第 i、j 两行都有 α 个非 0 元素，则第 i 行第 j 列的元素为 0 元素。

(5) 根据加权图谱和加权邻接矩阵可以唯一确定稳定桁架结构。

例如，图 2.3(a)给出了一个稳定的四棱锥桁架，可由如图 2.3(b) 和图 2.3(c) 所示的加权图谱和加权邻接矩阵描述。该加权图谱包含 5 个顶点和 9 条边，且所有顶点都位于外圈形成一个五边形。其中，用权值 2 表示四棱锥的底边，用权值 3 表示四棱锥的棱边。加权邻接矩阵中，若元素 $a_{ij} \neq 0$，则顶点 i 和顶点 j 相互连接。顶点 i 的度与加权图谱连接顶点 i 的边数及加权邻接矩阵第 i 行非零元素的个数相等。

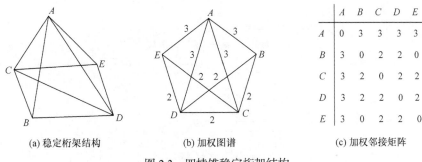

| (a) 稳定桁架结构 | (b) 加权图谱 | (c) 加权邻接矩阵 |

图 2.3　四棱锥稳定桁架结构

当选定设计目标后，稳定桁架结构的顶点数就确定了。桁架结构是否为稳定的，与固定杆数有关。借鉴 Maxwell 给出的几何体系稳定性的必要判据，有

$$e \geqslant \alpha v - \text{DOF} \tag{2.8}$$

式中，e 为边数；v 为顶点数；α 为维度；DOF 为自由度数。

对于空间机构：$\alpha=3$，DOF=6；对于平面机构：$\alpha=2$，DOF=3；对于线形机构：$\alpha=1$，DOF=1。

此外，为了完全确定稳定结构的拓扑关系，加权图谱中还有一个参量需要确定：各顶点的度，即每个顶点各自连接其他顶点的数目。图论中，对于无自环的图谱，顶点数 v、边数 e 和度数 i 的关系可以表示为 $\sum v_i = v$ 和 $\sum i v_i = 2e$。

进一步考虑稳定桁架结构图谱的性质(2)，有

$$\begin{cases} \displaystyle\sum_{i=\alpha}^{v-1} v_i = v \\ \displaystyle\sum_{i=\alpha}^{v-1} i v_i = 2e \end{cases} \tag{2.9}$$

式中，v_i 表示度数为 i 的点的数目，$i=1,2,\cdots,n$。

根据式(2.9)，可以求得不同度顶点数 $v_i (\alpha \leqslant i \leqslant v-1)$ 的组合，其中每一种组合 $C_k (k=1, 2, \cdots, k_{\max})$ 都代表了一种稳定桁架，写成 $C_k = \{v_\alpha, v_{\alpha+1}, \cdots, v_{v-1}\}$。例如，图 2.3 所示的四棱锥稳定桁架含有 2 个三度顶点、3 个四度顶点，即 $C_k = \{v_3=2, v_4=3\}$。

根据上述讨论，提出稳定桁架结构设计的流程 A，如图 2.4 所示。

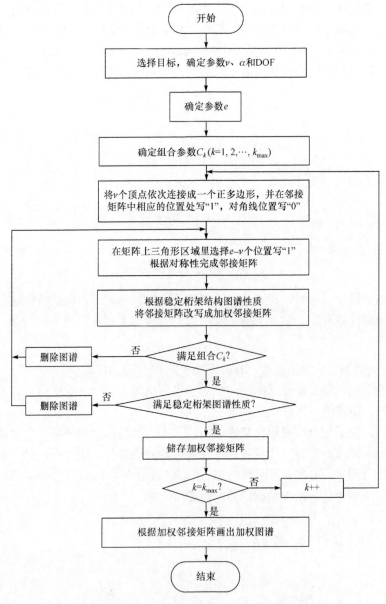

图 2.4 流程 A：稳定桁架结构加权图谱生成

可展开单元概念构型同样可以用加权图谱和加权邻接矩阵来描述，且应该满足以下性质。

(1) 概念构型由可折叠杆、固定杆构成，具体可分为棱边可折叠杆、底边可折叠杆、棱边固定杆和底边固定杆 4 种类型。

(2) 加权图谱中，以含二度点的边代表可折叠杆，对应权值翻倍。

(3) 同一加权边不能同时含有两个二度点。

(4) 移除含二度点的加权边后，剩余加权边构成折叠态图谱。折叠态图谱仍满足稳定桁架结构加权图谱的性质。

(5) 根据加权图谱和加权邻接矩阵可以唯一确定可展开单元概念构型。

例如，图 2.5(a)给出了一个可展开四棱锥单元概念构型，由 5 个顶点、2 个可折叠杆和 7 个固定杆构成。与稳定桁架一样，概念构型加权图谱(图 2.5(b))的顶点也都位于外环。唯一不同的是，概念构型加权图谱含有 2 个额外的二度点，且表示含有二度点边的权值为原来的 2 倍。对应的加权邻接矩阵如图 2.5(c)所示。

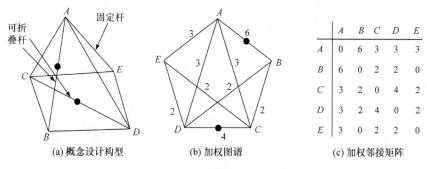

(a) 概念设计构型　　　　(b) 加权图谱　　　　(c) 加权邻接矩阵

图 2.5　可展开四棱锥单元概念构型

通过添加不同数目的可折叠杆，可以将一个空间的可展开单元收拢至平面状态或者直线状态。因此，可折叠杆数的确定是可展开单元概念构型设计的一个关键问题。

概念构型由可折叠杆和固定杆两类构件组成，因此有可折叠杆最小数目 g_{zmin} 等于总杆数 g 与固定杆最大数目 g_{gmax} 的差值：

$$g_{zmin} = g - g_{gmax} \tag{2.10}$$

由于可折叠杆长度可以发生变化，在收拢时概念构型的形状主要由固定杆构成。因此，固定杆最大数目 g_{gmax} 应该与构成折叠态形状的最多杆数 g_{fmax} 相等，为

$$g_{gmax} = g_{fmax} \tag{2.11}$$

根据图论中极大平面图的性质，当概念构型收拢态的形状是最大平面嵌入时，构成折叠态形状的最多杆数 g_{fmax} 应该不超过极大外平面图的边数。根据极大平面图定理有

$$g_{\text{fmax}} = 2\nu - 3 \tag{2.12}$$

因此，可得

$$g_z \geqslant g_{\text{zmin}} = g - 2\nu + 3 \tag{2.13}$$

式中，g_z 为可折叠杆的数目；g_{zmin} 为可折叠杆的最小数目。

更进一步推广为

$$g_z \geqslant g_{\text{zmin}} = g - \tau\nu + \gamma \tag{2.14}$$

当为平面折叠态时，$\tau = 2$，$\gamma = 3$；当为线形折叠态时，$\tau = 1$，$\gamma = 1$。

基于上述讨论，提出可展开单元概念构型设计的流程 B，如图 2.6 所示。

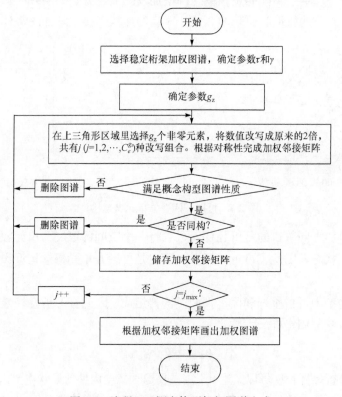

图 2.6　流程 B：概念构型加权图谱生成

在流程 B 中有一项十分重要的步骤——同构识别。在根据流程 A 和流程 B 得到的加权图谱，虽然在形式上有些不同，但是含有相同的拓扑结构，都可以转化为同一个可展开单元。同构识别的目的在于分析和剔除具有相同拓扑结构的加权图谱，使获得的可展开单元概念构型具有唯一性。对于上述定义得到的可展开单元概念构型加权图谱，可采用关联度码法识别拓扑同构，该方法极为方便、有效，且形式统一。

可展开单元加权图谱中，若 i 为一个顶点，令 d_{ij} 表示与顶点 i 相邻的顶点 $j(j=1,2,\cdots)$ 的度。另外，顶点 i 与每个顶点 $j(j=1,2,\cdots)$ 之间的边具有权值 w_{ij}，假设 $d_{i1}>d_{i2}>d_{i3}>d_{i4}>d_{i5}>\cdots>d_{ij}>\cdots$，那么顶点 i 的关联度 ID_i 可以表示为

$$\mathrm{ID}_i=d_{i1}d_{i2}\cdots d_{ij}\cdots;w_{i1}w_{i2}\cdots w_{ij}\cdots \tag{2.15}$$

若某些邻点 j 有相同的关联度，则这些顶点的权值 w_{ij} 按降序排列。

把顶点按照关联度由大到小排列，得到一个新的加权邻接矩阵，并取新矩阵的上三角形区域元素最大的排序作为加权图谱的关联度码(incident degree code, IDC)，即图的关联度码表示为

$$\mathrm{IDC}=\mathrm{Max}\{\mathrm{IDC}_1,\mathrm{IDC}_2,\mathrm{IDC}_3,\cdots\} \tag{2.16}$$

每个加权图谱仅有一个关联度码。关联度码相同是加权图谱同构的充要条件。

例如，对于如图 2.7 所示的可展开单元概念构型，求出各个顶点的关联度：$\mathrm{ID}_A=44333363$，$\mathrm{ID}_B=444622$，$\mathrm{ID}_C=44333242$，$\mathrm{ID}_D=44333242$，$\mathrm{ID}_E=444432$。将加权邻接矩阵按照关联度降序排列，得到如图 2.7(a) 所示的矩阵。取上三角形码得到加权图谱的关联度码为 3363224220。图 2.7(b) 和图 2.7(c) 给出了两个同构的加权图谱，它们具有相同的关联度码为 6333222420。

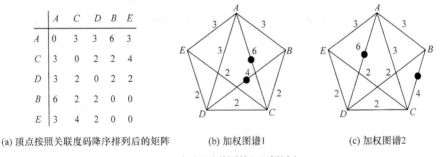

(a) 顶点按照关联度码降序排列后的矩阵　　　(b) 加权图谱1　　　　(c) 加权图谱2

图 2.7　加权图谱同构识别举例

2.4.2　拓扑结构分析

定义一种双色拓扑图来描述可展开单元概念构型构件间的连接关系，且可展开单元拓扑图应该满足以下性质。

(1) 可展开单元拓扑图是一个双色图，其中拓扑图三角形框架用"•"表示，可折叠杆用"○"表示。

(2) 不含可折叠杆的环路至少有4个构件，含可折叠杆的环路至少有3个构件。

(3) 关联矩阵中,行表示汇交于同一顶点的所有构件,列中非零元素的个数表示相应构件中顶点的数目。

(4) 邻接矩阵中,元素的值代表相应两个构件间的公共顶点数。

例如,图 2.8 给出了可用于分析图 2.5 所示概念构型拓扑结构的两种不同的拓扑图。拓扑图中,点代表可展开单元的构件,边代表构件之间的连接关系。图 2.8(a)所示的拓扑图由 3 个回路组成:$\triangle ADE$—$\triangle ACE$—CD、$\triangle ADE$—$\triangle ACE$—BC—BD 和 $\triangle ADE$—AB—BD。同时该概念构型的拓扑关系也可由如图 2.8(b)所示的拓扑图表示,它包括 3 个回路:$\triangle ADE$—$\triangle ACE$—CD、$\triangle ADE$—$\triangle ACE$—BC—BD 和 $\triangle ADE$—$\triangle ACE$—BC—AB。

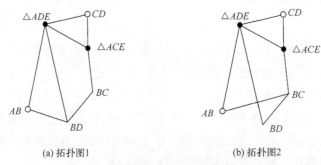

(a) 拓扑图1　　　　　　　　　　　　(b) 拓扑图2

图 2.8　图 2.5 所示的概念构型的两种拓扑图

拓扑图可由邻接矩阵和关联矩阵表示。关联矩阵中,当元素 $a_{ij} \neq 0$ 时,顶点 i 属于构件 j。例如,图 2.9(a) 是关于图 2.8(a) 所示拓扑图的关联矩阵。矩阵中的第 1 行表示汇交在顶点 A 处的所有构件;第 1 列的非零元素数目等于构件 $\triangle ADE$ 里包含的顶点数目。三角形框架有 3 个顶点,杆件有 2 个顶点。

拓扑图的邻接矩阵可用来描述构件间的连接关系。图 2.9(b) 是关于图 2.8(a) 所示拓扑图的邻接矩阵。元素 $a_{21}=2$ 意味着构件 $\triangle ADE$ 和 $\triangle ACE$ 之间有两个公共的顶点。对角线元素 $a_{11}=3$ 意味着构件 $\triangle ADE$ 中含有 3 个顶点,换句话说,该构件为一个三角形框架。

	$\triangle ADE$	$\triangle ADE$	CD	AB	BC	BD
A	1	1	0	1	0	0
B	0	0	0	1	1	1
C	0	1	1	0	1	0
D	1	0	1	0	0	1
E	1	1	0	0	0	0

(a) 关联矩阵

	$\triangle ADE$	$\triangle ACE$	CD	AB	BC	BD
$\triangle ADE$	3	2	1	1	0	1
$\triangle ACE$	2	3	1	1	1	0
CD	1	1	2	0	1	1
AB	1	1	0	2	1	1
BC	0	1	1	1	2	1
BD	1	0	1	1	1	2

(b) 邻接矩阵

图 2.9　图 2.8(a) 所示拓扑图的关联矩阵和邻接矩阵

对于可展开单元拓扑图,邻接矩阵和关联矩阵之间存在如下关系:

$$B=A^{\mathrm{T}}A \tag{2.17}$$

式中，B 为拓扑图的邻接矩阵；A 为拓扑图的关联矩阵。

可展开单元拓扑图中，环路数、边数和顶点数存在如下关系：

$$l=e-v+1 \tag{2.18}$$

式中，l 为环路数；e 为边数；v 为顶点数。

根据上述拓扑图的性质直接构建可展开单元拓扑图，将得到一个十分复杂的结果。图论中将这种每个顶点都相互连接的图称为局部完全图。为了清晰地描述可展开单元构件间的关系，需要构建一个简单有效的拓扑图。

关联矩阵中的每一个行元素可以构建出该顶点的完全图，称为局部完全图。通过连接每个顶点处的局部完全图，可得到类似于图 2.10 的完全拓扑图。若将每个顶点处的局部完全图简化为树，再连接每个顶点处的树，则可以得到一个十分简单、有效的拓扑图。在一个机构树中，所有构件都连接于一个构件上，称这个构件为局部机架。选择局部机架时，应该遵循两个原则：①选择局部机架优先级为两点连接的三角形框架>单点连接的三角形框架>固定杆>可折叠杆；②局部机架与整体机架保持一致。

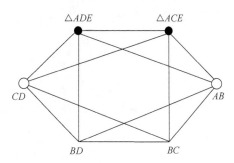

图 2.10　图 2.5 所示的概念构型的完全拓扑图

例如，观察如图 2.9(a) 所示的关联矩阵，汇交于顶点 D 处共有 3 个构件：三角形框架△ADE、可折叠杆 CD 和固定杆 BD，其拓扑关系可由如图 2.11(a) 所示的局部完全图描述。选择△ADE 为局部机架，局部完全图可以简化成如图 2.11(b) 所示的树。

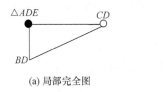

(a) 局部完全图　　　　　　　　(b) 树

图 2.11　D 点处的拓扑关系

基于上述讨论，提出构建可展开单元拓扑图的流程 C，如图 2.12 所示。

2.4.3　运动副的确定

下面介绍 5 个基本假设。

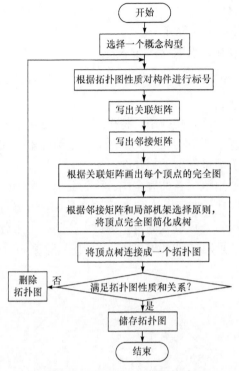

图 2.12　流程 C：拓扑图构建

假设 1：可展开单元铰链只含有转动副、万向副和球副 3 种形式。

可展开单元在展开状态下往往需要承载一定的载荷，要求铰链在杆件的轴线方向上不能有相对运动。为了简单起见，忽略移动副、螺旋副、圆柱副和平面副，只讨论转动副、万向副和球副。

假设 2：可折叠杆中间位置的铰链首先考虑容易锁定的转动副形式。

从提高可展开单元展开状态的稳定性出发，一般要求可折叠杆的中间位置能够锁定。转动副相对于万向副和球副更容易锁定，因此规定可折叠杆的中间位置铰链由转动副构成，其他位置铰链则可以由转动副、万向副和球副构成。

假设 3：框体间连接仅采用转动副。

可展开单元中的两框体连接由两点连接表示。由机构原理可知，当两个平面通过两个球副(万向副)连接时，这两个平面仍然只能绕两连接点的连线进行单自由度转动。因此，规定框体间的连接形式仅为转动副。

假设 4：同一环路中某一固定杆或可折叠杆两端不能同时采用球副。

当某个固定杆或可折叠杆的两端同时采用球副时，会引入一个绕该杆件轴线旋转的局部自由度。因此，在分配运动副时应该避免在同一环路中某一个固定杆或可折叠杆两端同时采用两个球副。

假设 5：无过约束可展开单元每个环路的自由度至少为 1。

对于无过约束机构，消极环路的出现会导致该环路机构运动的刚化。为了避免消极环路的出现，在无过约束可展开单元运动副分配过程中，每个环路的自由度至少为 1。

对于环路数为 l 的无过约束机构，有经典的自由度计算公式：

$$\text{DOF} = \sum_{i=1}^{n} f_i - 6l \tag{2.19}$$

式中，DOF 为机构自由度；f_i 为机构第 i 个运动副的运动度；n 为机构运动副数。

考虑只含有转动副、万向副和球副的可展开单元，式(2.19)可以改写成

$$3S + 2U + R = 6l + \text{DOF} \tag{2.20}$$

式中，S 为球副数目；U 为万向副数目；R 为转动副数目。

拓扑图中边数和折叠杆数之和应该等于转动副、万向副和球副的数目之和，为

$$S + U + R = e_\text{t} + n_\text{t} \tag{2.21}$$

式中，e_t 为拓扑图边数；n_t 为拓扑图可折叠杆数。

由基本假设可知，转动副数应该不小于框体间连接数与可折叠杆数之和，为

$$R \geqslant Q + n_\text{t} \tag{2.22}$$

式中，Q 为框体间连接数。

式(2.20)～式(2.22)组成计算无过约束可展开单元运动副数目的基本方程组。对于一个给定拓扑图的可展开单元概念构型，当确定目标自由度后，可得到无过约束可展开单元设计流程 D，如图 2.13 所示。

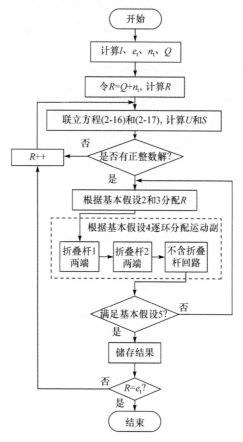

图 2.13　流程 D：无过约束可展开单元设计流程

2.4.4　实例分析

本节以可展开四棱锥单元为例，通过依次执行流程 A、B、C 和 D，介绍可展开单元拓扑结构的分析与设计流程。

1. 流程 A

执行流程 A，具体步骤如下。

(1) 选择四棱锥桁架结构为研究对象，有 $v=5$，$\alpha=3$，DOF=6。

(2) 计算可得 $e=9$。

(3) 由 $v_3+v_4=5$、$3v_3+4v_4=18$，得到唯一的组合 $C_1=\{v_3=2,\ v_4=3\}$ $(k_{max}=1)$。

(4) 将 5 个顶点置于外环连接成多边形，如图 2.14(a)所示；写出相应的邻接矩阵，如图 2.14(b)所示。

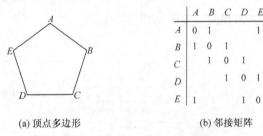

(a) 顶点多边形　　　　　　　　　(b) 邻接矩阵

图 2.14　顶点多边形及其邻接矩阵

(5) 在邻接矩阵上三角形区间选择 4 个位置添 "1"，并根据对称性完成邻接矩阵，如图 2.15 所示。

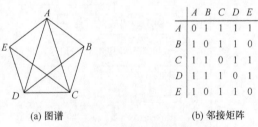

(a) 图谱　　　　　　　　　　　(b) 邻接矩阵

图 2.15　图谱及其邻接矩阵

(6) 将邻接矩阵改成加权邻接矩阵。

(7) 加权邻接矩阵中，3 行含有 4 个非零元素，2 行含有 3 个非零元素，满足组合 $C_1=\{v_3=2,\ v_4=3\}$ $(k_{max}=1)$。

(8) 加权邻接矩阵中，第 2 行和第 5 行都含有 3 个非零元素，且元素 $a_{25}=0$。该矩阵满足稳定桁架结构图谱的所有性质。

(9) 接受该加权邻接矩阵。

(10) $k=1=k_{max}$，执行后续步骤。

(11) 根据加权邻接矩阵画出加权图谱。

2. 流程 B

执行流程 B，具体步骤如下。

(1) 以图 2.3(b)所示的加权图谱为研究对象。

(2) 计算可得 $g_z=2$。

(3) 在上三角形区域选择 2 个非零元素，将其权值取为 2 倍。根据对称性完成加权邻接矩阵，则 $j_{max}= C_9^2 =36$。

(4) 移除加权图谱中含有二度点的边，余下边构成可展开单元收拢图谱，如图 2.16 所示。经判断，收拢图谱满足稳定桁架结构图谱的所有性质。

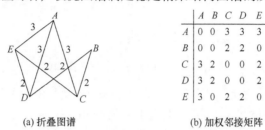

(a) 折叠图谱　　　　　　　　　　　(b) 加权邻接矩阵

图 2.16　折叠图谱及其加权邻接矩阵

(5) 计算 IDC，对加权图谱进行同构识别。

(6) 接受加权邻接矩阵。

(7) $j \neq j_{max}$，返回步骤(3)。

(8) 执行步骤(3)～步骤(7)，直到 $j=j_{max}$。画出可展开单元加权图谱。

(9) 选择下一个胚图进行设计。

3. 流程 C

执行流程 C，具体步骤如下。

(1) 选择一个如图 2.5(a) 所示的概念构型作为目标。

(2) 根据拓扑图性质(1)对各构件进行标号。

(3) 写出关联矩阵。

(4) 写出邻接矩阵。

(5) 根据拓扑图性质(6)，求出每个顶点处的局部完全图，如图 2.17 所示。

(6) 令 $\triangle ADE$ 为整体机架，根据拓扑图性质(4)和局部机架选择原则，依次将各局部完全图简化成树，结果如图 2.17 所示。

(7) 将各顶点处的树汇总成图，得到两种拓扑图。

(8) 经判断，这两种拓扑图结果满足拓扑图性质(2)和式(2.22)。

(9) 接受这两种拓扑图结果。

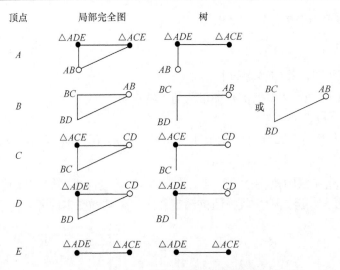

图 2.17　每个顶点的局部完全图和树

上述两种拓扑图表明，图 2.5 所示的可展开单元可由两种拓扑关系表示。如果假设△ACE 为整体机架，那么将得到一个相同的拓扑图。

4. 流程 D

执行流程 D，具体步骤如下。

(1) 以图 2.5(a) 所示的概念构型为研究对象，则 l=3、e_t=8、n_t=2、Q=1。取自由度 DOF=2。

(2) 取转动副数 $R = n_t + Q$ =3。

(3) 联立相关计算公式，得 U=4、S=3。

(4) 根据基本假设 2 和 3，分配 R。

(5) 根据基本假设 4，分配 U 和 S。

(6) 经判断，运动副分配结果满足基本假设 5，储存结果。

(7) 令 R++，重复步骤(3)～步骤(6)，计算下一种可能的运动副配置。

(8) 若 R=e_t，则结束流程。

本书作者借助 MATLAB 开发了一个可视化可展开单元概念构型设计软件，其界面如图 2.18 所示。根据流程 A～流程 D，设计者可以从零开始设计出新型可展开单元，进而对平面折叠态的可展开四棱锥单元进行系统设计，得到全部 11 种概念构型，如表 2.1～表 2.4 所示。根据拓扑性质，所有 11 种概念构型可以分为 4 组，其中含有 2 个机构环路的可展开单元有 7 种，含有 3 个机构环路的可展开单元有 4 种。

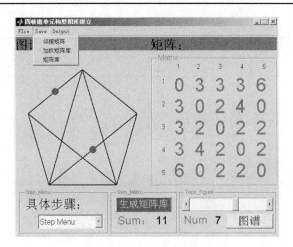

图 2.18　概念构型设计软件界面

表 2.1　第一组可展开四棱锥单元

序号	加权图谱	概念构型		拓扑图	
		展开状态	半展开状态	拓扑关系	运动副配置
1					
2					
3					
4					

表 2.2　第二组可展开四棱锥单元

序号	加权图谱	概念构型		拓扑图	
		展开状态	半展开状态	拓扑关系	运动副配置
5	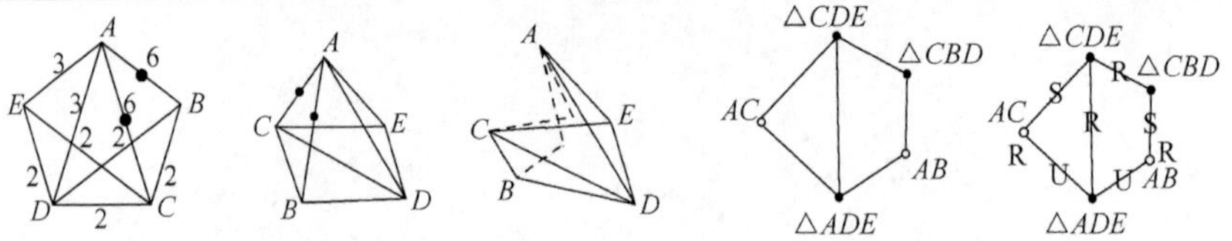				
6	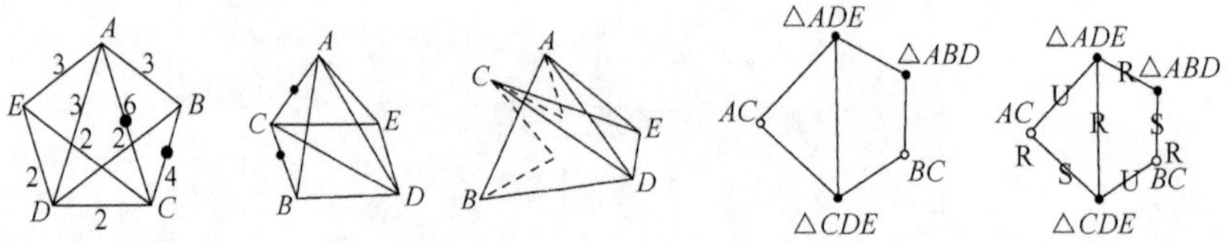				
7	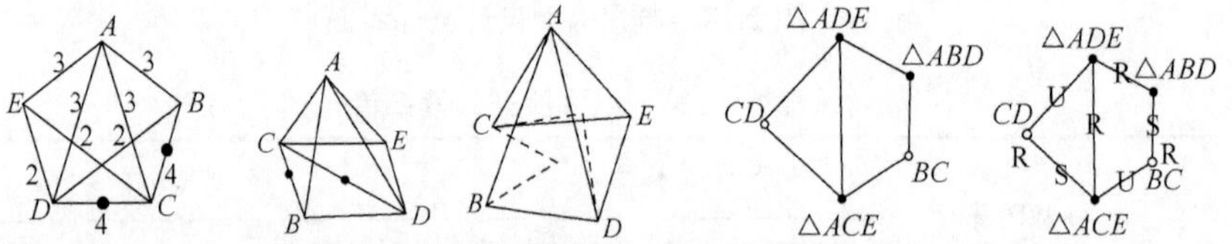				

表 2.3　第三组可展开四棱锥单元

序号	加权图谱	概念构型		拓扑图	
		展开状态	半展开状态	拓扑关系	运动副配置
8	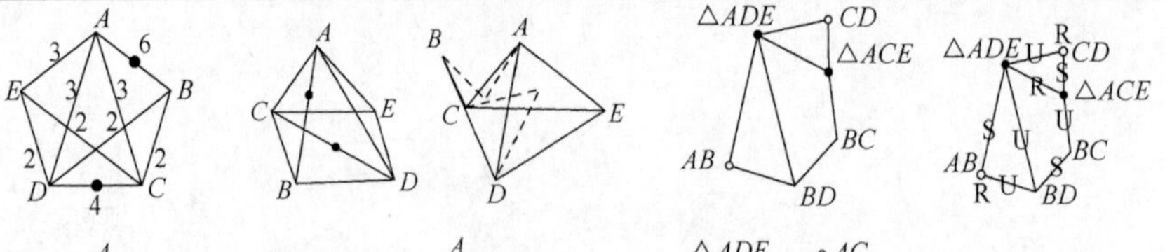				
9	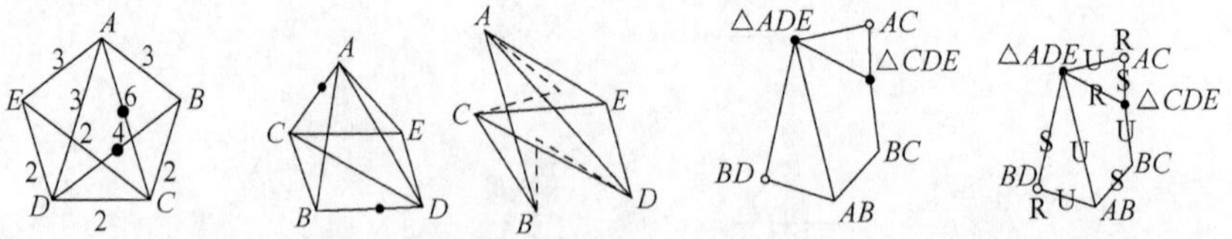				

表 2.4　第四组可展开四棱锥单元

序号	加权图谱	概念构型		拓扑图	
		展开状态	半展开状态	拓扑关系	运动副配置
10	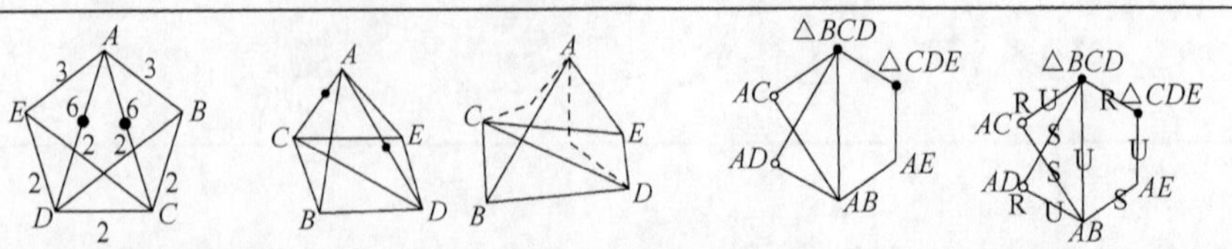				

序号	加权图谱	概念构型		拓扑图	
		展开状态	半展开状态	拓扑关系	运动副配置
11					

根据表 2.1～表 2.4 给出的概念构型以及拓扑图所描述的拓扑信息,设计出 11 种二自由度可展开四棱锥单元,记为 1 号机构～11 号机构,如图 2.19 所示。

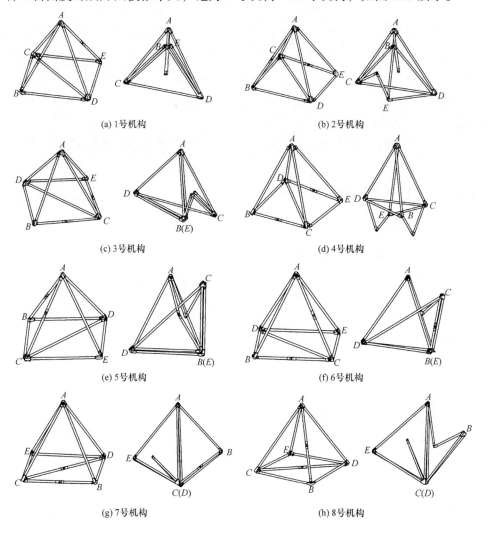

(a) 1号机构　　　　　(b) 2号机构

(c) 3号机构　　　　　(d) 4号机构

(e) 5号机构　　　　　(f) 6号机构

(g) 7号机构　　　　　(h) 8号机构

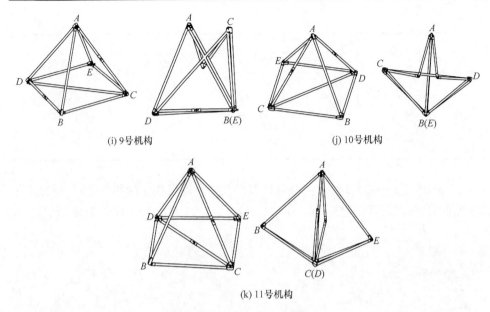

(i) 9号机构　　　　　　　　　　　(j) 10号机构

(k) 11号机构

图 2.19　四棱锥可展开单元设计

2.5　基于螺旋理论的过约束可展开单元构型综合

2.5.1　过约束可展开单元的螺旋表示

1. 运动与约束的螺旋表示

表 2.5 描述了约束力螺旋和瞬时运动螺旋的对应关系。

表 2.5　约束力螺旋和瞬时运动螺旋的对应关系

旋距类型	几何意义	瞬时运动	约束力
非零旋距	旋量 $\begin{pmatrix} s \\ r \times s + hs \end{pmatrix}$	旋转+平移 $\varpi \begin{pmatrix} s \\ r \times s + hs \end{pmatrix}$	力+力偶 $f \begin{pmatrix} s \\ r \times s + hs \end{pmatrix}$
零旋距	线矢量 $\begin{pmatrix} s \\ r \times s \end{pmatrix}$	纯旋转 $\varpi \begin{pmatrix} s \\ r \times s \end{pmatrix}$	纯力 $f \begin{pmatrix} s \\ r \times s \end{pmatrix}$
无穷大旋距	偶量 $\begin{pmatrix} 0 \\ hs \end{pmatrix}$	纯平移 $v \begin{pmatrix} 0 \\ s \end{pmatrix}$	纯力偶 $\tau \begin{pmatrix} 0 \\ s \end{pmatrix}$

通常用线矢量描述转动副的运动，用偶量描述移动副的运动。设运动副简化点 A 相对于坐标原点 O 的矢径为 r_{OA}，约束点 P 相对于坐标原点 O 的矢径为 r_{OP}。转动副的运动螺旋旋距等于 0。它对连接构件施加 3 个约束力和 2 个约束力矩。

若转动副轴线由 A 点指向 P 点，则过 A 点转动副允许的相对运动的运动螺旋为

$$\boldsymbol{\$}^{R} = \left[\boldsymbol{s}_{AP}, \boldsymbol{r}_{OA} \times \boldsymbol{s}_{AP}\right]^{T} \tag{2.23}$$

式中，$\boldsymbol{\$}^{R}$ 为转动副的运动螺旋；$\boldsymbol{s}_{AP}$ 为转动轴线方向的向量，由 A 点指向 P 点；$\boldsymbol{r}_{OA}$ 是运动副简化点 A 相对于坐标原点 O 的矢径。

万向副两运动轴线相互垂直。它对连接构件施加 3 个约束力和 1 个约束力矩。若万向副一条轴线由 A 点指向 P 点，另一条轴线垂直于($\perp$)AP，则过 A 点万向副允许运动的运动螺旋为

$$\boldsymbol{\$}_{1}^{U} = \left[\boldsymbol{s}_{AP}, \boldsymbol{r}_{OA} \times \boldsymbol{s}_{AP}\right]^{T}, \quad \boldsymbol{\$}_{2}^{U} = \left[\boldsymbol{s}_{\perp AP}, \boldsymbol{r}_{OA} \times \boldsymbol{s}_{\perp AP}\right]^{T} \tag{2.24}$$

式中，$\boldsymbol{\$}_{1}^{U}$ 和 $\boldsymbol{\$}_{2}^{U}$ 为万向副的两个旋转轴线运动螺旋；$\boldsymbol{s}_{\perp AP}$ 为转动轴线方向向量，垂直于 AP。

球副对连接构件施加 3 个约束力。它可以简化为空间汇交于约束点 P 的三个转动副。通过球副连接的两相邻构件间运动的运动螺旋可以表示为

$$\boldsymbol{\$}_{1}^{S} = \left[\boldsymbol{s}_{//x}, \boldsymbol{r}_{OP} \times \boldsymbol{s}_{//x}\right]^{T}, \quad \boldsymbol{\$}_{2}^{S} = \left[\boldsymbol{s}_{//y}, \boldsymbol{r}_{OP} \times \boldsymbol{s}_{//y}\right]^{T}, \quad \boldsymbol{\$}_{3}^{S} = \left[\boldsymbol{s}_{//z}, \boldsymbol{r}_{OP} \times \boldsymbol{s}_{//z}\right]^{T} \tag{2.25}$$

式中，$\boldsymbol{\$}_{1}^{S}$、$\boldsymbol{\$}_{2}^{S}$ 和 $\boldsymbol{\$}_{3}^{S}$ 为球副的三个旋转轴运动螺旋；$\boldsymbol{s}_{//x}$、$\boldsymbol{s}_{//y}$ 和 $\boldsymbol{s}_{//z}$ 为分别平行于 x 轴、y 轴和 z 轴的球副的三个旋转轴方向向量。

2. 过约束分析

空间机构过约束数目通常可以分成两部分分别计算：公共约束和冗余约束。若一个过约束旋量与机构运动螺旋系中的每一个旋量均互易，则该过约束为机构公共约束。除去公共约束后，若机构剩下的约束螺旋数仍大于所组成的旋量系阶数，则机构存在冗余约束。

当考虑过约束时，基于环路理论的可展开单元自由度计算公式变为

$$\text{DOF} = (3S + 2U + R) - (6 - d)l + m \tag{2.26}$$

式中，DOF 为自由度数；S 为球副数；U 为万向副数；R 为转动副数；d 为机构公共约束数目；l 为机构环路数；m 为除去公共约束后的冗余约束数目。

因此，将过约束可展开单元的构型综合分为以下类型进行讨论。

类型 1：仅含有 1 个公共约束的情况($\boldsymbol{F}$ 型和 $\boldsymbol{C}$ 型机构)；

类型 2：含有 2 个公共约束的情况($\boldsymbol{FF}$ 型、$\boldsymbol{CC}$ 型和 $\boldsymbol{FC}$ 型机构)；

类型 3：含有 3 个公共约束的情况($\boldsymbol{FFF}$ 型、$\boldsymbol{CCC}$ 型、$\boldsymbol{FFC}$ 型和 $\boldsymbol{FCC}$ 型机构)。

其中，$\boldsymbol{F}$ 和 $\boldsymbol{C}$ 分别表示过约束为力线矢和力偶。上述 9 种类型约束又可以根据空间位置的不同划分出更多的形式，如 $\boldsymbol{FFF}$ 型约束可以分为三个力线矢共面不汇交、异面、空间平行、空间共点等形式。

3. 过约束允许连续折展的条件

上述含公共约束的运动副配置只是表明可展开单元的可能构成形式。含过约束机构还要考虑将运动副按照某些特殊几何关系(如相邻轴线平行、重合、垂直，多个相邻轴线交于一点等)进行布置，进而综合分析可展开单元的几何条件能否实现上述特殊几何关系的运动副配置，判断机构是否只是瞬时机构，从而得到预期的含过约束可展开单元。

虚功原理表明，对于被约束刚体能否实现给定运动，通常通过考察约束力与给定速度的乘积(即瞬时约束功率)是否为零来判断，若瞬时约束功率为零，则该运动为约束允许的运动[8]。该原理同样可应用于含过约束可展开单元：在含过约束可展开单元中，若该过约束力螺旋对所有运动副运动螺旋构成的折展运动螺旋系所做的约束功率为零，则该过约束称为可展开单元公共约束，该运动称为该公共约束所允许的折展运动。除去公共约束后，若仍有只对可展开单元某一环路机构运动螺旋系所做的约束功率为零且与其他机构回路无关的过约束，则此类过约束称为可展开单元冗余约束，该运动称为该冗余约束所允许的折展运动。

设作用于机构的过约束力旋量为

$$f \cdot \pmb{S}^\mathrm{r} = (f \cdot s^\mathrm{r}; \pmb{r}_{OP} \times f \cdot s^\mathrm{r} + \tau \cdot s^\mathrm{r}) \tag{2.27}$$

机构运动旋量为

$$\omega \cdot \pmb{S} = (\omega \cdot s; \pmb{r}_{OA} \times \omega \cdot s + v \cdot s) \tag{2.28}$$

则约束功率可以写成

$$W^\mathrm{r} = f \cdot \pmb{S}^\mathrm{r} \circ \omega \cdot \pmb{S} = (f \cdot v + \tau \cdot \omega)(s^\mathrm{r} \cdot s) + f \cdot \omega \cdot \pmb{r}_{PA} \cdot (s^\mathrm{r} \times s) \tag{2.29}$$

式中，W^r 为约束功率；f 和 τ 分别为约束力和约束力偶常量系数；v 和 ω 分别为运动速度和运动角速度常量系数；P 和 A 分别为过约束力旋量作用点和运动副简化点；$\pmb{r}_{PA}$ 为过约束力旋量作用点 P 相对运动副简化点 A 的矢径；s^r 和 s 分别为过约束力旋量和运动旋量的方向向量；"○"表示求两个旋量之间的互易积。

根据约束功率 W^r 分析得到的约束所允许的运动有些是连续运动的，有些却是瞬时运动的。判断一个运动是否为瞬时运动仍然需要考察约束加功率[9]。过约束下可展开单元能够连续折展的充要条件是约束功率和约束加功率同时等于零。

约束加功率可以表示为过约束力对运动所做功率随时间的变化率，为

$$\begin{aligned}
\dot{W}^\mathrm{r} &= \frac{\mathrm{d}}{\mathrm{d}t}(f\pmb{S}^\mathrm{r} \circ \omega\pmb{S}) \\
&= (\dot{f}v + f\dot{v} + \dot{\tau}\omega + \tau\dot{\omega})(s^\mathrm{r} \cdot s) + (fv + \tau\omega)(\dot{s}^\mathrm{r} \cdot s + s^\mathrm{r} \cdot \dot{s}) \\
&\quad + (\dot{f}\omega\pmb{r}_{PA} + f\dot{\omega}\pmb{r}_{PA} + f\omega\dot{\pmb{r}}_{PA}) \cdot (s^\mathrm{r} \times s) + f\omega\pmb{r}_{PA} \cdot (\dot{s}^\mathrm{r} \times s + s^\mathrm{r} \times \dot{s})
\end{aligned} \tag{2.30}$$

若只考虑转动副，则有 $v \equiv 0$。根据式(2.29)和式(2.30)，过约束下可展开机构能够实现连续折展运动的条件可以分以下两种情况进行讨论。

(1) 当过约束螺旋为力线矢时，有 $\tau = 0$，则约束功率可以写成

$$W^{\mathrm{r}} = f\$^{\mathrm{r}} \circ \omega\$ = f\omega \boldsymbol{r}_{PA} \cdot (\boldsymbol{s}^{\mathrm{r}} \times \boldsymbol{s}) \tag{2.31}$$

此时加功率为

$$\begin{aligned}
\dot{W}^{\mathrm{r}} &= \frac{\mathrm{d}}{\mathrm{d}t}(f\$^{\mathrm{r}} \circ \omega\$) \\
&= (\dot{f}\omega + f\dot{\omega})[\boldsymbol{r}_{PA} \cdot (\boldsymbol{s}^{\mathrm{r}} \times \boldsymbol{s})] + f\omega\dot{\boldsymbol{r}}_{PA} \cdot (\boldsymbol{s}^{\mathrm{r}} \times \boldsymbol{s}) \\
&\quad + f\omega\boldsymbol{r}_{PA} \cdot (\dot{\boldsymbol{s}}^{\mathrm{r}} \times \boldsymbol{s}) + f\omega\boldsymbol{r}_{PA} \cdot (\boldsymbol{s}^{\mathrm{r}} \times \dot{\boldsymbol{s}})
\end{aligned} \tag{2.32}$$

当一个矢量 $\boldsymbol{r}$ 绕另一矢量 $\boldsymbol{s}$ 转动时，两矢量的叉积可以表示为 $\boldsymbol{s} \times \boldsymbol{r} = \dfrac{\mathrm{d}\boldsymbol{r}}{\mathrm{d}\varphi}$，因此，$\dot{\boldsymbol{r}}_{PA} = \dfrac{\mathrm{d}\boldsymbol{r}_{PA}}{\mathrm{d}\varphi}\dfrac{\mathrm{d}\varphi}{\mathrm{d}t} = \omega\boldsymbol{s} \times \boldsymbol{r}_{PA}$，则

$$f\omega\dot{\boldsymbol{r}}_{PA} \cdot (\boldsymbol{s}^{\mathrm{r}} \times \boldsymbol{s}) = f\omega^2(\boldsymbol{s} \times \boldsymbol{r}_{PA}) \cdot (\boldsymbol{s}^{\mathrm{r}} \times \boldsymbol{s}) \tag{2.33}$$

若约束力方向不变($\dot{\boldsymbol{s}}^{\mathrm{r}} = 0$)，且转动副方向不变($\dot{\boldsymbol{s}} = 0$)，则在过约束为力的情况下，机构转轴存在需满足的充要条件为

$$\begin{cases} \boldsymbol{r}_{PA} \cdot (\boldsymbol{s}^{\mathrm{r}} \times \boldsymbol{s}) = 0 \\ (\boldsymbol{s} \times \boldsymbol{r}_{PA}) \cdot (\boldsymbol{s}^{\mathrm{r}} \times \boldsymbol{s}) = 0 \end{cases} \tag{2.34}$$

因此，当可展开单元中含已知公共约束力时，转动副应该满足以下配置。

① 当 $\boldsymbol{s} /\!/ \boldsymbol{s}^{\mathrm{r}}$ 时，满足式(2.34)。

② 若 $\boldsymbol{s}$ 与 $\boldsymbol{s}^{\mathrm{r}}$ 相交，则 $\boldsymbol{r}_{PA}$、$\boldsymbol{s}$ 和 $\boldsymbol{s}^{\mathrm{r}}$ 共面，因此有 $\boldsymbol{r}_{PA} \cdot (\boldsymbol{s}^{\mathrm{r}} \times \boldsymbol{s}) = 0$。要想满足式(2.34)仍需要有 $\boldsymbol{s} \times \boldsymbol{r}_{PA} = 0$，这意味着要求 $\boldsymbol{r}_{PA}$ 和 $\boldsymbol{s}$ 共线，即 $\boldsymbol{s}$ 过约束点 P。

③ 若 $\boldsymbol{r}_{PA}$、$\boldsymbol{s}$ 和 $\boldsymbol{s}^{\mathrm{r}}$ 异面，且 $\boldsymbol{r}_{PA} \cdot (\boldsymbol{s}^{\mathrm{r}} \times \boldsymbol{s}) \neq 0$，则不满足条件。

(2) 当过约束螺旋为力偶时，约束功率可以写成

$$W^{\mathrm{r}} = f\$^{\mathrm{r}} \circ \omega\$ = \tau\omega(\boldsymbol{s}^{\mathrm{r}} \cdot \boldsymbol{s}) \tag{2.35}$$

此时加功率为

$$\begin{aligned}
\dot{W}^{\mathrm{r}} &= \frac{\mathrm{d}}{\mathrm{d}t}(f\$^{\mathrm{r}} \circ \omega\$) \\
&= (\dot{\tau}\omega + \tau\dot{\omega})(\boldsymbol{s}^{\mathrm{r}} \cdot \boldsymbol{s}) + \tau\omega(\dot{\boldsymbol{s}}^{\mathrm{r}} \cdot \boldsymbol{s} + \boldsymbol{s}^{\mathrm{r}} \cdot \dot{\boldsymbol{s}})
\end{aligned} \tag{2.36}$$

若约束力方向不变($\dot{\boldsymbol{s}}^{\mathrm{r}} = 0$)，且转动副方向不变($\dot{\boldsymbol{s}} = 0$)，则在过约束为力偶的情况下，机构转轴存在需满足的充要条件为

$$\boldsymbol{s}^{\mathrm{r}} \cdot \boldsymbol{s} = 0 \tag{2.37}$$

因此，当可展开单元中含已知公共约束力偶时，所有转动副应该满足配置条件：$s \perp s^r$。

此外，上述得到的转动副轴线配置原理都基于转动副方向不变（$\dot{s} = 0$）这一假设。要保证转动副方向不变，连续平行或者汇交的转动副至少有 2 个。过约束可展开单元能够实现连续折展运动，除了要满足式(2.36)和式(2.37)条件外，还需遵循表 2.6 列举的基本原则。

表 2.6　过约束可展开单元连续折展运动应满足的基本原则

序号	基本原则
1	连续平行或者汇交的转动副至少有 2 个
2	平行转动副最大线性无关数：共面平行为 2，空间平行为 3
3	汇交转动副最大线性无关数：共面汇交为 2，空间汇交为 3
4	一般分布转动副最大线性无关数：共面为 3，空间为 6

2.5.2　公共约束存在下的可展开单元综合

表 2.7 总结了约束螺旋一系、约束螺旋二系和约束螺旋三系的全部 12 种运动特征。

表 2.7　12 种约束螺旋系的运动特征

约束螺旋系	约束性质	被约束的运动
螺旋一系	单一力线矢 F	沿 F 的移动
	单一力偶 C	绕 C 的转动
螺旋二系	FF 共面汇交	该面内的二维移动
	FC 垂直	沿 F 的移动和绕 C 的转动
	FC 同向	沿 F 的移动和绕 C 的转动
	CC 共面汇交	该面内的二维转动
螺旋三系	FFF 空间平行	沿 F 的移动和垂直于 F 的 2 个转动
	FFF 共面不汇交	该平面内的二维移动和绕法线方向的转动
	FFF 分布于不同平行平面	与该平面平行的二维移动和 1 个转动
	FFF 空间共点	空间三维移动
	FFF 一般分布	空间三维移动
	CCC 空间汇交	空间三维转动

1. 公共约束为螺旋一系的情况

当可展开单元中含有 1 个公共过约束时，每个机构回路的运动旋量最大无关数为 5。

1) 单一力线矢 $\boldsymbol{F}$

当可展开单元中含有 1 个公共过约束力 $\boldsymbol{\$}^{r}$ 时，满足如下条件。

(1) 球副 $\boldsymbol{\$}^{S}$ 应该满足

$$\{\boldsymbol{\$}^{S} \cap \boldsymbol{\$}^{r} = P\} \tag{2.38}$$

(2) 万向副 $\boldsymbol{\$}^{U}$ 应该满足

$$\{\boldsymbol{\$}_{1}^{U} /\!/ \boldsymbol{\$}^{r}\} \wedge \{\boldsymbol{\$}_{2}^{U} \cap \boldsymbol{\$}^{r} = P\} \wedge \{\boldsymbol{\$}_{1}^{U} \perp \boldsymbol{\$}_{2}^{U}\} \tag{2.39}$$

(3) 转动副 $\boldsymbol{\$}^{R}$ 应该满足

$$\{\boldsymbol{\$}^{R} /\!/ \boldsymbol{\$}^{r}\} \vee \{\boldsymbol{\$}^{R} \cap \boldsymbol{\$}^{r} = P\} \tag{2.40}$$

2) 单一力偶 $\boldsymbol{C}$

当可展开单元中含有 1 个公共过约束力偶 $\boldsymbol{\$}^{r}$ 时，满足如下条件。

(1) 球副不能存在。

(2) 万向副 $\boldsymbol{\$}^{U}$ 应该满足

$$\{\boldsymbol{\$}_{1}^{U} \perp \boldsymbol{\$}^{r}\} \wedge \{\boldsymbol{\$}_{2}^{U} \perp \boldsymbol{\$}^{r}\} \wedge \{\boldsymbol{\$}_{1}^{U} \perp \boldsymbol{\$}_{2}^{U}\} \tag{2.41}$$

(3) 转动副 $\boldsymbol{\$}^{R}$ 应该满足

$$\{\boldsymbol{\$}^{R} \perp \boldsymbol{\$}^{r}\} \tag{2.42}$$

2. 公共约束为螺旋二系的情况

当可展开单元中含有 2 个公共过约束时，每个机构回路的运动旋量最大无关数为 4。

1) $\boldsymbol{FF}$ 共面汇交

当可展开单元中含有 2 个线性无关公共过约束力 $\boldsymbol{\$}^{r}_{1}$ 和 $\boldsymbol{\$}^{r}_{2}$，且 $\boldsymbol{\$}^{r}_{1} \cap \boldsymbol{\$}^{r}_{2} = P$ 时，满足如下条件。

(1) 球副 $\boldsymbol{\$}^{S}$ 应该满足

$$\{\boldsymbol{\$}^{S} \cap \boldsymbol{\$}^{r} = P\} \tag{2.43}$$

(2) 万向副 $\boldsymbol{\$}^{U}$ 应该满足

$$\{\boldsymbol{\$}_{1}^{U} \cap \boldsymbol{\$}_{1}^{r} = P\} \wedge \{(\boldsymbol{\$}_{1}^{U} \cap \boldsymbol{\$}_{2}^{U} = Q) \wedge (\boldsymbol{\$}_{1}^{U} \perp \boldsymbol{\$}_{2}^{U})\} \tag{2.44}$$

(3) 转动副 $\boldsymbol{\$}^{R}$ 需满足

$$\{\boldsymbol{\$}^{R} \cap \boldsymbol{\$}^{r} = P\} \tag{2.45}$$

2) *FC* 垂直

当可展开单元中含有 1 个公共过约束力 $\pmb{\$}_1^{\mathrm{r}}$ 和 1 个公共过约束力偶 $\pmb{\$}_2^{\mathrm{r}}$，且 $\pmb{\$}_1^{\mathrm{r}} \perp \pmb{\$}_2^{\mathrm{r}}$ 时，满足如下条件。

(1) 球副不存在。

(2) 万向副 $\pmb{\$}^{\mathrm{U}}$ 应该满足

$$\{\pmb{\$}_1^{\mathrm{U}} /\!/ \pmb{\$}_1^{\mathrm{r}}\} \wedge \{(\pmb{\$}_2^{\mathrm{U}} \cap \pmb{\$}_1^{\mathrm{r}} = P) \wedge (\pmb{\$}_2^{\mathrm{U}} \perp \pmb{\$}_2^{\mathrm{r}}) \wedge (\pmb{\$}_1^{\mathrm{U}} \perp \pmb{\$}_2^{\mathrm{U}})\} \tag{2.46}$$

(3) 转动副 $\pmb{\$}^{\mathrm{R}}$ 需满足

$$\{\pmb{\$}^{\mathrm{R}} /\!/ \pmb{\$}_1^{\mathrm{r}}\} \vee \{(\pmb{\$}^{\mathrm{R}} \cap \pmb{\$}_1^{\mathrm{r}} = P) \wedge (\pmb{\$}^{\mathrm{R}} /\!/ \pmb{\$}_2^{\mathrm{U}})\} \tag{2.47}$$

3) *FC* 同向

当可展开单元中含有 1 个公共过约束力 $\pmb{\$}_1^{\mathrm{r}}$ 和 1 个公共过约束力偶 $\pmb{\$}_2^{\mathrm{r}}$，且 $\pmb{\$}_1^{\mathrm{r}} /\!/ \pmb{\$}_2^{\mathrm{r}}$ 时，满足如下条件。

(1) 球副不存在。

(2) 万向副 $\pmb{\$}^{\mathrm{U}}$ 应该满足

$$\{(\pmb{\$}_1^{\mathrm{U}} \perp \pmb{\$}_2^{\mathrm{r}}) \wedge (\pmb{\$}_1^{\mathrm{U}} \cap \pmb{\$}_1^{\mathrm{r}} = P)\} \wedge \{(\pmb{\$}_2^{\mathrm{U}} \perp \pmb{\$}_2^{\mathrm{r}}) \wedge (\pmb{\$}_1^{\mathrm{U}} \cap \pmb{\$}_2^{\mathrm{U}} = Q) \wedge (\pmb{\$}_1^{\mathrm{U}} \perp \pmb{\$}_2^{\mathrm{U}})\} \tag{2.48}$$

(3) 转动副 $\pmb{\$}^{\mathrm{R}}$ 需满足

$$\{\pmb{\$}^{\mathrm{R}} \perp \pmb{\$}_2^{\mathrm{r}}\} \wedge \{\pmb{\$}^{\mathrm{R}} \cap \pmb{\$}_1^{\mathrm{r}} = P\} \tag{2.49}$$

4) *CC* 共面汇交

当可展开单元中含有 2 个公共过约束力偶 $\pmb{\$}_1^{\mathrm{r}}$ 和 $\pmb{\$}_2^{\mathrm{r}}$，且 $\pmb{\$}_1^{\mathrm{r}} \cap \pmb{\$}_2^{\mathrm{r}} = P$ 时，球副和转动副不存在，转动副 $\pmb{\$}^{\mathrm{R}}$ 需满足

$$\{\pmb{\$}^{\mathrm{R}} \perp \pmb{\$}_1^{\mathrm{r}}\} \wedge \{\pmb{\$}^{\mathrm{R}} \perp \pmb{\$}_2^{\mathrm{r}}\} \tag{2.50}$$

3. 公共约束为螺旋三系的情况

1) *FFF* 空间平行

当 3 个公共过约束力 $\pmb{\$}_1^{\mathrm{r}}$、$\pmb{\$}_2^{\mathrm{r}}$ 和 $\pmb{\$}_3^{\mathrm{r}}$ 空间平行时，球副和万向副不能存在，所有转动副 $\pmb{\$}^{\mathrm{R}}$ 应该满足

$$\{\pmb{\$}^{\mathrm{R}} /\!/ \pmb{\$}^{\mathrm{r}}\} \tag{2.51}$$

2) *FFF* 空间共点

当 3 个公共过约束力 $\pmb{\$}_1^{\mathrm{r}}$、$\pmb{\$}_2^{\mathrm{r}}$ 和 $\pmb{\$}_3^{\mathrm{r}}$ 空间共点时，万向副不能存在，球副和转动副 $\pmb{\$}$ 应该满足

$$\{\pmb{\$} \cap \pmb{\$}^{\mathrm{r}} = P\} \tag{2.52}$$

3) 其他

当公共过约束分别是 3 个力线矢共面不汇交、3 个力线矢分布于 3 个不同的平行平面内、3 个力线矢一般分布、3 个力偶空间汇交时，转动副、万向副和球副均不能存在。

进而建立含有公共过约束的可展开单元综合流程 E，如图 2.20 所示。

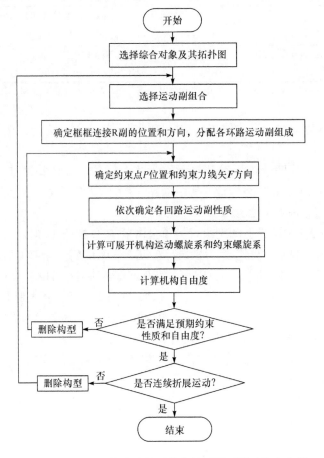

图 2.20　流程 E：含有公共过约束的可展开单元综合流程

2.5.3　实例分析

下面以综合得到的 1～11 号四棱锥可展开单元为例，列举出可能存在的公共约束形式，如表 2.8 所示。考虑 1～4 号四棱锥可展开单元由两个独立环路构成，要想实现折展运动，每个回路必须有独立的自由度，因此只能实现两自由度运动，无单一自由度可能。当公共约束为 4 时，可实现连续折展运动的可展开单元运动副配置不存在。

表 2.8　只含公共约束的单自由度可展开单元运动副配置可能

公共约束数目	自由度数	可展开单元运动副配置可能
1	1	$N_{5\text{-}7}\text{-}U_3R_5$、$N_{5\text{-}7}\text{-}S_1U_1R_6$、$N_{8\text{-}11}\text{-}U_6R_4$、$N_{8\text{-}11}\text{-}S_1U_4R_5$、$N_{8\text{-}11}\text{-}S_2U_2R_6$、$N_{8\text{-}11}\text{-}S_3R_7$
1	2	$N_{1\text{-}7}\text{-}U_4R_4$、$N_{1\text{-}7}\text{-}S_1U_2R_5$、$N_{1\text{-}7}\text{-}S_2R_6$、$N_{8\text{-}11}\text{-}U_7R_3$、$N_{8\text{-}11}\text{-}S_1U_5R_4$、$N_{8\text{-}11}\text{-}S_2U_3R_5$、$N_{8\text{-}11}\text{-}S_3U_1R_6$
2	1	$N_{5\text{-}7}\text{-}U_1R_7$、$N_{8\text{-}11}\text{-}U_3R_7$、$N_{8\text{-}11}\text{-}S_1U_1R_8$
2	2	$N_{1\text{-}7}\text{-}U_2R_6$、$N_{5\text{-}7}\text{-}S_1R_7$、$N_{8\text{-}11}\text{-}U_4R_6$、$N_{8\text{-}11}\text{-}S_1U_2R_7$、$N_{8\text{-}11}\text{-}S_2R_8$
3	1	$N_{8\text{-}11}\text{-}R_{10}$
3	2	$N_{1\text{-}7}\text{-}R_8$、$N_{8\text{-}11}\text{-}U_1R_9$

注：例如，$N_{5\text{-}7}\text{-}S_1U_1R_6$ 表示 5 号、6 号和 7 号机构中分别含有 1 个 S 副、1 个 U 副和 6 个 R 副

　　下面以含有一个公共力线矢约束的四棱锥可展开单元为例，按照以下步骤进行综合。

　　(1) 选择 5 号四棱锥可展开单元作为综合对象，其拓扑图如图 2.21 所示。该可展开单元由 2 个回路构成，其中回路 1 为 △CDE—AC—△ADE，回路 2 为 △CDE—△CBD—AB—△ADE。

　　(2) 从表 2.8 中选择运动副组合为单自由度 F 型 $N_5\text{-}S_1U_1R_6$。

　　(3) 本例中有两处框框连接，分别设定 △CDE—△ADE 连接转动副 R_{DE} 位于 E 点，其方向为沿着 DE 方向；设定 △CDE—△CBD 连接转动副 R_{CD} 位于 O 点，方向为沿着 OD 方向。设回路 1 含有 3 个 R 副、1 个 S 副，回路 2 含有 4 个 R 副、1 个 U 副。

　　(4) 步骤(3)中已设定转动副 R_{DE} 和 R_{CD} 交于 D 点，根据转动副存在条件可以推出 P 点位置和 F 方向存在 3 种组合：①$\{P\in DE\} \wedge \{F /\!/ CD\}$；②$\{P\in CD\} \wedge \{F /\!/ DE\}$；③$\{P=D\}$。本例选择 P 点位置和 F 方向满足第③种组合。

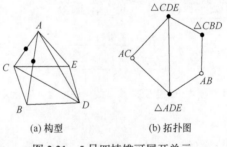

(a) 构型　　　　　　(b) 拓扑图

图 2.21　5 号四棱锥可展开单元

　　(5) 回路 1 中球副 S 可以看作三个空间正交于约束点 D 的转动副，3 个 R 副、1 个 S 副共 6 个运动旋量，最大线性无关数为 5，其余分布的 R 副不能再交于约束点 D，而应平行于公共约束力线矢 F；回路 2 中万向副 U 可看作两个正交的转动副，一个应该平行于 F，另一个应该过 D 点。选择 △CBD—AB 连接处 B 点布

置 U 副，选 J 点处 R 副交于 D 点，A 点处 R 副平行于约束力线矢 $\boldsymbol{F}$，综合结果如图 2.22 所示。

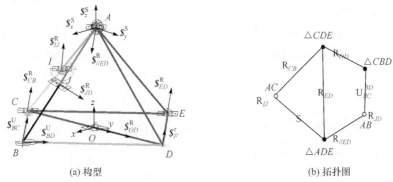

(a) 构型　　　　　　　　　(b) 拓扑图

图 2.22　$\boldsymbol{F}$ 型单自由度 $N_5\text{-}S_1U_1R_6$

(6) 设备点坐标为 $A\,(0, 0, L)$、$B\,(L, 0, 0)$、$C\,(0, -L, 0)$、$D\,(0, L, 0)$、$E\,(-L, 0, 0)$、$I\,(0, -L/2, L/2)$ 和 $J\,(L/2, 0, L/2)$，则得到回路 1 与回路 2 有相同的运动螺旋基 (表 2.9)：

$$\begin{bmatrix} 1 & 0 & 0 & 0 & 0 & 0 \\ 0 & 1 & 0 & 0 & 0 & 0 \\ 0 & 0 & 1 & 0 & L & 0 \\ 0 & 0 & 0 & -1 & 1 & 0 \\ 0 & 0 & 0 & 0 & 0 & 1 \end{bmatrix}$$

表 2.9　机构运动螺旋系

回路 1 运动螺旋	回路 2 运动螺旋
$\boldsymbol{S}^{R}_{ED} = [-1 \;\; -1 \;\; 0 \;\; 0 \;\; 0 \;\; L]^{T}$	$\boldsymbol{S}^{R}_{ED} = [-1 \;\; -1 \;\; 0 \;\; 0 \;\; 0 \;\; L]^{T}$
$\boldsymbol{S}^{R}_{CB} = [1 \;\; 1 \;\; 0 \;\; 0 \;\; 0 \;\; L]^{T}$	$\boldsymbol{S}^{R}_{OD} = [0 \;\; 1 \;\; 0 \;\; 0 \;\; 0 \;\; 0]^{T}$
$\boldsymbol{S}^{R}_{IJ} = [1 \;\; 1 \;\; 0 \;\; -L/2 \;\; L/2 \;\; L/2]^{T}$	$\boldsymbol{S}^{R}_{//ED} = [1 \;\; 1 \;\; 0 \;\; -L \;\; L \;\; 0]^{T}$
$\boldsymbol{S}^{S}_{x} = [1 \;\; 0 \;\; 0 \;\; 0 \;\; 0 \;\; -L]^{T}$	$\boldsymbol{S}^{R}_{JD} = [1/2 \;\; -1 \;\; 1/2 \;\; L/2 \;\; 0 \;\; -L/2]^{T}$
$\boldsymbol{S}^{S}_{y} = [0 \;\; 1 \;\; 0 \;\; 0 \;\; 0 \;\; 0]^{T}$	$\boldsymbol{S}^{U}_{BD} = [1 \;\; -1 \;\; 0 \;\; 0 \;\; 0 \;\; -L]^{T}$
$\boldsymbol{S}^{S}_{z} = [0 \;\; 0 \;\; 1 \;\; L \;\; 0 \;\; 0]^{T}$	$\boldsymbol{S}^{U}_{BC} = [1 \;\; 1 \;\; 0 \;\; 0 \;\; 0 \;\; L]^{T}$

由旋量系互易的原理可知，回路 1 与回路 2 有同一个公共过约束力线矢 $\boldsymbol{S}^{r} = [1 \;\; 1 \;\; 0 \;\; 0 \;\; 0 \;\; -L]^{T}$，该力线矢过 D 点平行于 DE，与预期结果一致。

(7) 该机构的自由度为

$$DOF = (3S + 2U + R) - (6 - d)l + u = (3 \times 1 + 2 \times 1 + 6) - (6 - 1) \times 2 = 1$$

与预期结果一致。

(8) 建立 N_5-$S_1U_1R_6$ 可展开单元折展运动的 ADAMS 软件仿真，具体过程如图 2.23 所示。仿真结果表明，该机构在含有 1 个公共过约束 F 情况下可以实现连续折展运动。

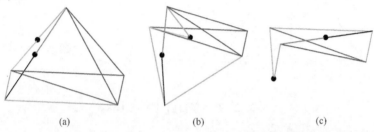

（a）　　　　　　　　　（b）　　　　　　　　　（c）

图 2.23　N_5-$S_1U_1R_6$ 可展开单元折展运动仿真过程

(9) 接受并保存构型。

仅含一个公共过约束力偶 C 可展开单元的综合过程与仅含一个公共过约束力线矢 F 的相似，这里不再赘述，该综合流程同样适用于其他公共约束情况。最终，基于上述方法可对 11 种平面折叠态的四棱锥可展开单元进行综合。表 2.10 列举了仅含公共约束的单自由度四棱锥可展开单元的 20 种综合结果。

表 2.10　仅含公共约束的单自由度四棱锥可展开单元的 20 种综合结果

约束系	公共约束性质	综合结果
约束一系	单一 F	N_5-$S_1U_1R_6$、N_7-$S_1U_1R_6$、N_8-U_6R_4、N_9-$S_2U_2R_6$、N_{10}-$S_2U_2R_6$、N_{11}-S_3R_7
	单一 C	N_5-U_3R_5、N_{10}-U_6R_5、N_{11}-U_6R_5
约束二系	FF 汇交	N_5-$U_2R_5G_1$、N_6-U_1R_7、N_7-U_1R_7
	FC 垂直	N_5-$U_2R_5G_1$、N_{10}-U_3R_7、N_{11}-U_3R_7
约束三系	FFF 空间平行	N_5-R_7G_1、N_{10}-R_{10}、N_{11}-R_{10}
	FFF 空间共点	N_5-R_7G_1、N_8-R_{10}

2.5.4　冗余约束存在下的可展开单元综合

除了仅含公共约束的情况外，还大量存在含有冗余约束的过约束可展开单元。同样，上述讨论的公共约束可展开单元的综合方法也适用于含有冗余约束的可展开单元。本节以 1~4 号两自由度四棱锥可展开单元为例，说明冗余约束存在下的可展开单元综合。

根据综合流程，得到如图 2.24 所示的含有两个过约束力线矢的两自由度可展开单元 N_2-U_4R_4。设各点坐标为 $A(0, 0, L)$、$B(L, 0, 0)$、$C(0, -L, 0)$、$D(0, L, 0)$、$E(-L, 0, 0)$、$I(L/2, 0, L/2)$ 和 $J(-L/2, -L/2, 0)$，则各回路运动螺旋系如表 2.11 所示。

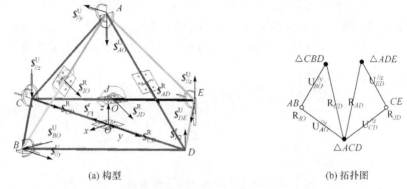

(a) 构型　　　　　　　　　　　　　　(b) 拓扑图

图 2.24　两自由度 **FF** 型 N_2-U_4R_4

表 2.11　两自由度 *FF* 型 N_2-U_4R_4 机构运动螺旋系

回路 1 运动螺旋	回路 2 运动螺旋
$\boldsymbol{S}_{//y}^{R} = [0\ \ 1\ \ 0\ \ 0\ \ 0\ \ 0]^{T}$	$\boldsymbol{S}_{AD}^{R} = [0\ \ -1\ \ 1\ \ L\ \ 0\ \ 0]^{T}$
$\boldsymbol{S}_{IO}^{R} = \left[\dfrac{1}{2}\ \ 0\ \ \dfrac{1}{2}\ \ 0\ \ 0\ \ 0\right]^{T}$	$\boldsymbol{S}_{JD}^{R} = \left[\dfrac{1}{2}\ \ \dfrac{3}{2}\ \ 0\ \ 0\ \ 0\ \ -\dfrac{L}{2}\right]^{T}$
$\boldsymbol{S}_{BO}^{U} = [1\ \ 0\ \ 0\ \ 0\ \ 0\ \ 0]^{T}$	$\boldsymbol{S}_{CD}^{U} = [0\ \ 2\ \ 0\ \ 0\ \ 0\ \ 0]^{T}$
$\boldsymbol{S}_{//y}^{U} = [0\ \ 1\ \ 0\ \ 0\ \ 0\ \ L]^{T}$	$\boldsymbol{S}_{//z}^{U} = [0\ \ 0\ \ 1\ \ -L\ \ 0\ \ 0]^{T}$
$\boldsymbol{S}_{AO}^{U} = [0\ \ 0\ \ 1\ \ 0\ \ 0\ \ 0]^{T}$	$\boldsymbol{S}_{ED}^{U} = [1\ \ 1\ \ 0\ \ 0\ \ 0\ \ -L]^{T}$
$\boldsymbol{S}_{//y}^{U} = [0\ \ 1\ \ 0\ \ -L\ \ 0\ \ 0]^{T}$	$\boldsymbol{S}_{//z}^{U} = [0\ \ 0\ \ 1\ \ 0\ \ L\ \ 0]^{T}$

回路 1 及回路 2 的运动螺旋系的最大无关数都为 5，但它们的运动螺旋基不同，分别为

$$
\begin{pmatrix}
1 & 0 & 0 & 0 & 0 & 0 \\
0 & 1 & 0 & 0 & 0 & 0 \\
0 & 0 & 1 & 0 & 0 & 0 \\
0 & 0 & 0 & 1 & 0 & 0 \\
0 & 0 & 0 & 0 & 0 & 1
\end{pmatrix}, \quad
\begin{pmatrix}
1 & 0 & 0 & 0 & 0 & -L \\
0 & 1 & 0 & 0 & 0 & 0 \\
0 & 0 & 1 & 0 & 0 & 0 \\
0 & 0 & 0 & 1 & 0 & 0 \\
0 & 0 & 0 & 0 & 1 & 0
\end{pmatrix}
$$

根据旋量系互易原理，回路 1 的过约束力线矢为过 O 点平行于 y 轴，$\boldsymbol{S}_{F1}^{r} = [0\ \ 1\ \ 0\ \ 0\ \ 0\ \ 0]^{T}$。回路 2 的过约束力线矢为过 D 点平行于 z 轴，$\boldsymbol{S}_{F2}^{r} = [0\ \ 0$

1 L 0 0]^T。这两个过约束力线矢皆为冗余约束。此时，该可展开单元公共约束数为 0。

该机构的自由度为

$$DOF = (3S + 2U + R) - (6 - d)l + u = 12 - (6 - 0) \times 2 + 2 = 2$$

FF 冗余约束型 N_2-U_4R_4 可展开单元折展运动仿真过程如图 2.25 所示，仿真结果表明该机构在含有两个冗余约束的力线矢下可以实现连续折展运动。

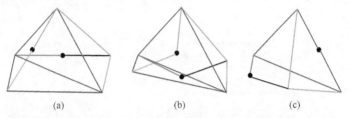

$$\text{(a)} \qquad\qquad\qquad \text{(b)} \qquad\qquad\qquad \text{(c)}$$

图 2.25　FF 冗余约束型 N_2-U_4R_4 可展开单元折展运动仿真过程

因此，运用上述综合方法，可得到 8 种含两个冗余约束的两自由度 1～4 号可展开单元，如表 2.12 所示。

表 2.12　含两个冗余约束的两自由度 1～4 号可展开单元综合结果

过约束性质	综合结果
FF 冗余约束	N_{1-4}-U_4R_4、N_{1-4}-S_2R_6

2.6　本 章 小 结

本章首先对空间可展开天线机构组成、空间可展开天线机构创新设计流程、空间可展开天线机构设计理论的基本知识进行了详细的介绍。然后提出了一套基于图论的可展开单元拓扑结构分析与设计方法，并结合实例进行了分析。最后基于螺旋理论对过约束单元进行了构型综合，提出了相应的综合流程，为后续空间可展开天线机构的设计提供了理论参考。

参 考 文 献

[1] Kishimoto N, Natori M C, Higuchi K, et al. New deployable membrane structure models inspired by morphological changes in nature[C]. 47th AIAA/ASME/ASCE/AHS/ASC Structures, Structural Dynamics, and Materials Conference, Newport, 2006:3722-3725.

[2] Meguro A, Ishikawa H, Tsujihata A. Study on ground verification for large deployable modular structures[J]. Journal of Spacecraft and Rockets, 2006, 43(4):780-787.

[3] Meguro A, Tsujihata A, Hamamoto N, et al. Technology status of the 13m aperture deployment antenna reflectors for engineering test satellite Ⅷ[J]. Acta Astronautica, 2000, 47(2-9): 147-152.

[4] Gralewski M R, Adams L, Hedgepeth J M. Deployable extendable support structure for the RadarSat synthetic aperture radar antenna[C]. International Astronautical Federation Congress, Washington DC, 1992:18-24.

[5] Thomas W D R. RadarSat-2 extendible support structure[J]. Canadian Journal of Remote Sensing, 2004, 30(3):282-286.

[6] 邓宗全. 空间折展机构设计[M]. 哈尔滨: 哈尔滨工业大学出版社, 2013.

[7] Ball R S. A Treatise on the Theory of Screws[M]. Cambridge: Cambridge University Press, 1998.

[8] Fang Y F, Tsai L W. Enumeration of a class of overconstrained mechanisms using the theory of reciprocal screws[J]. Mechanism and Machine Theory, 2004, 39(11):1175-1187.

[9] 于靖军, 刘辛军, 丁希仑, 等. 机器人机构学的数学基础[M]. 北京: 机械工业出版社, 2008.

第 3 章　空间可展开天线机构分析方法

空间可展开天线机构的主要结构形式是空间桁架机构，在展开过程中表现为机构，完全展开后锁定为准结构态。在展开过程中，往往关注展开运动的轨迹、速度和同步性等；展开后，则关注结构刚度、模态特性等；此外，还需对可展开机构进行参数优化、网面成型和试验测试等。

3.1　展开过程运动学与动力学分析

空间可展开天线机构中包含大量的杆件、铰链、柔性索、驱动与锁定装置等。展开过程的结构拓扑特征、结构刚度具有时变性，且展开过程在整个航天任务中起着举足轻重的作用，关系到任务的成败。因此，空间可展开天线机构展开过程的研究在近年来吸引了不少研究者的关注。

3.1.1　展开过程运动学建模方法

1. 矢量法

矢量法又称为速度合成法，是基于各构件间基本的矢量组合关系，结合微分求偏导方法来建立模型的方法。

用矢量法进行机构运动分析时，只需列出各个杆件的位移矢量关系即可。图 3.1 所示为一个二维的平面机构，其位移矢量关系式为

$$\overrightarrow{AB} + \overrightarrow{BC} + \overrightarrow{CA} = 0 \tag{3.1}$$

将式(3.1)分别向 x、y 轴投影，可得

$$AB\cos\theta_1 + BC\cos\theta_2 + CA\cos\theta_3 = 0 \tag{3.2}$$

$$AB\sin\theta_1 + BC\sin\theta_2 + CA\sin\theta_3 = 0$$

式中，θ_1、θ_2、θ_3 分别表示直线 AB、BC、CA 与 x 轴的夹角。

将式(3.2)再次对时间进行一次求导和二次求导，即可得到相应杆件的速度、加速度的计算公式。

同理，对于空间杆件机构，可以列出各

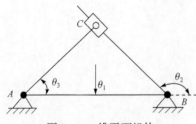

图 3.1　二维平面机构

个杆件的空间矢量关系式，将其分别向 x 、 y 和 z 轴进行投影，得到位移方程，将其进行求导得到速度、加速度方程。

2. 坐标变换法

坐标变换是目前应用最广的机构运动学建模方法，尤其是 D-H 参数变换法[1]。D-H 参数变换法通过在每个构件上固定坐标系，用 4×4 的齐次变换矩阵来描述相邻两连杆的空间关系，从而推导出目标构件的位置和姿态，建立运动学方程。

描述一个刚体需要从位置和姿态两个方面进行，常用方法是规定一个坐标系，在该坐标系中，点的位置可以用一个三维的列向量进行表述，而一个刚体的方位能用一个 3×3 的矩阵来表示。因此，将其进行结合，用一个 4×4 的矩阵将一个刚体的位置和姿态进行统一描述。

对于给定的任何一个刚体，在空间中一般选用位置向量对其进行描述。对于一个给定的空间直角坐标系 $\{A\}$ ，空间中任意点 P 的位置均可以用一个 3×1 的列向量表示，即该点的位置矢量为

$$A_P = \begin{bmatrix} P_x \\ P_y \\ P_z \end{bmatrix} \tag{3.3}$$

式中， P_x 、 P_y 、 P_z 是 P 点在坐标系 $\{A\}$ 中的三个分量。

旋转矩阵通常可以用来对一个刚体的方位进行描述。为了描述空间中某一个刚体的方位，可另设一个固定在刚体上的坐标系 $\{B\}$ ，其三个单位主矢量 X_B 、 Y_B 、 Z_B 相对于坐标系 $\{A\}$ 的方向余弦可以组成一个 3×3 的矩阵来表示刚体在坐标系 $\{A\}$ 中的方位：

$${}_{B}^{A}\boldsymbol{R} = \begin{bmatrix} {}^{A}\boldsymbol{X}_B & {}^{A}\boldsymbol{Y}_B & {}^{A}\boldsymbol{Z}_B \end{bmatrix} \tag{3.4}$$

式中， ${}_{B}^{A}\boldsymbol{R}$ 为旋转矩阵，上下标 A 、 B 分别表示初始坐标系及待表述坐标系。

为了完整表述一个刚体在空间中的位置和姿态，一般选用一个和刚体固连的坐标系，将该坐标系的原点选在刚体的特征点上，如质心或者规则刚体的对称中心。对于参考坐标系 $\{A\}$ ，待描述坐标系 $\{B\}$ 原点的位置一般可用位置矢量 ${}^{A}\boldsymbol{P}_{BO}$ 表示，用旋转矩阵 ${}_{B}^{A}\boldsymbol{R}$ 表示坐标系 $\{B\}$ 的姿态，因此刚体可用 ${}^{A}\boldsymbol{P}_{BO}$ 、 ${}_{B}^{A}\boldsymbol{R}$ 进行描述：

$$\boldsymbol{B} = \begin{bmatrix} {}_{B}^{A}\boldsymbol{R} & {}^{A}\boldsymbol{P}_{BO} \end{bmatrix} \tag{3.5}$$

一般情况下，坐标系 $\{B\}$ 中一点的坐标 ${}^{B}\boldsymbol{P}$ 与其在坐标系 $\{A\}$ 中的坐标 ${}^{A}\boldsymbol{P}$ 有

如下转换关系:

$$^{A}\boldsymbol{P} =_{B}^{A}\boldsymbol{R}\,^{B}\boldsymbol{P}+^{A}\boldsymbol{P}_{BO} \tag{3.6}$$

可以将式(3.6)看成坐标旋转和坐标平移的复合关系。该关系可以表示成一个齐次映射形式:

$$\begin{bmatrix} ^{A}\boldsymbol{P} \\ 1 \end{bmatrix}\begin{bmatrix} _{B}^{A}\boldsymbol{R} & ^{A}\boldsymbol{P}_{BO} \\ \boldsymbol{0} & 1 \end{bmatrix}\begin{bmatrix} ^{B}\boldsymbol{P} \\ 1 \end{bmatrix} \tag{3.7}$$

或者矩阵形式:

$$^{A}\boldsymbol{P} =_{B}^{A}\boldsymbol{T}\,^{B}\boldsymbol{P} \tag{3.8}$$

式中, $^{A}\boldsymbol{P}$、$^{B}\boldsymbol{P}$ 分别为 4×1 的列矩阵;$_{B}^{A}\boldsymbol{T}$ 为一个 4×4 的矩阵, 称其为变换矩阵。

若坐标系 $\{B\}$ 为坐标系绕坐标轴分别旋转 α、φ、θ 角得到的, 则其对应的旋转矩阵分别为

$$\boldsymbol{R}(x,\alpha) = \begin{bmatrix} 1 & 0 & 0 \\ 0 & \cos\alpha & -\sin\alpha \\ 0 & \sin\alpha & \cos\alpha \end{bmatrix} \tag{3.9}$$

$$\boldsymbol{R}(y,\varphi) = \begin{bmatrix} \cos\varphi & 0 & \sin\varphi \\ 0 & 1 & 0 \\ -\sin\varphi & 0 & \cos\varphi \end{bmatrix} \tag{3.10}$$

$$\boldsymbol{R}(z,\theta) = \begin{bmatrix} \cos\theta & -\sin\theta & 0 \\ \sin\theta & \cos\theta & 0 \\ 0 & 0 & 1 \end{bmatrix} \tag{3.11}$$

若坐标系 $\{B\}$ 为坐标系 $\{A\}$ 先依次平移 $\mathbf{Trans}(a,b,c)$, 然后绕自身坐标轴旋转 α、φ、θ 角得到的, 则其变换矩阵可表示为

$$\boldsymbol{T} = \mathbf{Trans}(a,b,c)\boldsymbol{R}(x,\alpha)\boldsymbol{R}(y,\varphi)\boldsymbol{R}(z,\theta) \tag{3.12}$$

求出上述变换矩阵后, 可依次求出各个部件上一点对于原点的位置坐标(矢量), 将其求导可得到速度、加速度的计算公式。

3.1.2　展开过程动力学建模方法

1. 拉格朗日方程

拉格朗日法是用标量形式的广义坐标代表矢径, 用对能量和功的分析取代对力和力矩的分析, 建立系统的动力学模型, 可避免引入约束力。利用拉格朗日法可以直接建立可展开机构的动力学方程。

对于一个完整约束的系统，可采用第二类拉格朗日方程：

$$\frac{\mathrm{d}}{\mathrm{d}t}\left(\frac{\partial L}{\partial \dot{q}_i}\right) - \frac{\partial L}{\partial q_i} = Q_i , \quad i = 1, 2, \cdots, n \tag{3.13}$$

式中，L 为系统的拉格朗日函数；q_i 为系统的第 i 个广义坐标；Q_i 为系统的第 i 个广义力。

对于一个非完整的约束系统，则要用第一类拉格朗日方程进行求解，即拉格朗日乘子法：

$$\frac{\mathrm{d}}{\mathrm{d}t}\left(\frac{\partial L}{\partial \dot{q}_i}\right) - \frac{\partial L}{\partial q_i} = Q_i + \sum_{k=1}^{m} \lambda_k \alpha_{ki} , \quad i = 1, 2, \cdots, n \tag{3.14}$$

式中，λ_k 为拉格朗日乘子。

上述拉格朗日方程中采用的广义坐标 q 均为系统的真坐标，这类方程称为真拉格朗日方程。在实际的工程应用中，机构的平动和转动常用其平动速度 v 和转动角速度 ω 表示，以此作为广义坐标来建立系统的动力学方程，v 和 ω 称为伪坐标，相应的拉格朗日方程称为伪拉格朗日方程。由于 ω 是姿态角与其导数的线性组合，伪拉格朗日方程具有如下形式：

$$\frac{\mathrm{d}}{\mathrm{d}t}\left(\frac{\partial L}{\partial V}\right) + \omega \frac{\partial L}{\partial V} = F \tag{3.15}$$

$$\frac{\mathrm{d}}{\mathrm{d}t}\left(\frac{\partial L}{\partial V}\right) + \omega \frac{\partial L}{\partial \omega} + V \frac{\partial L}{\partial V} = M \tag{3.16}$$

采用拉格朗日法建立系统动力学方程的优点在于方程中不出现无功约束力，且可以得到与系统自由度相一致的个数最少的二阶微分方程，特别是具有完整约束的保守系统。

2. 凯恩方程

凯恩方程的基础是分析力学，通过引入偏速度和偏角速度的概念，运用达朗贝尔原理和虚位移原理建立动力学方程，使得方程由形式简单的广义主动力、广义惯性力和广义速率构成[2]。在凯恩方程的计算过程中不需要求导，程序化的计算步骤为用计算机语言进行推导提供了方便。

凯恩方程的基本形式为

$$K_\gamma + K_\gamma^* = 0, \quad \gamma = 1, 2, \cdots, f \tag{3.17}$$

式中，K_γ 为机构中第 γ 个独立速度的广义主动力；K_γ^* 为机构中第 γ 个独立速度的广义惯性力。

对于一个完整系统，如果取广义速度 $\dot{q}_j$ 为独立速度 $\dot{\pi}_\gamma (\gamma = j)$，偏速度 $\vec{u}'_{ij} = \partial \vec{r}_i / \partial q_j$，则广义主动力为

$$K_j = \sum_{i=1}^{n} \left(\vec{F}_i \cdot \frac{\partial \vec{r}_i}{\partial q_j} \right) = Q_j, \quad j = 1, 2, \cdots, g \tag{3.18}$$

广义惯性力可由系统的动能表示，即

$$K_j^* = -\frac{\mathrm{d}}{\mathrm{d}t} \left(\frac{\partial T}{\partial \dot{q}_j} \right) + \frac{\partial T}{\partial q_j}, \quad j = 1, 2, \cdots, g \tag{3.19}$$

对于一般的质点系，广义主动力可表述为质点系中每一质点上作用的主动力与该点对应于某一独立速度的偏速度的点积之和，称为系统对应于该独立速度的广义主动力，即

$$K_\gamma = \sum_{i=1}^{n} \left(\vec{F}_i \cdot \vec{u}'_{i\gamma} \right), \quad \gamma = 1, 2, \cdots, f \tag{3.20}$$

式中，$\vec{u}'_{i\gamma}$ 为质点系中第 i 个质点相对于第 γ 个独立的速度变量的偏速度。

假设 O 点为刚体的简化中心，则有

$$K_\gamma = \vec{R}_O \cdot \vec{u}'_{O\gamma} + \vec{M}_O \cdot \vec{\omega}'_\gamma, \quad \gamma = 1, 2, \cdots, f \tag{3.21}$$

式中，$\vec{R}_O$ 为作用于刚体简化中心上的主矢量；$\vec{u}'_{O\gamma}$ 为作用于刚体简化中心上的某一独立速度的偏速度；$\vec{M}_O$ 为作用于刚体简化中心上的主矩；$\vec{\omega}'_\gamma$ 为作用于刚体简化中心上的某一独立速度的偏角速度。

当系统包括 N 个刚体时，有

$$K_\gamma = \sum_{i=1}^{N} \left(\vec{R}_{O_i} \cdot \vec{u}'_{O_i\gamma} \right) + \sum_{i=1}^{N} \left(\vec{M}_{O_i} \cdot \vec{\omega}'_{i\gamma} \right), \quad \gamma = 1, 2, \cdots, f \tag{3.22}$$

式中，$\vec{R}_{O_i}$ 为作用于刚体简化中心上的第 i 个主矢量；$\vec{u}'_{O_i\gamma}$ 为作用于刚体简化中心上的第 i 个独立速度的偏速度；$\vec{M}_{O_i}$ 为作用于刚体简化中心上的第 i 个主矩；$\vec{\omega}'_{i\gamma}$ 为质点系中第 i 个质点相对于第 γ 个独立的速度变量的偏角速度。

对于质点系，其广义惯性力为

$$K_\gamma^* = \sum_{i=1}^{n} \left[\left(-m_i \ddot{\vec{r}}_i \right) \cdot \vec{u}'_{i\gamma} \right], \quad \gamma = 1, 2, \cdots, f \tag{3.23}$$

对于刚体，其广义惯性力为

$$K_\gamma^* = \sum_{i=1}^{n} \left[\left(-m_i \vec{a}_i \right) \cdot \vec{u}'_{i\gamma} \right] = -\left(\sum_{i=1}^{n} m_i \vec{a}_i \right) \cdot \vec{u}'_{O\gamma} - \sum_{i=1}^{n} \left[\left(\vec{r}'_i \times m_i \vec{a}_i \right) \cdot \vec{\omega}'_\gamma \right] \tag{3.24}$$

3. 牛顿-欧拉法

牛顿-欧拉法是将刚体的运动分解为随质心的平动和绕质心的转动，可分别用牛顿方程和欧拉方程来建立这两种运动的力学模型，而牛顿方程和欧拉方程的基础实际就是牛顿第二定律，通过速度、加速度、力和力矩等矢量来描述刚体的动力学性能。

牛顿-欧拉法是建立系统动力学模型最基本也是最直接的方法，它对系统的各部分都应有牛顿-欧拉平动方程和转动方程，即

$$\frac{\mathrm{d}}{\mathrm{d}t}P = F \tag{3.25}$$

$$\frac{\mathrm{d}}{\mathrm{d}t}H = M \tag{3.26}$$

式中，P、H 分别为系统的动量和角动量；F、M 分别为对应的作用力和力矩。

牛顿-欧拉法具有原理简明、概念清楚和容易理解的优点，虽然存在不能消除内部约束力的缺点，但它仍然是空间机构动力学常用的方法之一。

4. 绝对节点坐标法

1996 年，Shabana 以一般连续介质力学为基础，结合多体动力学理论和有限元方法提出了绝对节点坐标法。该方法不再以传统有限元中节点的位移和转角为节点坐标，而是选取空间全局坐标系下的位置和梯度向量作为节点坐标，通过使用这种混合坐标，梁单元和板单元可视为等参单元，而导出的质量阵为常数阵，致使离心力和科氏力为零，适合于求解空间可展开天线机构中柔性绳、索网和薄膜等大变形、大转动的几何非线性问题[3]。

1) 基于绝对节点坐标的主要单元

(1) 一维梁单元如图 3.2 所示，建立全局坐标系 xOy，并将梁划分成 n 个单元。忽略梁的截面变形，认为梁截面的法线垂直于梁中轴线的切线，即梁的变形只有沿中轴线的伸缩变形。

选取全局坐标系下的位置和梯度作为节点坐标，则任一节点坐标 $\boldsymbol{q}(t)^i$ 可表示为

$$\boldsymbol{q}(t)^i = \left[(\boldsymbol{r}^i)^{\mathrm{T}} \quad \left(\frac{\partial \boldsymbol{r}^i}{\partial x}\right)^{\mathrm{T}} \right]^{\mathrm{T}} \tag{3.27}$$

梁单元在全局坐标系下的位移场函数可写作

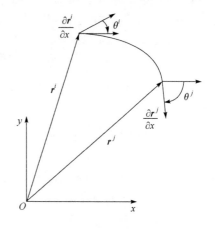

图 3.2　一维梁单元

$$\boldsymbol{r} = \begin{bmatrix} X \\ Y \end{bmatrix} = \begin{bmatrix} a_0 + a_1 x + a_2 x^2 + a_3 x^3 \\ b_0 + b_1 x + b_2 x^2 + b_3 x^3 \end{bmatrix} = \boldsymbol{S}(x)\boldsymbol{q}_{\mathrm{e}}(t) \tag{3.28}$$

单元的节点坐标 $\boldsymbol{q}_{\mathrm{e}}(t)$ 为

$$\boldsymbol{q}_{\mathrm{e}}(t) = \left[\left(\boldsymbol{q}(t)^i\right)^{\mathrm{T}} \quad \left(\boldsymbol{q}(t)^j\right)^{\mathrm{T}} \right]^{\mathrm{T}} = \begin{bmatrix} q_1 & q_2 & q_3 & q_4 & q_5 & q_6 & q_7 & q_8 \end{bmatrix}^{\mathrm{T}} \tag{3.29}$$

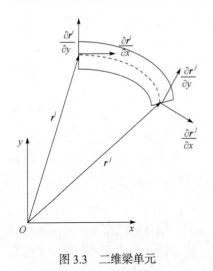

图 3.3　二维梁单元

形函数 $S(x)$ 可以表示为

$$S(x) = \begin{bmatrix} S_1 I & S_2 I & S_3 I & S_4 I \end{bmatrix} \tag{3.30}$$

式中，I 为 2×2 的单位矩阵。

(2) 二维梁单元如图 3.3 所示。二维梁单元中考虑了梁的剪切变形，梁截面不再与梁的中轴线垂直，需用 x 和 y 两个方向上的梯度向量来表示梁截面的变形。

选取全局坐标系下的位置和梯度作为节点坐标，则任一节点坐标 $q(t)^i$ 可表示为

$$q(t)^i = \begin{bmatrix} (r^i)^T & \left(\dfrac{\partial r^i}{\partial x}\right)^T & \left(\dfrac{\partial r^i}{\partial y}\right)^T \end{bmatrix}^T \tag{3.31}$$

梁单元在全局坐标系下的位移场函数可写作

$$r = \begin{bmatrix} X \\ Y \end{bmatrix} = \begin{bmatrix} a_0 + a_1 x + a_2 y + a_3 xy + a_4 x^2 + a_5 x^3 \\ b_0 + b_1 x + b_2 y + b_3 xy + b_4 x^2 + b_5 x^3 \end{bmatrix} = S(x, y) q_e(t) \tag{3.32}$$

单元的节点坐标 $q_e(t)$ 定义为

$$q_e(t) = \begin{bmatrix} \left(q(t)^i\right)^T & \left(q(t)^j\right)^T \end{bmatrix}^T \tag{3.33}$$

由式(3.31)和式(3.32)可知，单元节点坐标包含 12 个分量，则节点坐标 $q_e(t)$ 可表示为

$$q_e(t) = \begin{bmatrix} q_1 & q_2 & q_3 & q_4 & q_5 & q_6 & q_7 & q_8 & q_9 & q_{10} & q_{11} & q_{12} \end{bmatrix}^T \tag{3.34}$$

形函数 $S(x, y)$ 可以表示为

$$S(x, y) = \begin{bmatrix} S_1 I & S_2 I & S_3 I & S_4 I & S_5 I & S_6 I \end{bmatrix} \tag{3.35}$$

式中，I 为 2×2 的单位矩阵。

(3) 三维梁单元如图 3.4 所示。三维梁单元的构建考虑了梁的转动惯量、剪切变形和扭转的影响，梁截面的变形需用 x、y、z 三个方向上的位置矢量的梯度来表示。

选取全局坐标系下的位置和梯度作为节点坐标，则任一节点坐标 $q(t)^i$ 可表示为

$$q(t)^i = \begin{bmatrix} (r^i)^T & \left(\dfrac{\partial r^i}{\partial x}\right)^T & \left(\dfrac{\partial r^i}{\partial y}\right)^T & \left(\dfrac{\partial r^i}{\partial z}\right)^T \end{bmatrix}^T \tag{3.36}$$

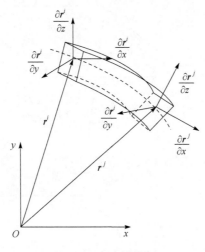

图 3.4　三维梁单元

式中，r^i 为全局坐标系下的位置矢量，$r^i = \begin{bmatrix} r_x^i & r_y^i & r_z^i \end{bmatrix}^{\mathrm{T}}$；$\dfrac{\partial r^i}{\partial \alpha}$ 为位置矢量对空

间坐标的梯度，$\dfrac{\partial r^i}{\partial \alpha} = \begin{bmatrix} \dfrac{\partial r_x^i}{\partial x} & \dfrac{\partial r_y^i}{\partial y} & \dfrac{\partial r_z^i}{\partial z} \end{bmatrix}^{\mathrm{T}}$，其中 α 代表空间向量坐标 x、y 和 z。

梁单元在全局坐标系下的位移场函数可写作

$$r = \begin{bmatrix} X \\ Y \\ Z \end{bmatrix} = \begin{bmatrix} a_0 + a_1 x + a_2 y + a_3 z + a_4 xy + a_5 xz + a_6 x^2 + a_7 x^3 \\ b_0 + b_1 x + b_2 y + b_3 z + b_4 xy + b_5 xz + b_6 x^2 + b_7 x^3 \\ c_0 + c_1 x + c_2 y + c_3 z + c_4 xy + c_5 xz + c_6 x^2 + c_7 x^3 \end{bmatrix} = S(x, y, z) q_{\mathrm{e}}(t) \quad (3.37)$$

单元的节点坐标 $q_{\mathrm{e}}(t)$ 定义为

$$q_{\mathrm{e}}(t) = \begin{bmatrix} \left(q(t)^i \right)^{\mathrm{T}} & \left(q(t)^j \right)^{\mathrm{T}} \end{bmatrix}^{\mathrm{T}}$$

单元节点坐标包含 24 个分量，形函数 $S(x, y, z)$ 可表示为

$$S(x, y, z) = \begin{bmatrix} S_1 I & S_2 I & S_3 I & S_4 I & S_5 I & S_6 I & S_7 I & S_8 I \end{bmatrix} \quad (3.38)$$

式中，I 为 3×3 的单位矩阵。

(4) 三维薄板单元如图 3.5 所示。考虑一个埃尔米特(Hermitian)矩形薄板单元，该单元是三维梁单元的扩展，即薄板单元的二维形函数是梁单元一维形函数的正交笛卡儿积，单元节点数由梁单元的 2 个扩展到薄板单元的 4 个，单元节点坐标含有 48 个分量，单元的自由度为 48。

选取全局坐标系下的位置和梯度作为节点坐标，则任一节点坐标可表示为

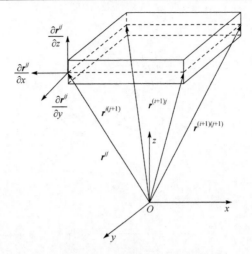

图 3.5　三维薄板单元

$$q(t)^{ij} = \left[\left(r^{ij} \right)^{\mathrm{T}} \quad \left(\frac{\partial r^{ij}}{\partial x} \right)^{\mathrm{T}} \quad \left(\frac{\partial r^{ij}}{\partial y} \right)^{\mathrm{T}} \quad \left(\frac{\partial r^{ij}}{\partial z} \right)^{\mathrm{T}} \right]^{\mathrm{T}} \tag{3.39}$$

薄板单元在全局坐标系下的位移场函数可写作

$$r = \begin{bmatrix} X \\ Y \\ Z \end{bmatrix} = S(x, y, z) q_{\mathrm{e}}(t) \tag{3.40}$$

式中，$X = a_0 + a_1 x + a_2 y + a_3 z + a_4 xy + a_5 xz + a_6 yz + a_7 x^2 + a_8 y^2 + a_9 x^2 y + a_{10} xy^2 + a_{11} xyz + a_{12} x^3 + a_{13} y^3 + a_{14} x^3 y + a_{15} xy^3$；$Y = b_0 + b_1 x + b_2 y + b_3 z + b_4 xy + b_5 xz + b_6 yz + b_7 x^2 + b_8 y^2 + b_9 x^2 y + b_{10} xy^2 + b_{11} xyz + b_{12} x^3 + b_{13} y^3 + b_{14} x^3 y + b_{15} xy^3$；$Z = c_0 + c_1 x + c_2 y + c_3 z + c_4 xy + c_5 xz + c_6 yz + c_7 x^2 + c_8 y^2 + c_9 x^2 y + c_{10} xy^2 + c_{11} xyz + c_{12} x^3 + c_{13} y^3 + c_{14} x^3 y + c_{15} xy^3$。

单元的节点坐标 $q_{\mathrm{e}}(t)$ 定义为

$$q_{\mathrm{e}}(t) = \left[\left(q(t)^{ij} \right)^{\mathrm{T}} \quad \left(q(t)^{(i+1)j} \right)^{\mathrm{T}} \quad \left(q(t)^{i(j+1)} \right)^{\mathrm{T}} \quad \left(q(t)^{(i+1)(j+1)} \right)^{\mathrm{T}} \right]^{\mathrm{T}} \tag{3.41}$$

形函数 $S(x, y, z)$ 可以表示为

$$S(x, y, z) = \begin{bmatrix} S_1 I & S_2 I & \cdots & S_{15} I & S_{16} I \end{bmatrix} \tag{3.42}$$

式中，I 为 3×3 的单位矩阵。

2) 质量阵

在绝对节点坐标法中，全局坐标下单元的动能可以用一个非常简单的方式计

算而产生一个恒定的质量阵。

利用单元的参数属性，单元的动能也可写成

$$T_e = \frac{1}{2} \int_{V_e} \rho_e \dot{r}^T \dot{r} dV_e \tag{3.43}$$

式中，ρ_e 为单元的密度；V_e 为单元的体积；$\dot{r}$ 为绝对速度矢量。

绝对速度矢量与节点速度矢量具有如下线性关系：

$$\dot{r} = S(x, y, z) \dot{q}_e(t) \tag{3.44}$$

将式(3.45)代入式(3.44)中可以得到

$$T_e = \frac{1}{2} \dot{q}_e^T M_e \dot{q}_e \tag{3.45}$$

则单元的质量阵 M_e 的表达式为

$$M_e = \int_{V_e} \rho S^T S dV_e \tag{3.46}$$

由 $\dot{q}_e(t) = H \dot{q}(t)$ 得到

$$T_e = \frac{1}{2} H^T \dot{q}^T M_e H \dot{q} \tag{3.47}$$

则结构的总动能可表示为

$$T = \sum_{n_1 \times n_2} T_e = \frac{1}{2} \dot{q}^T M \dot{q} \tag{3.48}$$

结构的总质量阵 M 为

$$M = \sum_{n_1 \times n_2} H^T M_e H \tag{3.49}$$

3) 刚度矩阵

由连续介质力学中变形梯度的定义，可以得到结构中任一点的变形梯度为

$$J = \frac{\partial r}{\partial r_0} = \frac{\partial r}{\partial x} \frac{\partial x}{\partial r_0} = \frac{\partial r}{\partial x} J_0^{-1} \tag{3.50}$$

式中，$x = \begin{bmatrix} x & y & z \end{bmatrix}^T$ 表示空间坐标矢量；$J_0 = \dfrac{\partial r_0}{\partial x}$ 表示单元的初始变形。

根据柯西-格林公式，格林-拉格朗日应变张量可以写为

$$\varepsilon = \frac{1}{2}(J^T J - I) \tag{3.51}$$

利用非线性格林-拉格朗日应变位移关系，单元的弹性能为

$$U_e = \int_{V_e} \left[\left[\frac{\lambda + 2\mu}{2} \left(\varepsilon_{xx}^2 + \varepsilon_{yy}^2 + \varepsilon_{zz}^2 \right) + 2\mu \left(\varepsilon_{xy}^2 + \varepsilon_{xz}^2 + \varepsilon_{yz}^2 \right) \right] \right.$$
$$\left. + \lambda \left(\varepsilon_{xx}\varepsilon_{yy} + \varepsilon_{xx}\varepsilon_{zz} + \varepsilon_{yy}\varepsilon_{zz} \right) \right] dV_e \tag{3.52}$$

将单元的弹性能 U_e 对节点坐标 q_e 进行微分，得到弹性力为

$$
\begin{aligned}
\boldsymbol{F}_e &= \frac{\partial U_e}{\partial \boldsymbol{q}_e} \\
&= \left\{ \frac{\lambda+2\zeta}{2} \sum_{\alpha=x,y,z} \int_{V_e} \left(\overline{\boldsymbol{S}}_{,\alpha}^{\mathrm{T}} \overline{\boldsymbol{S}}_{,\alpha} \boldsymbol{q}_e \boldsymbol{q}_e^{\mathrm{T}} \overline{\boldsymbol{S}}_{,\alpha}^{\mathrm{T}} \overline{\boldsymbol{S}}_{,\alpha} - \overline{\boldsymbol{S}}_{,\alpha}^{\mathrm{T}} \overline{\boldsymbol{S}}_{,\alpha} \right) \mathrm{d}V_e \right. \\
&\quad + \frac{\lambda}{2} \sum_{\alpha=x,y,z} \sum_{\substack{\alpha \neq \beta \\ \beta=x,y,z}} \int_{V_e} \left(\overline{\boldsymbol{S}}_{,\alpha}^{\mathrm{T}} \overline{\boldsymbol{S}}_{,\alpha} \boldsymbol{q}_e \boldsymbol{q}_e^{\mathrm{T}} \overline{\boldsymbol{S}}_{,\beta}^{\mathrm{T}} \overline{\boldsymbol{S}}_{,\beta} - \overline{\boldsymbol{S}}_{,\beta}^{\mathrm{T}} \overline{\boldsymbol{S}}_{,\beta} \right) \mathrm{d}V_e \\
&\quad \left. + \zeta \sum_{\alpha=x,y,z} \sum_{\substack{\alpha \neq \beta \\ \beta=x,y,z}} \int_{V_e} \left(\overline{\boldsymbol{S}}_{,\alpha}^{\mathrm{T}} \overline{\boldsymbol{S}}_{,\beta} \boldsymbol{q}_e \boldsymbol{q}_e^{\mathrm{T}} \overline{\boldsymbol{S}}_{,\alpha}^{\mathrm{T}} \overline{\boldsymbol{S}}_{,\beta} \right) \mathrm{d}V_e \right\} \boldsymbol{q}_e \\
&= \boldsymbol{K}_e(\boldsymbol{q}_e) \boldsymbol{q}_e
\end{aligned}
\tag{3.53}
$$

$$
\lambda = \frac{E\mu}{(1+\mu)(1-2\mu)}, \quad \zeta = \frac{E}{2(1+\mu)}
\tag{3.54}
$$

式中，$\boldsymbol{K}_e(\boldsymbol{q}_e)$ 为非线性刚度矩阵；μ 为薄板单元的泊松比。

为了提高计算效率，可以将 $\boldsymbol{K}_e(\boldsymbol{q}_e)$ 分解为线性矩阵和非线性矩阵和的形式：

$$
\boldsymbol{K}_e(\boldsymbol{q}_e) = \boldsymbol{K}_{e1} + \boldsymbol{K}_{e2}(\boldsymbol{q}_e)
\tag{3.55}
$$

式中

$$
\boldsymbol{K}_{e1} = -\frac{3\lambda+2\zeta}{2} \sum_{\alpha=x,y,z} \int_{V_e} \overline{\boldsymbol{S}}_{,\alpha}^{\mathrm{T}} \overline{\boldsymbol{S}}_{,\alpha} \mathrm{d}V_e
$$

$$
\begin{aligned}
\boldsymbol{K}_{e2}(\boldsymbol{q}_e) &= \frac{\lambda+2\zeta}{2} \sum_{\alpha=x,y,z} \int_{V_e} \left(\overline{\boldsymbol{S}}_{,\alpha}^{\mathrm{T}} \overline{\boldsymbol{S}}_{,\alpha} \boldsymbol{q}_e \boldsymbol{q}_e^{\mathrm{T}} \overline{\boldsymbol{S}}_{,\alpha}^{\mathrm{T}} \overline{\boldsymbol{S}}_{,\alpha} \right) \mathrm{d}V_e \\
&\quad + \frac{\lambda}{2} \sum_{\alpha=x,y,z} \sum_{\substack{\alpha \neq \beta \\ \beta=x,y,z}} \int_{V_e} \left(\overline{\boldsymbol{S}}_{,\alpha}^{\mathrm{T}} \overline{\boldsymbol{S}}_{,\alpha} \boldsymbol{q}_e \boldsymbol{q}_e^{\mathrm{T}} \overline{\boldsymbol{S}}_{,\beta}^{\mathrm{T}} \overline{\boldsymbol{S}}_{,\beta} \right) \mathrm{d}V_e \\
&\quad + \zeta \sum_{\alpha=x,y,z} \sum_{\substack{\alpha \neq \beta \\ \beta=x,y,z}} \int_{V_e} \left(\overline{\boldsymbol{S}}_{,\alpha}^{\mathrm{T}} \overline{\boldsymbol{S}}_{,\beta} \boldsymbol{q}_e \boldsymbol{q}_e^{\mathrm{T}} \overline{\boldsymbol{S}}_{,\alpha}^{\mathrm{T}} \overline{\boldsymbol{S}}_{,\beta} \right) \mathrm{d}V_e
\end{aligned}
\tag{3.56}
$$

4) 广义力

外力 $\boldsymbol{F}$ 作用在单元上，该力的虚功可以表示为

$$
\delta W = \boldsymbol{F}^{\mathrm{T}} \delta \boldsymbol{r} = \boldsymbol{F}^{\mathrm{T}} \boldsymbol{S}(x,y,z) \delta \boldsymbol{q}_e = \boldsymbol{Q}_e^{\mathrm{T}} \delta \boldsymbol{q}_e
\tag{3.57}
$$

则单元的广义力 $\boldsymbol{Q}_e$ 的表达式为

$$
\boldsymbol{Q}_e = \boldsymbol{S}(x,y,z)^{\mathrm{T}} \boldsymbol{F}
\tag{3.58}
$$

结构中所有单元的广义力为

$$
\boldsymbol{Q} = \sum_{n_1 \times n_2} \boldsymbol{H}^{\mathrm{T}} \boldsymbol{Q}_e
\tag{3.59}
$$

5) 边界条件

将结构中所有单元的节点坐标 $\boldsymbol{q}(t)$ 写成

$$\boldsymbol{q} = [q_1 \quad q_2 \quad q_3 \quad \cdots \quad q_{i-1} \quad q_i \quad q_{i+1} \quad \cdots \quad q_j \quad q_{j+1} \quad \cdots \quad q_m]^{\mathrm{T}} \tag{3.60}$$

令 $q_i \sim q_j$ 为结构中所有单元的节点坐标中的非独立变量，即受边界条件约束的变量，其值始终要与初始时刻的值保持一致。令 $q_1 \sim q_{i-1}$ 和 $q_{j+1} \sim q_m$ 为独立变量，即不受边界条件约束。结构中所有单元的节点坐标 $\boldsymbol{q}$ 可以写成独立变量和非独立变量组合的形式，即有

$$\boldsymbol{q} = \begin{bmatrix} \boldsymbol{q}_{1\mathrm{ind}}^{\mathrm{T}} & \boldsymbol{q}_{\mathrm{dep}}^{\mathrm{T}} & \boldsymbol{q}_{2\mathrm{ind}}^{\mathrm{T}} \end{bmatrix}^{\mathrm{T}} \tag{3.61}$$

式中

$$\begin{aligned} \boldsymbol{q}_{1\mathrm{ind}} &= \begin{bmatrix} q_1 & q_2 & \cdots & q_{i-1} \end{bmatrix}^{\mathrm{T}} \\ \boldsymbol{q}_{\mathrm{dep}} &= \begin{bmatrix} q_i & q_{i+1} & \cdots & q_j \end{bmatrix}^{\mathrm{T}} \\ \boldsymbol{q}_{2\mathrm{ind}} &= \begin{bmatrix} q_{j+1} & q_{j+2} & \cdots & q_m \end{bmatrix}^{\mathrm{T}} \end{aligned} \tag{3.62}$$

当结构受到约束时，被约束节点的节点坐标有如下关系：

$$c_i \, q_i = f_i \tag{3.63}$$

式中，f_i 为约束位移；c_i 为参考系数。

当约束位移 f_i 为常数时，有

$$\boldsymbol{C} \, \delta \boldsymbol{q} = \boldsymbol{0} \tag{3.64}$$

式中，$\boldsymbol{C}$ 为 $(i-j+1) \times m$ 的系数矩阵。

结构中所有单元的节点坐标 $\boldsymbol{q}$ 可写成独立坐标和非独立坐标表达的形式，即

$$\begin{bmatrix} \boldsymbol{C}_{1\mathrm{ind}} & \boldsymbol{C}_{\mathrm{dep}} & \boldsymbol{C}_{2\mathrm{ind}} \end{bmatrix} \delta \begin{bmatrix} \boldsymbol{q}_{1\mathrm{ind}} \\ \boldsymbol{q}_{\mathrm{dep}} \\ \boldsymbol{q}_{2\mathrm{ind}} \end{bmatrix} = \boldsymbol{0} \tag{3.65}$$

式中，$\boldsymbol{C}_{1\mathrm{ind}}$ 和 $\boldsymbol{C}_{2\mathrm{ind}}$ 为全零矩阵；$\boldsymbol{C}_{\mathrm{dep}}$ 为 $(i-j+1) \times (i-j+1)$ 的单位矩阵。

对于非独立坐标的变分 $\delta \boldsymbol{q}_{\mathrm{dep}}$，有

$$\delta \boldsymbol{q}_{\mathrm{dep}} = -\boldsymbol{C}_{\mathrm{dep}}^{-1} \boldsymbol{C}_{1\mathrm{ind}} \, \delta \boldsymbol{q}_{1\mathrm{ind}} - \boldsymbol{C}_{\mathrm{dep}}^{-1} \boldsymbol{C}_{2\mathrm{ind}} \, \delta \boldsymbol{q}_{2\mathrm{ind}} \tag{3.66}$$

则结构中所有单元的节点坐标的变分 $\delta \boldsymbol{q}$ 可以写成

$$\delta \boldsymbol{q} = \begin{bmatrix} \boldsymbol{0} & \boldsymbol{I}_1 & \boldsymbol{0} \\ -\boldsymbol{C}_{\mathrm{dep}}^{-1} \boldsymbol{C}_{1\mathrm{ind}} & & -\boldsymbol{C}_{\mathrm{dep}}^{-1} \boldsymbol{C}_{2\mathrm{ind}} \\ \boldsymbol{0} & \boldsymbol{0} & \boldsymbol{I}_2 \end{bmatrix} \delta \begin{bmatrix} \boldsymbol{q}_{1\mathrm{ind}} \\ \boldsymbol{q}_{2\mathrm{ind}} \end{bmatrix} = \boldsymbol{B} \, \delta \boldsymbol{q}_{\mathrm{ind}} \tag{3.67}$$

结构中所有单元的节点坐标的变分 δq 可以用变换矩阵 B 与独立坐标的变分 δq_{ind} 相乘的形式来表示，即通过变换矩阵 B 可以实现边界条件的加载。

6) 动力学方程

在绝对节点坐标法中，全局坐标系中定义的单元质量矩阵为常数矩阵，离心力和科氏力全为零。利用拉格朗日方程，可以得到动力学方程

$$M\ddot{q} + Kq = Q \tag{3.68}$$

式中，M 为广义质量阵；K 为非线性刚度矩阵；Q 为广义力矢量；$\ddot{q}$ 为绝对加速度矢量。

考虑到边界条件，根据式(3.67)，所有单元的节点坐标的二阶导数 $\ddot{q}$ 为

$$\ddot{q} = B\ddot{q}_{\mathrm{ind}} \tag{3.69}$$

而结构中所有单元的节点坐标 q 可以表示为

$$q = Bq_{\mathrm{ind}} + \hat{q}_{\mathrm{dep}} \tag{3.70}$$

式中，$\hat{q}_{\mathrm{dep}}$ 是非独立坐标 q_{dep} 的扩展，由将结构所有单元的节点坐标 q 中的所有独立坐标置 0 得到。

对于式(3.61)中的约束，$\hat{q}_{\mathrm{dep}}$ 的表达形式为

$$\hat{q}_{\mathrm{dep}} = \begin{bmatrix} \mathbf{0}_1^{\mathrm{T}} & q_{\mathrm{dep}}^{\mathrm{T}} & \mathbf{0}_2^{\mathrm{T}} \end{bmatrix}^{\mathrm{T}} \tag{3.71}$$

式中，$\mathbf{0}_1$ 和 $\mathbf{0}_2$ 分别为与独立坐标 q_{1ind} 和 q_{2ind} 长度相等的零向量。

将式(3.69)和式(3.70)代入式(3.68)，可以得到

$$MB\ddot{q}_{\mathrm{ind}} + KBq_{\mathrm{ind}} = Q - K\hat{q}_{\mathrm{dep}} \tag{3.72}$$

为使具有边界条件的结构的动力学方程更具一般性，在式(3.72)等号两侧同时左乘变换矩阵 B 的转置，则有

$$B^{\mathrm{T}}MB\ddot{q}_{\mathrm{ind}} + B^{\mathrm{T}}KBq_{\mathrm{ind}} = B^{\mathrm{T}}\left(Q - K\hat{q}_{\mathrm{dep}}\right) \tag{3.73}$$

即有

$$\tilde{M}\ddot{q}_{\mathrm{ind}} + \tilde{K}q_{\mathrm{ind}} = \tilde{Q} \tag{3.74}$$

式中，$\tilde{M} = B^{\mathrm{T}}MB$；$\tilde{K} = B^{\mathrm{T}}KB$；$\tilde{Q} = B^{\mathrm{T}}\left(Q - K\hat{q}_{\mathrm{dep}}\right)$。

3.2　展开态动力学建模与仿真

空间大型可展开天线机构具有刚度低、模态密集、刚柔效应耦合等特点[3]。对天线机构进行准确的动力学建模，分析结构参数对天线机构固有频率和模态振

型的影响，有利于掌握天线机构的动力学特性，从而为结构参数优化、动态控制和系统设计等提供重要的依据。

3.2.1　多铰桁架机构动力学建模

1. 铰链非线性力学模型[4]

当可展开桁架受到外部激励时，桁架中的铰链间隙及拉压非对称性等会使铰链部件之间产生碰撞摩擦和接触非线性。基于铰链的非线性特性描述，可建立含多个非线性因素的间隙铰链径向动力学模型(图 3.6)，其中 c_j 为铰链阻尼，k_j 为铰链非线性刚度，F_f 为摩擦力，c 为铰链间隙，F_w 为铰链受到的激振力。

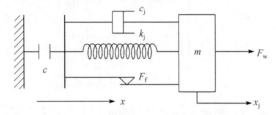

图 3.6　间隙铰链径向动力学模型

含间隙铰链在振动过程中存在自由运动和接触两个状态，因此其动力学方程需要用分段函数表达。在自由运动阶段铰链的惯性力与外部激励相平衡；在接触阶段，除了铰链的惯性力，还受到非线性接触力、黏性阻尼力和摩擦力的作用，且铰链在受拉和受压方向的接触刚度不同，因此表达非线性接触力的多项式系数不同。考虑阻尼、摩擦力、间隙和非线性刚度的铰链非线性动力学方程为

$$\begin{cases} m\ddot{x}_j = F_w, & |x_j| < c \\ m\ddot{x}_j + (x_j - c)[k_1^t + k_3^t(x_j - c)^2] + c_j\dot{x}_j + F_f\,\mathrm{sgn}(\dot{x}_j) = F_w, & x_j \geqslant c \\ m\ddot{x}_j + (x_j + c)[k_1^p + k_3^p(x_j + c)^2] + c_j\dot{x}_j + F_f\,\mathrm{sgn}(\dot{x}_j) = F_w, & x_j \leqslant -c \end{cases} \tag{3.75}$$

式中，k_1^t、k_3^t 分别为铰链受拉时恢复力中的一次项系数和三次项系数；k_1^p、k_3^p 分别为铰链受压时恢复力中的一次项系数和三次项系数；m 为运动部件的质量(kg)；F_f 为铰链摩擦力(N)；$\mathrm{sgn}(\cdot)$ 为符号函数；F_w 为外部激振力(N)。

式(3.75)中的非线性恢复力即非线性接触力，又可以表示为铰链非线性刚度 k_j 与位移的乘积，k_j 可表示为

$$k_j = \begin{cases} 0, & |x_j| < c \\ k_1^t + k_3^t(x_j - c)^2, & x_j \geqslant c \\ k_1^p + k_3^p(x_j + c)^2, & x_j \leqslant -c \end{cases} \tag{3.76}$$

铰链动力学方程中综合考虑了铰链的非线性特性，通过给定不同的铰链非线性特性参数即可得到结构中铰链的非线性力学特性。

2. 含铰单杆动力学模型

可展开桁架中杆件间通过铰链连接，各杆件两端分别连接 1 个铰链。在建立含铰可展开桁架机构非线性动力学模型之前，先将含有 2 个铰链的单杆作为一个基本单元，建立含铰单杆的非线性动力学模型，再进行可展开桁架机构动力学模型的建立。以铰链与杆的串联结构为研究对象，其对应的动力学模型如图 3.7 所示。

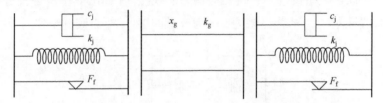

图 3.7　含铰单杆的等效动力学模型

根据含铰单杆轴向力平衡及轴向力与轴向变形的关系，可得

$$\begin{cases} k_g x_g = k_j(x_j \pm c) + c_j \dot{x}_j + F_f \mathrm{sgn}(\dot{x}_j) \\ k_g x_g = k_L x_L \\ x_L = 2x_j + x_g \end{cases} \tag{3.77}$$

式中，k_g 为杆的刚度(N/m)；x_g 为杆的变形量(m)；k_L 为含铰链杆的刚度(N/m)；x_L 为含铰链杆端部的总位移量(m)。

由于模型中存在铰链间隙，方程组中铰链接触力为 $k_j(x_j \pm c)$，当 $x_j > 0$ 时取负号，当 $x_j < 0$ 时取正号。

由式(3.77)可得到含铰单杆的等效刚度为

$$\frac{1}{k_L} = \frac{1}{k_g} + \frac{2x_j}{k_j(x_j \pm c) + c_j \dot{x}_j + F_f \mathrm{sgn}(\dot{x}_j)} \tag{3.78}$$

因此，含铰杆单元的动力学方程可以表示为

$$m\ddot{x}_L + c_L \dot{x}_L + k_L x_L = F \tag{3.79}$$

将杆件刚度从含铰链杆的刚度中分离出来，式(3.79)可改写为

$$m\ddot{x}_L + c_L \dot{x}_L + k_g x_L = F + F_a \tag{3.80}$$

式中，F 为外力；F_a 为附加力，$F_a = x_L(k_g - k_L)$。

将式(3.78)代入附加力的表达式，铰链的附加力可表示为

$$F_a = k_g x_L - \left[\frac{1}{k_g} + 2\frac{x_j}{x_j \pm c}\left(k_1 + k_3(x_j \pm c)^2 + \frac{c_j \dot{x}_j + F_f \operatorname{sgn}(\dot{x}_j)}{x_j \pm c}\right)^{-1}\right]^{-1} x_L \tag{3.81}$$

3. 多铰可展开桁架机构的动力学建模

方程(3.80)中的附加力为铰链位移和速度的函数，很难得到动力学方程的解析解，因此可采用数值方法对动力学响应进行求解。由于动力学方程中存在速度和加速度的函数项，通过中心差分法用位移表示速度和加速度，铰链速度可表示为

$$\dot{x}_{j(t)} = \frac{1}{2\Delta t}(-x_{j(t-)} + x_{j(t+)}) \tag{3.82}$$

式中，$t-$ 为 $t-\Delta t$ 时刻(s)；$t+$ 为 $t+\Delta t$ 时刻(s)。

为了得到铰链和杆的瞬时位移，将式(3.82)代入式(3.77)，可得

$$\begin{cases} k_g x_{g(t+)} = k_1(x_{j(t+)} \pm c) + k_3(x_{j(t+)} \pm c)^3 \\ \qquad\qquad + c_j[(x_{j(t+)} \pm c) - (x_{j(t-)} \pm c)]/(2\Delta t) + F_f \operatorname{sgn}(\dot{x}_{j(t-)}) \\ x_{L(t+)} = 2(x_{j(t+)} \pm c) \mp 2c + x_{g(t+)} \\ k_g x_{g(t+)} = k_L x_{L(t+)} \end{cases} \tag{3.83}$$

求解式(3.83)可以得到含铰单杆中铰链的位移为

$$x_{j(t+)} = C_1\left[-\frac{q}{2} + \sqrt{\left(\frac{q}{2}\right)^2 + \left(\frac{p}{3}\right)^3}\right]^{1/3} + C_2\left[-\frac{q}{2} - \sqrt{\left(\frac{q}{2}\right)^2 + \left(\frac{p}{3}\right)^3}\right]^{1/3} \mp c \tag{3.84}$$

式中，q 为式(3.83)得到的一元三次方程的常数项，$q = [-k_g(x_{L(t+)} \pm 2c) - c_j(x_{j(t-)} \pm c)/(2\Delta t) + F_f \operatorname{sgn}(\dot{x}_{j(t-)})]/k_3$；$p$ 为式(3.83)得到的一元三次方程的一次项系数，$p = \frac{1}{k_3}\left(k_1 + \frac{c_j}{2\Delta t} + 2k_g\right)$。

运用中心差分法分别将速度、加速度表示为

$$\begin{cases} \dot{X}_t = \frac{1}{2\Delta t}(-X_{t-} + X_{t+}) \\ \ddot{X}_t = \frac{1}{\Delta t^2}(X_{t-} - 2X_t + X_{t+}) \end{cases} \tag{3.85}$$

式中，X_t 为各节点在 t 时刻的位移向量，$X_t = [x_{t1} \quad x_{t2} \quad \cdots \quad x_{tm}]^T$；$\dot{X}_t$ 为各节点在 t 时刻的速度向量，$\dot{X}_t = [\dot{x}_{t1} \quad \dot{x}_{t2} \quad \cdots \quad \dot{x}_{tm}]^T$；$\ddot{X}_t$ 为各节点在 t 时刻的加速度

向量，$\ddot{X}_t = [\ddot{x}_{t1} \quad \ddot{x}_{t2} \quad \cdots \quad \ddot{x}_{tn}]^{\mathrm{T}}$。

将桁架中各含铰杆单元的动力学方程以中心差分的形式表达，再采用有限元法将各含铰杆单元进行装配，得到多铰可展开桁架机构的动力学模型为

$$\left(\frac{M_{\mathrm{wj}}}{\Delta t^2} + \frac{C_{\mathrm{wj}}}{2\Delta t}\right)X_{\mathrm{L}(t+)} = F_t - \left(K_{\mathrm{wj}} - \frac{2M_{\mathrm{wj}}}{\Delta t^2}\right)X_{\mathrm{L}(t)} - \left(\frac{M_{\mathrm{wj}}}{\Delta t^2} - \frac{C_{\mathrm{wj}}}{2\Delta t}\right)X_{\mathrm{L}(t-)} \quad (3.86)$$
$$+ F_{\mathrm{a}}(X_{\mathrm{L}(t)}, X_{\mathrm{j}(t-)}, \dot{X}_{\mathrm{j}(t-)})$$

式中，$F_{\mathrm{a}}(X_t)$ 为附加力向量，$F_{\mathrm{a}}(X_t) = [f_{11}+\cdots+f_{1m} \quad f_{21}+\cdots+f_{2m} \quad \cdots \quad f_{n1}+\cdots +f_{nm}]^{\mathrm{T}}$，分量 f 的下标中第一项为自由度编号，第二项为单元编号，对于任意分量 f_{nm}，当第 m 个单元不包含与第 n 个自由度相关的节点时，$f_{nm}=0$；M_{wj} 为无铰桁架的质量矩阵；K_{wj} 为无铰桁架的刚度矩阵；C_{wj} 为无铰桁架的阻尼矩阵；F_t 为 t 时刻的外部激振力向量。

3.2.2　有限元建模与模态分析

有限元建模与模态分析是大型空间可展开天线机构动力学研究的重要手段，建立含有铰链、柔索、杆件的天线机构系统动力学仿真模型，可以预示天线机构的在轨动力学特性、结构变形和精度变化，满足天线机构的工程设计需要。

采用有限元分析软件 ANSYS、ABAQUS 等可以很好地对天线机构进行模态分析。在分析过程中要根据天线机构的实际部件特点选用不同的有限单元进行相应的仿真分析。对于常采用的有限单元，天线面板采用实体单元，天线中的集中质量采用质量单元等效，天线机构中的普通杆件由梁单元模拟，绳索用只受拉不受压的杆单元模拟，铰链采用等效的弹簧单元模拟。

对含有预应力的天线机构进行模态分析，一般分为两个步骤，第一步是对整个结构进行静态预应力变形分析；第二步是运用子空间法对整个结构进行考虑预应力状态的模态分析。

模态分析是分析结构自然频率和模态形状的方法，在分析中会假设：①结构刚度矩阵和质量矩阵不会发生改变；②除非指定使用阻尼的特征解方法，否则不考虑阻尼效应；③结构中没有随时间变化的载荷。

在无阻尼系统中，结构振动方程为

$$M\ddot{u} + Ku = 0 \quad (3.87)$$

式中，M 为质量矩阵；K 为刚度矩阵，可以包括预应力效应带来的附加刚度；$\ddot{u}$ 为节点加速度向量；u 为节点位移向量。

对于线性系统而言，自由振动满足以下方程：

$$u = \varphi_i \cos \omega_i t \tag{3.88}$$

式中，φ_i 为第 i 阶模态形状的特征向量；ω_i 为第 i 阶自然振动频率；t 为时间。

由式(3.87)和式(3.88)可以得到

$$(-\omega_i^2 M + K)\varphi_i = 0 \tag{3.89}$$

从中可以得到结构振动的特征方程为

$$\left| -\omega_i^2 M + K \right| = 0 \tag{3.90}$$

通过式(3.90)可以求出第 i 阶自然振动频率 ω_i，进而求出第 i 阶模态形状的特征向量 φ_i，此为有限元分析的基本理论依据。

3.2.3　动力学等效建模方法

对于大型可展开天线机构，若直接使用有限元分析软件对其基频进行求解，则求解过程建模困难且求解时间较长。为了节约计算成本，对于由基本单元构成(如梁或板)的空间桁架结构，一般使用降阶法来进行模型的动力学分析。

对大型可展开天线机构进行连续体模型等效的关键是建立两者之间的材料特性和几何特性的等效关系。本书提出基于天线单元与连续体等效模型应变能、动能相等的能量等效原理建立可展开天线单元连续体等效模型的方法，推导出等效连续体模型的质量矩阵和刚度矩阵。连续体等效模型的详细建立过程如图 3.8 所示。

在建立天线单元的等效连续体模型后，按照天线机构的拓扑特性，将等效连续体模型进行拼接，从而构建整个可展开天线机构的等效连续体动力学模型。

等效连续体动力学模型可以方便地对大型可展开天线机构的整体性能进行评价，容易比较分析由不同单元结构构成的天线机构的特性，便于评估材料、结构参数对天线结构特性的影响，可以提供求解可展开天线机构力学特性的解析解，极大地便利了天线机构在受到静态载荷、热载荷及动态载荷时的整体响应的求解。此外，等效模型的建立实现了大型可展开天线机构几何参数的快速设计与动力学特性的快速评估，有利于将各种参数对整体力学特性的影响进行研究，能够解决大型可展开天线机构的动力学特性与静力学特性的快速求解问题，因此大型可展开天线机构等效模型的构建方法对工程实践应用具有非常重要的意义。

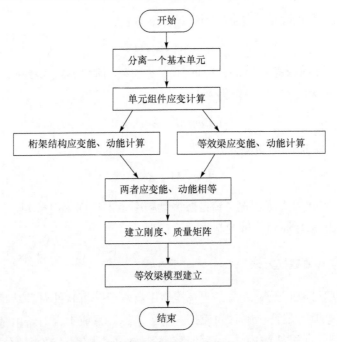

图 3.8　连续体等效模型的建立流程图

3.3　参数优化与网面设计

3.3.1　结构参数优化

天线机构涉及的结构参数众多，如杆件截面尺寸、长度和索张力等。结构参数的设计与确定相互关联和耦合，需要建立天线机构的参数化模型，并通过优化方法得到较优的参数组合。对空间可展开天线机构的优化设计问题，就是以天线构件的壁厚、截面尺寸和索预应力等为设计变量，以结构质量、刚度和反射面精度等为优化目标，以结构基频、强度等为约束条件，建立天线机构展开状态下的优化数学模型：

$$\text{Find } \boldsymbol{s} = [d_1 \quad d_2 \quad \cdots \quad d_i \quad t_i]^{\mathrm{T}}$$

$$\text{Min } W(d_i, t_i) = \sum_{i=1}^{m} \rho_i A_i(d_i, t_i) l_i + n m_0 \tag{3.91}$$

$$\text{s.t.} \quad f_c = [f_1] - f_1 \leqslant 0$$

$$\sigma_c = \sigma_{\mathrm{RMS}} - [\sigma] \leqslant 0$$

式中，d_i 和 t_i 分别为构件单元 i 的直径和壁厚；ρ_i、A_i 和 l_i 分别为构件单元 i 的密度、截面积和长度；n 和 m_0 分别为天线结构中铰链的数量和质量；f_1 为天线结构展开态的一阶固有频率；σ_{RMS} 为天线结构的形状精度；$[f_1]$ 为一阶固有频率设置值；$[\sigma]$ 为天线机构形状精度设计值。

由此可见，该优化模型属于结构参数的优化模型。由于天线结构的参数优化问题涉及较多的变量，一般采用模拟退火算法或遗传算法等优化算法进行优化求解。优化求解过程就是在不同的结构参数之间进行循环迭代，直至找到天线机构的最优结构参数。

3.3.2　天线网面设计

1. 基本网格形式[5]

目前，大多数索网天线反射面主要采用辐射状网格、准测地线网格和三向网格三种形式。辐射状网格方式又分为无环辐射状网面和有环辐射状网面。无环辐射状网面只由径向索构成，如图 3.9(a) 所示；而有环辐射状网面除了径向索，还有沿周向分布的环向索，由两者共同划分构成，如图 3.9(b) 所示。无环辐射状网面形式简单、加工制作容易，但刚度和形面精度无法得到有效保证；有环辐射状网面的刚度比无环辐射状网面要好，两者内部索单元的张力分布均匀性相当。

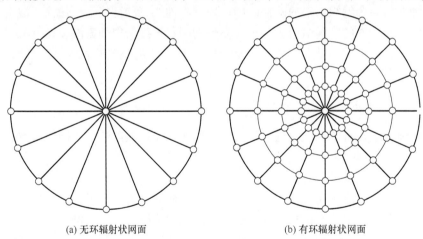

(a) 无环辐射状网面　　　　　　　　　　(b) 有环辐射状网面

图 3.9　辐射状网格

准测地线网格是由径向索、环形索以及连接径向索与环形索的连接索共同划分构成的，如图 3.10 所示。准测地线网格的结构力学性能比辐射状网格要好，但加工制作复杂，且对于网格边界与抛物面索网外圈的连接关系考虑不足，会造成结构设计的不连续性，需要根据具体的可展开机构重新定义边界与抛物面索网外圈的连接关系。

三向网格的划分构成与准测地线网格大体相同，包括径向索、环形索以及起到连接作用的副索，而最大的不同之处在于其环形索呈六边形分布，网格在水平面的投影近似于三角形，如图 3.11 所示。三向网格在三种典型的索网划分形式中结构力学性能最优，制造加工难度相对较低，但和准测地线网格一样存在网格边界与索网外圈连接的问题。

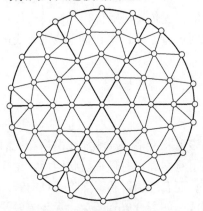 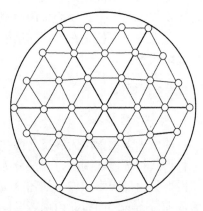

图 3.10　准测地线网格　　　　　　　　图 3.11　三向网格

此外，还有混合网格，它是根据实际的天线设计情况，采用以上三种网格中的多种网格混合编织出来的网格，如六环准测地线三向网格等。然而，混合网格只针对一些特殊的索网结构，对于大多数的网状天线反射面索网设计，只需在确定任意一种网格的基础上，通过改变网格大小、调整网格密度等方法就能较好地达到设计要求。

2. 网格拓扑生成方法

目前，主要有子区域分割法、循环对称法和拓扑映射法三种网格基本单元拓扑方法。

1) 子区域分割法

子区域分割法首先将整个反射面的投影平面分割为 6 个子区间，然后在每个子区间内部进行单独但相同的网格划分。以三向网格的生成为例，通过将子区间的各条边分成 N 等份，如图 3.12(a) 所示；再将等分节点两两连接，完成子区域的网格划分，如图 3.12(b) 所示。其余子区域的网格划分按照同样的方法。子区域分割法简单快捷，对于网格密度较大的划分情况有很好的适应性。

2) 循环对称法

循环对称法的主要思想是由内至外，逐圈扩张。选定最核心的单元网格，保持单元网格大小形状不变，在由当前一圈向下一圈扩张时增加单元网格的个数，

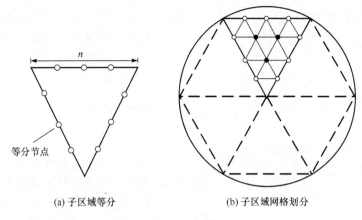

(a) 子区域等分　　　　　　　　(b) 子区域网格划分

图 3.12　子区域分割法

使得当前一圈网格被下一圈网格包围，循环使用该种扩张方法，直至反射面投影平面最终被单元网格布满。图 3.13 显示了三向网格和正方形网格的生成。循环对称法可用于各种多边形的单元网格划分，也是较为简单快捷的一种网格生成方法。

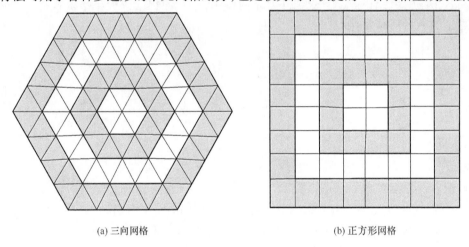

(a) 三向网格　　　　　　　　　　　　(b) 正方形网格

图 3.13　循环对称法

3) 拓扑映射法

拓扑映射法采用了繁衍复制的思想。首先确定初始点，由该极点放射出多条射线，相应地在射线末端存在多个节点；然后放射出的每个节点将放射出同样数目的射线或者成一定规则的射线组合，从而又能获得下一代的多个节点，下一代的多个节点复制上一个节点的放射方法，最终完成反射面投影平面的划分。该种方法的划分单元不是规则的多边形单元，以准测地线网格为例，如图 3.14 所示。

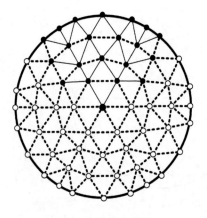

图 3.14　拓扑映射法

拓扑映射法的划分过程相对复杂、烦琐，放射形式需要根据反射面投影面的实际情况而定，有可能出现多种方式的组合，因此内部索单元的受力分布不均匀。

3. 网面找形设计

1) 力密度法的基本原理

应用力密度法进行索网找形的基本原理是先将索网结构离散为只包含索单元和空间节点单元的空间点线模型，然后建立包含全部索网节点的非线性静力平衡方程组，用力密度替换原来方程内的张力和索单元长度，从而将原来的非线性静力平衡方程转化为相对容易的线性方程，最终简化求解过程。

索网结构内节点 i 的受力情况如图 3.15 所示。索网结构内一自由节点 i 与空间若干条索单元相连，且受到外力 f 的作用，当索网节点 i 处于平衡状态时，必满足以下力平衡方程：

$$\begin{cases} \sum_{k=1}^{c_i} \dfrac{T_k}{l_k}\left(x_i - x_j\right) = f_{ix} \\[2mm] \sum_{k=1}^{c_i} \dfrac{T_k}{l_k}\left(y_i - y_j\right) = f_{iy} \\[2mm] \sum_{k=1}^{c_i} \dfrac{T_k}{l_k}\left(z_i - z_j\right) = f_{iz} \end{cases} \tag{3.92}$$

式中，c_i 为与索网节点 i 相连的索单元数目；T_k 为索单元 k 的张紧力；l_k 为索单元 k 的长度；x_i、y_i、z_i 为索网节点 i 在总体坐标系下的空间位置坐标；x_j、y_j、z_j 为索网节点 i 通过索单元 k 所连接的另一个节点 j 的空间位置坐标；f_{ix}、f_{iy}、f_{iz} 为索网节点 i 受到的外力在 x、y、z 方向上的分量。

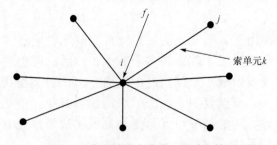

图 3.15　索网结构内节点 i 的受力情况

定义索单元 k 的力密度值为 q_k ，$q_k = T_k/l_k$ ，只需选取合适的力密度值，即可将非线性方程转化为线性方程，从而简化求解过程。通过引入力密度函数，方程可化简为

$$
\begin{cases}
\displaystyle\sum_{k=1}^{c_i} q_k(x_i - x_j) = f_{ix} \\[3mm]
\displaystyle\sum_{k=1}^{c_i} q_k(y_i - y_j) = f_{iy} \\[3mm]
\displaystyle\sum_{k=1}^{c_i} q_k(z_i - z_j) = f_{iz}
\end{cases}
\tag{3.93}
$$

设空间索网结构的节点数目为 n ，索单元数目为 m ，为了将整个索网结构的力平衡方程统一表示出来，引入结构拓扑矩阵 N 。该矩阵表征索网内节点和索单元的连接拓扑关系，为 $m \times n$ 矩阵。矩阵 N 内各元素由式(3.94)定义：

$$
N_j = \begin{cases}
1, & \text{锁单元 } k \text{ 以节点 } i \text{ 为起点} \\
-1, & \text{锁单元 } k \text{ 以节点 } i \text{ 为终点} \\
0, & \text{锁单元 } k \text{ 与节点 } i \text{ 不相连}
\end{cases}
\tag{3.94}
$$

引入索网结构拓扑矩阵 N 后，索网内所有节点的力平衡方程可表示为

$$
C^{\mathrm{T}} Q N S = F
\tag{3.95}
$$

式中，Q 为由索网结构内 m 个索单元力密度值 q_k 构成的对角矩阵，阶数为 $m \times m$ ；S 为索网结构内 n 个节点在 x、y、z 方向上的坐标值矩阵，阶数为 $n \times 3$ ；F 为索网结构内 n 个节点在 x、y、z 方向上的力列向量，阶数为 $n \times 3$ 。

由于索网结构的边界条件和受力情况是已知的，只需确定力密度值即可求解线性方程(3.95)，从而得到索网节点处于平衡状态的空间坐标和各索单元的长度 l_k ，则索单元 k 的张紧力 $T_k = q_k l_k$ ，根据公式可求得各索单元变形前的长度。应用力密度法对索网结构进行找形，编程计算方便，但难点是力密度值的选择，需要通过优化算法求得一组合适的力密度值。

2) 索网找形优化模型

索网找形的主要目的是找到一组合适的预张紧力和索单元长度值，使得整个索网结构在满足周边桁架几何约束的条件下达到平衡状态，同时确保索网形面精度满足设计要求。因此，在优化找形过程中，一般选取形面精度作为优化找形目标。在考虑精度要求的同时，还需考虑索单元的受力均匀性，使得各索单元之间张紧力的最大值与最小值尽可能接近。

为了满足索网形面精度和力均匀性的双重要求，下面建立以各索单元力密度为设计变量、天线形面精度和索单元力均匀性为双目标的优化模型，约束条件为

各个节点的力平衡方程以及力密度的边界约束，选择遗传算法作为索单元预应力的优化计算方法，找到一组最优力密度值，使得索网形面精度和力均匀性都满足设计要求。优化模型如下：

$$\text{Find}\quad q_1,q_2,\cdots,q_i,\cdots,q_m$$

$$\text{Min}\ f_1=\delta_{\text{RMS}},\quad \text{Min}\ f_2=\frac{T_{\max}}{T_{\min}}$$

$$\text{s.t.}\ \ \boldsymbol{C}^{\text{T}}\boldsymbol{QNS}=\boldsymbol{F}$$

$$0<T_i<[T]$$

(3.96)

式中，q_i 为各索单元的力密度值；m 为索单元数目；f_1 为表征索网形面精度的函数；δ_{RMS} 为索网形面的均方根误差，采用最小二乘法计算；f_2 为表征索网力均匀性的函数；$T_{\max}$ 为索单元的最大张力；$T_{\min}$ 为索单元的最小张力；T_i 为索单元张力；$[T]$ 为索单元力的最大许用值。

索网找形双目标优化设计方法的具体流程如图 3.16 所示。

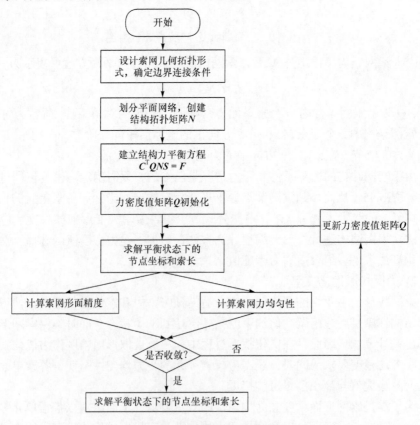

图 3.16　索网找形设计流程图

3.4　可展开天线机构试验方法

为了验证可展开天线机构构型设计、运动学与动力学模型、优化方法等的正确性，确保天线机构在空间环境下能够可靠地工作，需要开展天线机构样机研制与试验测试等研究工作。由于地球的重力环境与空间不同，在对机构进行展收试验时需进行重力卸载。天线机构尺度大，地面试验难度很大，在初期设计阶段往往通过对所研制的缩比样机进行重复展开与收拢功能、运动与精度、模态等测试，验证理论建模与仿真的正确性，再根据相似理论，将建模与分析方法应用到全尺寸天线机构。

3.4.1　微重力环境模拟

由于可展开天线机构工作在空间微重力环境下，在地面模拟天线在轨展开过程时需要模拟[6]出微重力环境。适用于空间可展开天线机构微重力模拟的方法主要有抛物飞行法、气浮法、悬吊法和混合法等。

1. 抛物飞行法

抛物飞行法是利用失重飞机的抛物飞行来创造微重力环境的方法，其创造的失重时间可达 20～30s，能够实现 10^{-2}～10^{-3} 量级的微重力环境。抛物飞行法的优点是空间微重力环境的模拟精度较高，失重飞机可重复利用，也可进行三维空间的模拟试验，但单次微重力模拟时间只有几十秒，且飞行的安全性有待提高。

2. 气浮法

气浮法主要通过气悬浮的方法在光滑平台上将可展开机构平托起来，是通过托举力与重力抵消来实现微重力模拟的一种方法。气浮法模拟微重力精度高、易于实现及维护，主要适用于二维空间的展开运动模拟。例如，加拿大的 RadarSat 平面可展开天线机构利用气浮平台模拟微重力环境进行了展开试验。

3. 悬吊法

悬吊法是一种通过吊丝悬挂产生竖直向上的拉力来抵消重力影响的方法。对于多单元的可展开天线机构，需要用多根吊丝来进行重力补偿。悬挂系统又分为两类，即主动重力补偿和被动重力补偿。悬吊法结构简单、易于实现，可用于三维空间模拟，因此大多数桁架式可展开天线机构的微重力模拟都采用此方法。

4. 混合法

可以采用气浮和悬吊混合式的微重力模拟试验方法，将填充相对密度较小的氢气或氦气的气球连接在天线可展开桁架机构中间位置以抵消部分重力，而在桁架顶端位置采用悬挂的配重来抵消其余重力。混合式微重力模拟的优点是降低了悬挂系统的复杂程度，并能够实现三维运动模拟。

3.4.2 力学测试

可展开天线机构的力学测试主要是进行动力学测试[4]，包括固有频率测试和试验模态分析。固有频率是评价空间可展开机构动力学的一项重要参数，取决于可展开机构系统的质量、刚度和分布情况。可展开天线机构是由多个杆件、铰链和锁紧装置组成的复杂系统，建立其精确的动力学模型十分困难。试验模态分析是通过振动测试识别模态参数，建立以模态参数表示的运动方程，供各种工程计算使用。因此，需要对可展开天线机构进行动力学测试，通过试验分析获得较为精确的固有频率和振型结果。

1. 固有频率测试

机构的固有频率测试方法有简谐激振法、锤击法和自谱分析法等。空间可展开天线机构固有频率测试最常用的方法是简谐激振法，即通过振动台或激振器对系统进行简谐力激振，引起系统共振，通过测试系统的频幅响应找到系统的各阶固有频率。锤击法即用力锤产生冲击力激振，通过输入的力信号和输出的响应信号进行传递函数分析，得到系统的各阶固有频率[7]。

1) 简谐激振法

简谐激振法是在简谐力的作用下做强迫运动，系统的动力学方程为

$$M\ddot{x} + C\dot{x} + Kx = F_0 \sin \omega_e t \tag{3.97}$$

式中，M 为被测系统的质量矩阵；C 为被测系统的阻尼矩阵；K 为被测系统的刚度矩阵；F_0 为外部激励力；ω_e 为机构强迫振动的频率；x 为系统振动幅值。

对于单自由度，系统强迫振动稳态位移为

$$x = A \sin(\omega t - \varphi) \tag{3.98}$$

式中，$A = \dfrac{F_0}{k\sqrt{\left[\left(1 - \dfrac{\omega}{\omega_n}\right)^2\right]^2 + 4\xi^2\left(\dfrac{\omega}{\omega_n}\right)^2}}$，$\omega_n$ 为速度共振频率，$\xi = \dfrac{n}{\omega_n}$；

$\varphi = \arctan \dfrac{A_2}{A_1} = \arctan\left(\dfrac{2\omega_e \varepsilon}{\omega^2 - \omega_e^2}\right)$；$\omega$ 为机构自由振动的频率。

系统的速度、加速度表达式分别为

$$\dot{x} = A\omega\cos(\omega t - \varphi) \tag{3.99}$$

$$\ddot{x} = -A\omega^2\sin(\omega t - \varphi) \tag{3.100}$$

当强迫振动频率和系统固有频率相等时，振幅和相位都有明显的变化，通过对这两个参数进行测量，可以判别系统是否达到共振点，从而确定系统的各阶共振频率。

当激振力幅值 F_0 不变、激振频率 ω_e 由低到高变化时，系统的位移幅值 A、速度幅值 $A\omega$、加速度幅值 $A\omega^2$ 都将随之变化。当激振频率达到系统固有频率时，系统的振幅达到极值，因此可以通过系统的幅频响应曲线的极值点来确定系统的各阶固有频率。当采用幅值共振法确定系统固有频率时，系统共振频率会受到系统阻尼的影响。例如，位移、速度、加速度共振频率分别为 $\omega_n\sqrt{1-2\xi^2}$、ω_n、$\omega_n\sqrt{1+2\xi^2}$，采用相位共振法可以排除阻尼因素的影响。

2) 锤击法

通常认为振动系统为线性系统，可用一特定已知的激振力，以可控的方法激励结构，同时测量输入与输出信号，通过传递函数分析得到系统的固有频率。

响应与激振力之间的关系可以表示为

$$A = \frac{q/\omega^2}{\sqrt{(1-u^2)^2 + 4u^2 D^2}} \tag{3.101}$$

$$\varphi = \arctan\left(\frac{2Du}{1-u^2}\right) \tag{3.102}$$

式中，A 为机构在外激励力下产生振动的幅值；$q = \dfrac{F_0}{m}$，F_0 为外部激励力，m 为机构质量；$u = \dfrac{\omega_e}{\omega}$，$\omega_e$ 为机构强迫振动的频率，ω 为机构自由振动的频率；D 为机构刚度；φ 为机构在外激励力下产生振动的滞后相位角。

A 的意义就是幅值为 1 的激励力所产生的响应。研究 A 与激励力之间的关系，即可得到系统的频率响应特性曲线。在共振频率下的导纳值迅速增大，可以判别各阶的共振频率。

3) 自谱分析法

系统在自由衰减振动时包括了各阶频率成分，时域波形反映了各阶频率下自由衰减波形的线性叠加，通过对时域波形进行快速傅里叶变换(fast Fourier transform, FFT)即可得到其频谱图，从而可以在频谱图中各峰值处得到系统的各阶固有频率。

2. 试验模态分析

试验模态分析是用试验的方法，通过人为对被测系统施加激励，利用测得的试验数据，分析处理后获得系统模态参数。模态试验的目标是通过试验将采集的系统输入信号经过参数识别获得模态参数，得到系统各阶模态的固有频率、模态质量、模态刚度、阻尼比和模态振型。通常需要对空间可展开机构进行模态试验分析，以获得机构准确的模态阻尼系数和主振型。

模态试验的步骤如下。

(1) 对被测系统进行人为激励。

(2) 测量激励力与系统响应。

(3) 对激振力响应进行快速傅里叶分析，得到传递函数。

(4) 运用模态分析理论对传递函数的曲线进行模拟，识别出被测系统的模态参数，从而建立被测系统的模态模型。根据模态叠加原理，在已知各种载荷时间历程的情况下，可计算被测系统的实际振动响应历程或响应谱。

对于一个 n 自由度的系统，其含有阻尼项的运动微分方程为

$$M\ddot{x}(t) + C\dot{x}(t) + Kx(t) = F(t) \tag{3.103}$$

由傅里叶变换可得

$$(j\omega)^2 Mx(\omega) + j\omega Cx(\omega) + Kx(\omega) = F(\omega) \tag{3.104}$$

则位移响应向量 $x(t)$ 和激振力 $F(t)$ 的傅里叶变换分别为

$$x(\omega) = \int_{-\infty}^{+\infty} x(t)e^{-j\omega t}dt \tag{3.105}$$

$$F(\omega) = \int_{-\infty}^{+\infty} F(t)e^{-j\omega t}dt \tag{3.106}$$

系统的传递函数矩阵为

$$H(\omega) = \frac{x(\omega)}{F(\omega)} = \frac{1}{-\omega^2 M + j\omega C + K} \tag{3.107}$$

若对结构的点 a 进行激励，并测量点 b 的响应，即可得到传递函数的 a 行 b 列元素：

$$H_{ab}(\omega) = \sum_{i=1}^{n} \frac{\varphi_{bi}\varphi_{ai}}{-\omega^2 M_i + j\omega C_i + K_i} \tag{3.108}$$

式中，φ_{bi}、φ_{ai} 分别为第 i 阶模态下点 b、点 a 的振型；M_i、K_i 和 C_i 分别为模态质量、模态刚度和模态阻尼。

模态试验系统包括激励系统、测量系统、数据采集系统和数据处理分析系统等。激励系统的作用是用振动台、激振器或力锤等激振设备对被测系统或机构施加一定的动态激励，使系统产生振动。测量系统的作用是通过力、位移、速度和加速度等传感器测量系统的激振力及动态响应。数据采集系统是记录并处理由力传感器和运动传感器测得的信号数据，得到传递函数。数据处理分析系统对测试得到的传递函数通过曲线拟合确定固有频率、阻尼比和振型等模态参数。根据激励方法的不同，相应的模态识别方法主要有单输入-单输出、单输入-多输出和多输入-多输出。

3.4.3　精度测试

　　空间可展开天线机构精度的测试[8]主要分为天线机构的重复展开精度和网面的形面精度测试两部分。天线机构的重复展开精度测试主要验证天线支撑机构工作时能否展开到预定位置，通过测试天线机构上关键点在多次展开后的位置精度来表征重复展开精度。

　　网面的形面精度测试主要验证网面所形成的实际形状与理想形状之间的偏差。均方根误差(root mean square error, RMSE)是衡量反射网面形面精度的一种有效方法，它通常是指网面上各关键点的测量值与其理论值在某一方向上偏差的均方根，其物理含义为各测量值与其理论值的偏离程度，均方根误差小，则偏离程度小，形面精度就高。均方根误差的表达式为

$$\delta_{\mathrm{RMSE}} = \sqrt{\frac{1}{n}\sum_{i=1}^{n} \varDelta_i^2} \tag{3.109}$$

式中，n 为关键点的个数；$\varDelta_i$ 为第 i 个关键点在某一方向上的偏差。

　　因此，对空间可展开天线机构精度的测试即对天线可展开机构和网面关键点的空间位置进行测试。摄影测量就是用来对其进行测试的方法，将拍摄得到的影像经过分析处理以获得被测物体轮廓尺寸信息。摄影测量系统利用交会测量原理，通过单台或多台相机在不同的角度对被测物体进行非接触测量，经过数字图像处理来得到准确的被测物体的空间坐标。摄影测量为非接触测量，其测量范围大，测量系统具有灵活、机动的特点，且不受场地影响，广泛应用于可展开天线机构精度的测量。由此可见，摄影测量系统适合于空间可展开天线机构及网面精度的测量。

3.5　本 章 小 结

　　本章主要介绍了可展开天线机构在设计与研制过程所涉及的基本理论与方法，包括展开过程的运动学及动力学建模、展开态的动力学建模、结构参数优化与索网设计等。另外，还介绍了可展开天线机构的测试及试验方法，可为空间可展开天线机构的设计、分析、研制与试验提供参考。

参 考 文 献

[1] 袁清珂, 姜歌东. 空间机构运动学建模与分析方法的研究[J]. 西安交通大学学报, 2009, 43(5):99-103.

[2] 江桂荣. 建立动力学方程的凯恩方法[J]. 教育界, 2013, (36):71.

[3] 田强, 张云清, 陈立平, 等. 柔性多体系统动力学绝对节点坐标方法研究进展[J]. 力学进展,

2010, 40(2):189-202.

[4] 张静. 铰链及含铰折展桁架非线性动力学建模与分析[D]. 哈尔滨: 哈尔滨工业大学, 2014.

[5] Qi X Z, Deng Z Q, Ma B Y, et al. Design of large deployable networks constructed by Myard linkages[J]. Key Engineering Materials, 2011, 486:291-296.

[6] 张良俊, 李晓慈, 吴静怡, 等. 大型空间展开机构微重力环境模拟悬吊装置热结构耦合分析[J]. 上海交通大学学报, 2017, 51(8):954-961.

[7] 邓宗全. 空间折展机构设计[M]. 哈尔滨: 哈尔滨工业大学出版社, 2013.

[8] 张惠峰. 空间可展天线精度测量、热分析、可靠性分析及间隙影响研究[D]. 杭州: 浙江大学, 2010.

第 4 章　模块化平面可展开天线机构设计

空间合成孔径雷达(SAR)[1-3]采用平面相控阵天线，广泛应用于高分辨率对地观测领域，可以全天候、全天时地对地进行观测，甚至透过地表和植被获取地表下的信息。近年来，更高观测分辨率和更大成像幅宽的发展趋势致使 SAR 阵面尺寸越来越大，需要应用可展开机构对 SAR 阵面进行展开和支撑，以满足大型 SAR 天线可展收、高刚度和高精度的性能要求。未来的空间 SAR 阵面长度将达数十米，迫切需要发展一种新型的模块化、可拓展的可展开机构。

4.1　模块化可展开天线机构方案

模块化可展开机构的设计，不仅可有效地降低设计与生产成本，更重要的是可在不增大收拢高度的同时展开和支撑更大尺寸的天线阵面，是一种解决未来大型阵面 SAR 可展开机构设计难题的有效方法。

4.1.1　单模块概念设计

对于天线机构构型的设计，要求可展开机构支撑 SAR 天线连接在卫星的侧壁上。收拢时，天线面板压紧在卫星侧壁以抵御火箭发射的冲击；展开后，可展开机构支撑天线阵列形成卫星两翼。

四棱锥结构具有很好的空间稳定性和支撑刚度，可作为平面相控阵天线的支撑背架结构。根据上述构型目标，天线面板展开后形成大型阵面，收拢时平行排列。满足这一要求的四棱锥可展开机构在底面中必须不能含有可折叠杆，由四棱锥可展开机构概念构型[4-6]组成的 4 种可展开机构模块方案如表 4.1 所示。

表 4.1　4 种可展开机构模块概念方案

方案序号	展开状态	中间状态	收拢状态
1			

方案 序号	展开状态	中间状态	收拢状态
2			
3			
4			

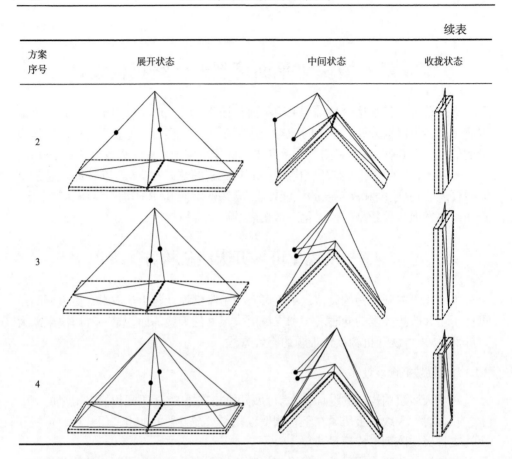

4 种模块方案均能实现构型约束所指定的展开和收拢状态，然而前 3 种方案与单块天线面板的连接点只有 3 个，考虑支撑稳定性和支撑刚度，在此选择模块方案 4。

4.1.2　基本单元设计与优选

要实现预定的折展运动，还需进一步确定其运动副类型。对模块方案 4 进行运动副的配置，得到 7 种单自由度可展开单元方案，如表 4.2 所示。其中，方案 1 无过约束；方案 2 的公共约束类型为一个过原点平行于 DE 的力线矢 $\$^{r}=[1\ \ 1\ \ 0\ \ 0\ \ 0\ \ 0]^{T}$；方案 3 的公共约束类型为一个平行于 BD 的力偶 $\$^{r}=[0\ \ 0\ \ 0\ \ 1\ \ -1\ \ 0]^{T}$；方案 4 含有两个公共过约束力线矢，即 $\$^{r}_{1}=[1\ \ 0\ \ 0\ \ 0\ \ 0\ \ -L]^{T}$ 和 $\$^{r}_{2}=[1\ \ -1\ \ 0\ \ 0\ \ 0\ \ -L]^{T}$，两力线矢汇交于 D 点分别平行于 x 轴和 BD；方案 5 含有两个相互垂直的公共过约束，即力线矢 $\$^{r}_{1}=[1\ \ 1\ \ 0\ \ 0\ \ 0\ \ 0]^{T}$ 和力偶 $\$^{r}_{2}=[0\ \ 0\ \ 0\ \ 1\ \ -1\ \ 0]^{T}$，该力线矢过 D 点平行于 DE，力偶平行于 BD；方案 6

含有 3 个汇交于 D 点的公共过约束力线矢，即 $\$_1^r=[1\ \ 0\ \ 0\ \ 0\ \ 0\ \ -L]^T$、$\$_2^r=[0\ \ 1\ \ 0\ \ 0\ \ 0\ \ 0]^T$ 和 $\$_3^r=[0\ \ 0\ \ 1\ \ L\ \ 0\ \ 0]^T$，三力线矢分别平行于 x 轴、y 轴和 z 轴；方案 7 含有 3 个平行于 DE 的公共过约束力线矢，即 $\$_1^r=[1\ \ 1\ \ 0\ \ 0\ \ 0\ \ 0]^T$、$\$_2^r=[1\ \ 1\ \ 0\ \ 0\ \ 0\ \ L]^T$ 和 $\$_3^r=[1\ \ 1\ \ 0\ \ -L\ \ L\ \ 0]^T$，三力线矢分别过 O 点、C 点和 A 点。

表 4.2　可展开单元方案

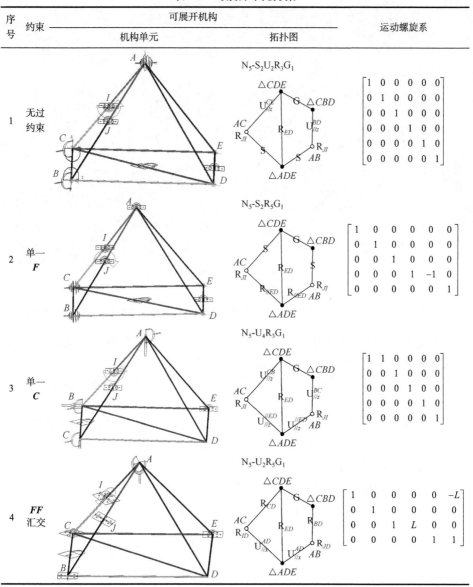

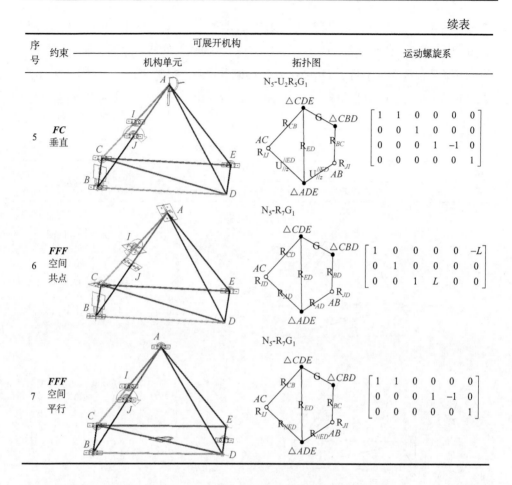

序号	约束	可展开机构		运动螺旋系
		机构单元	拓扑图	
5	**FC** 垂直		N_5-$U_2R_5G_1$	$\begin{bmatrix} 1 & 1 & 0 & 0 & 0 & 0 \\ 0 & 0 & 1 & 0 & 0 & 0 \\ 0 & 0 & 0 & 1 & -1 & 0 \\ 0 & 0 & 0 & 0 & 0 & 1 \end{bmatrix}$
6	**FFF** 空间 共点		N_5-R_7G_1	$\begin{bmatrix} 1 & 0 & 0 & 0 & 0 & -L \\ 0 & 1 & 0 & 0 & 0 & 0 \\ 0 & 0 & 1 & L & 0 & 0 \end{bmatrix}$
7	**FFF** 空间 平行		N_5-R_7G_1	$\begin{bmatrix} 1 & 1 & 0 & 0 & 0 & 0 \\ 0 & 0 & 0 & 1 & -1 & 0 \\ 0 & 0 & 0 & 0 & 0 & 1 \end{bmatrix}$

上述可展开单元方案各有优缺点，其综合性能取决于多种不确定的因素，表现为模糊性。模糊评价法可以有效地将可展开单元的这些模糊性能差异量化，给出清晰的评价结果，适用于可展开单元方案的评价与优选。通常，运用加权平均模糊评价方法对可展开单元的综合性能进行评价。

对可展开单元综合性能进行模糊评价，首先要建立每个方案的评价数学模型，包括评价指标集 I、权重向量 W、评语集 C 和评价矩阵 E。

可展开单元评价指标定义如下。

(1) 设计成本(i_1)：可展开单元设计、制造、装配和试验中所需的成本估计。

(2) 展开可靠性(i_2)：可展开单元从收拢到展开过程出现运动卡死的可能性。

(3) 结构稳定性(i_3)：可展开单元在展开状态抵御外载荷的能力。

(4) 机构复杂性(i_4)：可展开单元的构件数量及连接复杂程度。

(5) 机械效率(i_5)：可展开单元的驱动与传动效率。

因此，可展开单元的评价指标集 I 为

$$I=\{i_1, i_2, i_3, i_4, i_5\} \tag{4.1}$$

各个评价指标对可展开单元选择的影响程度不同，采用权重描述各个评价指标的重要程度，即权重向量 W：

$$W=[w_1 \quad w_2 \quad w_3 \quad w_4 \quad w_5] \tag{4.2}$$

式中，$\sum_{k=1}^{5} w_k = 1,\ 0 \leqslant w_k \leqslant 1$。

可展开单元的评价指标可以分为优、良、中和差 4 个级别，则评语集 C 为

$$C=\{c_1, c_2, c_3, c_4\}^{\mathrm{T}} \tag{4.3}$$

对某一方案采用评价矩阵 Q 进行描述，可以请同行专家根据经验对各个设计方案的评价指标进行评估，分别统计每个方案各指标所获得的专家评分，归一化后得到各个方案的评价矩阵为

$$Q = \begin{bmatrix}
 & c_1 & c_2 & c_3 & c_4 \\
\hline
i_1 & q_{11} & q_{12} & q_{13} & q_{14} \\
i_2 & q_{21} & q_{22} & q_{23} & q_{24} \\
i_3 & q_{31} & q_{32} & q_{33} & q_{34} \\
i_4 & q_{41} & q_{42} & q_{43} & q_{44} \\
i_5 & q_{51} & q_{52} & q_{53} & q_{54}
\end{bmatrix} \tag{4.4}$$

式中，q_{ij} 为对第 i 个评价指标的第 j 个评语的专家投票数归一化结果，$i=1,2,3,4,5$，$j=1,2,3,4$。

可得到评价结果矩阵 R 为

$$R=[WQ_1 \quad WQ_2 \quad \cdots \quad WQ_i \quad \cdots]^{\mathrm{T}},\quad i=1, 2, \cdots, 7 \tag{4.5}$$

最后得到总的综合评价向量 E 为

$$E = RC \tag{4.6}$$

评价向量中打分最高的设计方案为最优。

下面利用上述原理评价可展开单元，首先请 10 个同行专家给出每个设计方案的每个指标的评语，形成每个方案中每个指标的评语集。然后统计每个指标得到某一评语的票数，除以专家数目 10 得到每个设计方案的评价矩阵，具体如下：

$$Q_1 = \begin{bmatrix}
0.1 & 0.4 & 0.3 & 0.2 \\
0 & 0.6 & 0.4 & 0 \\
0.1 & 0 & 0.1 & 0.8 \\
0 & 0 & 0.6 & 0.4 \\
0.3 & 0.2 & 0.5 & 0
\end{bmatrix},\quad
Q_2 = \begin{bmatrix}
0.7 & 0.2 & 0.1 & 0 \\
0.9 & 0.1 & 0 & 0 \\
0 & 0.2 & 0.8 & 0 \\
0.7 & 0.3 & 0 & 0 \\
0.9 & 0.1 & 0 & 0
\end{bmatrix},\quad
Q_3 = \begin{bmatrix}
0.1 & 0.5 & 0.4 & 0 \\
0 & 0 & 0.2 & 0.8 \\
0 & 0.1 & 0.6 & 0.3 \\
0 & 0 & 0.3 & 0.7 \\
0 & 0 & 0.1 & 0.9
\end{bmatrix}$$

$$Q_4 = \begin{bmatrix} 0 & 0.3 & 0.5 & 0.2 \\ 0 & 0.1 & 0.9 & 0 \\ 0 & 0.9 & 0.1 & 0 \\ 0 & 0.5 & 0.3 & 0.2 \\ 0 & 0.2 & 0.8 & 0 \end{bmatrix}, \quad Q_5 = \begin{bmatrix} 0 & 0.7 & 0.2 & 0.1 \\ 0.1 & 0.3 & 0.6 & 0 \\ 0 & 0.8 & 0.2 & 0 \\ 0 & 0.9 & 0.1 & 0 \\ 0 & 0 & 0.9 & 0.1 \end{bmatrix}, \quad Q_6 = \begin{bmatrix} 0.5 & 0.4 & 0 & 0.1 \\ 0.5 & 0.1 & 0.3 & 0.1 \\ 0.9 & 0 & 0 & 0.1 \\ 0.5 & 0.4 & 0.1 & 0 \\ 0 & 0.9 & 0.1 & 0 \end{bmatrix}$$

$$Q_7 = \begin{bmatrix} 0.9 & 0 & 0 & 0.1 \\ 1 & 0 & 0 & 0 \\ 0.9 & 0 & 0 & 0.1 \\ 1 & 0 & 0 & 0 \\ 0.1 & 0.7 & 0.2 & 0 \end{bmatrix}$$

将 5 个评价指标按照重要程度划分等级, 等级最高的权重得 5 分, 等级最低的权重得 1 分, 归一化后得到权重矩阵 W=[0.2　0.33　0.27　0.13　0.07]。

由式(4.4)得评价结果矩阵为

$$R = \begin{bmatrix} 0.068 & 0.292 & 0.332 & 0.308 \\ 0.591 & 0.173 & 0.236 & 0 \\ 0.02 & 0.127 & 0.354 & 0.499 \\ 0 & 0.415 & 0.519 & 0.066 \\ 0.033 & 0.572 & 0.368 & 0.027 \\ 0.573 & 0.228 & 0.119 & 0.08 \\ 0.89 & 0.049 & 0.014 & 0.047 \end{bmatrix}$$

将 4 个评语中优、良、中、差分别取 4 分、3 分、2 分、1 分, 归一化得到评语集 $C = \{0.4, 0.3, 0.2, 0.1\}^T$, 根据式(4.6)得到总的综合评价向量为

$$E=[0.212 \quad 0.3355 \quad 0.1668 \quad 0.2349 \quad 0.2611 \quad 0.3294 \quad 0.3782]^T$$

因此, 7 个设计方案的模糊评价结果由优到劣依次为方案 7、方案 2、方案 6、方案 5、方案 4、方案 1 和方案 3。因此, 选择方案 7 为天线机构设计方案。

4.1.3　可展开机构方案的生成

单模块机构由 2 个四棱锥单元组成, 可支撑 2 块天线面板, 其收拢状态和展开状态分别如图 4.1(a) 和图 4.1(b) 所示。两个单模块可展开机构通过模块间铰链和剪刀机构连接成两模块可展开机构。两模块可展开机构通过根部铰链和上连杆整体安装于卫星侧壁, 形成阵面天线单翼可展开机构, 如图 4.1(c) 和图 4.1(d) 所示。该天线机构的特点是可以通过不同数量的模块进行连接和扩展, 实现模块化设计。

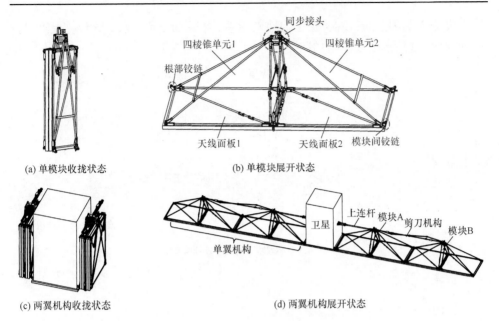

(a) 单模块收拢状态　　　　　(b) 单模块展开状态

(c) 两翼机构收拢状态　　　　　(d) 两翼机构展开状态

图 4.1　模块化可展开机构设计方案

4.2　天线机构展开运动学分析

4.2.1　运动学分析模型

设 φ_1 和 φ_2 分别为驱动组件 A 和 B 的驱动转角，同时为展开运动分析的广义坐标，则模块化可展开支撑机构的展开运动可简化为如图 4.2 所示的模型。该模型由环路 1、模块 A 和模块 B 组成。假设可展开机构中的所有构件均为刚体，且在同步机构的联动作用下 4 块天线面板在整个展开过程中始终保持同步，则模块化可展开机构运动学计算模型应满足：①$D_1G_1 \parallel O_1O_2$；②$D_2G_2 \parallel O_2O_3$；③D_1、G_1、D_2 和 G_2 共线；④O_1、O_2 和 O_3 共线；⑤$\angle O_1E_1O_2 = \angle E_1O_2E_2 = \angle O_2E_2O_3 = \varphi_2$。

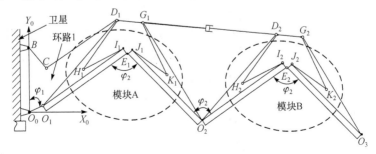

图 4.2　运动学分析模型

设 O_0B 为固定端，$X_0O_0Y_0$ 为惯性坐标系。根据回路单元法，该计算模型可拆分成如图 4.3 所示的 3 个机构回路。

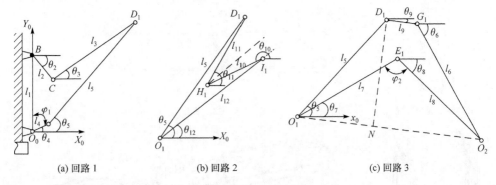

(a) 回路 1   (b) 回路 2   (c) 回路 3

图 4.3 运动学分析模型分解图

1. 展开角度

机构回路 1 中，闭环方程可写为

$$\begin{cases} l_2\cos\theta_2 = -l_3\cos\theta_3 + l_4\cos\theta_4 + l_5\cos\theta_5 \\ l_2\sin\theta_2 = -l_3\sin\theta_3 + l_4\sin\theta_4 + l_5\sin\theta_5 - l_1 \end{cases} \tag{4.7}$$

机构回路 2 中，展开角度 θ_{10}、θ_{11} 和 θ_{12} 的相对关系可以表示为

$$\begin{cases} \theta_{10} = \pi - (\angle D_1I_1O_1 - \angle D_1I_1H_1) + \theta_{12} \\ \theta_{11} = \angle D_1H_1I_1 - (\angle D_1I_1O_1 - \angle D_1I_1H_1) + \theta_{12} \\ \theta_{12} = \theta_7 + c_1 \end{cases} \tag{4.8}$$

式中，$D_1I_1 = \sqrt{l_5{}^2 + l_{12}{}^2 - 2l_5l_{12}\cos(\angle D_1O_1I_1)}$；$\angle D_1I_1O_1 = \arccos[(D_1I_1^2 + l_{12}^2 - l_5^2)/(2l_{12}D_1I_1)]$；$\angle D_1I_1H_1 = \arccos[(l_{10}^2 + D_1I_1^2 - l_{11}^2)/(2l_{10}D_1I_1)]$；初始位置 $\angle D_1H_1I_1 = \arccos[(l_{10}{}^2 + l_{11}{}^2 - D_1I_1^2)/(2l_{10}l_{11})]$；$c_1$ 为角度常数 1，由铰链角度决定。

机构回路 3 中，展开角度 θ_4、θ_5、θ_6、θ_7、θ_8 和 θ_9 的相对关系可以表示为

$$\begin{cases} \theta_4 = 0.5\pi - \varphi_1 \\ \theta_5 = \theta_7 + \angle D_1O_1E_1 \\ \theta_6 = -(\theta_5 - 2\theta_9) \\ \theta_7 = \theta_4 + c_2 \\ \theta_8 = -(\pi - \varphi_2 - \theta_7) \\ \theta_9 = (\theta_7 + \theta_8)/2 \end{cases} \tag{4.9}$$

式中，$\angle D_1O_1E_1 = \arccos(O_1N/l_5) - 0.5(\pi - \varphi_2)$；$O_1N = l_7\cos(0.5\pi - 0.5\varphi_2) - l_9/2$；$c_2$ 为角度常数 2。

2. 雅可比矩阵

广义坐标 $\varphi_j (j = 1, 2)$ 与展开角度 $\theta_i (i = 2, 3, 4, \cdots, 12)$ 的关系可以表示为

$$\theta_i = f_i(\varphi_1, \varphi_2) \tag{4.10}$$

对式(4.10)两边求导，展开角速度可以表示为

$$\dot{\theta}_i = \sum_{j=1}^{2} \frac{f_i(\varphi_1, \varphi_2)}{\partial \varphi_j} \dot{\varphi}_j = \sum_{j=1}^{2} \frac{\partial \theta_i}{\partial \varphi_j} \dot{\varphi}_j \tag{4.11}$$

式(4.11)可以进一步写成矩阵的形式，为

$$\dot{\boldsymbol{\Theta}} = \boldsymbol{J}\dot{\boldsymbol{\Psi}} \tag{4.12}$$

式中，$\dot{\boldsymbol{\Theta}} = \begin{bmatrix} \dot{\theta}_2 \\ \dot{\theta}_3 \\ \vdots \\ \dot{\theta}_{12} \end{bmatrix}$; $\boldsymbol{J} = \begin{bmatrix} \dfrac{\partial \theta_2}{\partial \varphi_1} & \dfrac{\partial \theta_2}{\partial \varphi_2} \\ \vdots & \vdots \\ \dfrac{\partial \theta_{12}}{\partial \varphi_1} & \dfrac{\partial \theta_{12}}{\partial \varphi_2} \end{bmatrix}$; $\dot{\boldsymbol{\Psi}} = \begin{bmatrix} \dot{\varphi}_1 \\ \dot{\varphi}_2 \end{bmatrix}$。

对广义坐标求偏导，得到的雅可比矩阵 $\boldsymbol{J}$ 为

$$\boldsymbol{J} = \begin{bmatrix} -\dfrac{l_4 S(\theta_4 - \theta_3)}{l_2 S(\theta_2 - \theta_3)} - \dfrac{l_5 S(\theta_5 - \theta_3)}{l_2 S(\theta_2 - \theta_3)} & \dfrac{l_5 S(\theta_5 - \theta_3)}{l_2 S(\theta_2 - \theta_3)} \cdot \left(\dfrac{1}{2} - \dfrac{l_7 S(0.5\pi - 0.5\varphi_2)}{2 l_5 S(\angle D_1 O_1 E_1 + 0.5\pi - 0.5\varphi_2)} \right) \\ -\dfrac{l_4 S(\theta_4 - \theta_2)}{l_3 S(\theta_3 - \theta_2)} - \dfrac{l_5 S(\theta_5 - \theta_2)}{l_3 S(\theta_3 - \theta_2)} & \dfrac{l_5 S(\theta_5 - \theta_2)}{l_3 S(\theta_3 - \theta_2)} \cdot \left(\dfrac{1}{2} - \dfrac{l_7 S(0.5\pi - 0.5\varphi_2)}{2 l_5 S(\angle D_1 O_1 E_1 + 0.5\pi - 0.5\varphi_2)} \right) \\ -1 & 0 \\ -1 & \dfrac{1}{2} - \dfrac{l_7 S(0.5\pi - 0.5\varphi_2)}{2 l_5 S(\angle D_1 O_1 E_1 + 0.5\pi - 0.5\varphi_2)} \\ -1 & \dfrac{1}{2} + \dfrac{l_7 S(0.5\pi - 0.5\varphi_2)}{2 l_5 S(\angle D_1 O_1 E_1 + 0.5\pi - 0.5\varphi_2)} \\ -1 & 0 \\ -1 & 1 \\ -1 & \dfrac{1}{2} \\ -\dfrac{l_5 S(\theta_5 - \theta_{11})}{l_{10} S(\theta_{10} - \theta_{11})} + \dfrac{l_{12} S(\theta_{12} - \theta_{11})}{l_{10} S(\theta_{10} - \theta_{11})} & \dfrac{l_5 S(\theta_5 - \theta_{11})}{l_{10} S(\theta_{10} - \theta_{11})} \cdot \left(\dfrac{1}{2} - \dfrac{l_7 S(0.5\pi - 0.5\varphi_2)}{2 l_5 S(\angle D_1 O_1 E_1 + 0.5\pi - 0.5\varphi_2)} \right) \\ -\dfrac{l_5 S(\theta_5 - \theta_{10})}{l_{11} S(\theta_{11} - \theta_{10})} + \dfrac{l_{12} S(\theta_{12} - \theta_{10})}{l_{11} S(\theta_{11} - \theta_{10})} & \dfrac{l_5 S(\theta_5 - \theta_{10})}{l_{11} S(\theta_{11} - \theta_{10})} \cdot \left(\dfrac{1}{2} - \dfrac{l_7 S(0.5\pi - 0.5\varphi_2)}{2 l_5 S(\angle D_1 O_1 E_1 + 0.5\pi - 0.5\varphi_2)} \right) \\ -1 & 0 \end{bmatrix}$$

式中，S 代表 sin。

4.2.2　运动奇异解耦

1. 奇异分析

若雅可比矩阵 $\boldsymbol{J}$ 中的行向量线性相关,则可展开机构的展开运动将发生奇异。假设行向量 1 和行向量 2 线性相关,机构环路 1 发生奇异,此时条件为 $\theta_4 - \theta_5 = 0$ 或 $-\pi$,或者 $\theta_2 - \theta_3 = 0$ 或 $-\pi$。当 $\theta_4 - \theta_5 = 0$ 时,$\angle D_1 O_1 E_1$ 为负值;当 $\theta_4 - \theta_5 = -\pi$ 时,$\angle D_1 O_1 E_1$ 为钝角。因此,奇异条件 $\theta_4 - \theta_5 = 0$ 或 $-\pi$ 不会发生。假设行向量 9 和行向量 10 线性相关,机构环路 2 发生奇异,此时条件为 $\theta_5 - \theta_{12} = 0$,或者 $\theta_{10} - \theta_{11} = 0$ 或 $-\pi$。假设行向量 4 和行向量 5 线性相关,机构环路 3 发生奇异,此时条件为 $\varphi_2 = \pi$。根据展开过程的不同阶段,可展开机构奇异可以分为以下 3 种情况。

奇异位形 1:当可展开机构位于收拢状态时,满足奇异条件 $\theta_2 - \theta_3 = -\pi$ 或 $\theta_5 - \theta_{12} = 0$ 或 $\theta_{10} - \theta_{11} = -\pi$,奇异位形 1 发生,如图 4.4(a)所示。奇异位形 1 的出现会增大可展开机构展开初始阶段所需的驱动力矩。因此,合理地配置可展开机构的初始位置参数,避免奇异位形 1 的出现,将有利于可展开机构的展开。

奇异位形 2:当可展开机构位于展开状态时,满足奇异条件 $\theta_2 - \theta_3 = 0$ 或 $\theta_{10} - \theta_{11} = 0$ 或 $\varphi_2 = \pi$,奇异位形 2 出现,如图 4.4(b) 所示。奇异位形 2 的出现有利于提高可展开机构展开状态下的稳定性。因此,需要综合考虑可展开机构展开到位时的位置参数,使机构在展开到位时出现奇异位形 2,以改善可展开机构支撑阵面天线的稳定性。

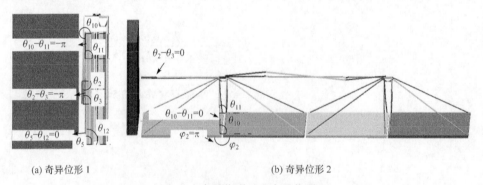

(a) 奇异位形 1　　　　　　　　　　　　　　　(b) 奇异位形 2

图 4.4　奇异位形 1 和奇异位形 2

奇异位形 3:当可展开机构在展开过程中满足奇异条件 $\{\theta_2 - \theta_3 = 0\}$ 时,奇异位形 3 发生,如图 4.5 所示。奇异位形 3 出现时,机构环路 1 自锁,可展开机构失去一个自由度仅剩余一个自由度,若继续保持驱动组件 A 和 B 两个驱动输入,则会增大构件中的内应力，不利于可展开机构的展开。然而，奇异位形 3 的出现并不能通过设计可展开机构参数予以避免，因此需要一种避免奇异位形 3 发生的方法。

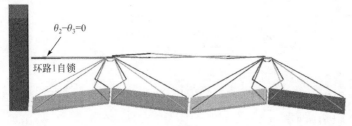

图 4.5　奇异位形 3

为了解决奇异位形 3 带来的展开问题，这里引入奇异解耦区间，如图 4.6 所示。在整个展开过程中，驱动转角 φ_1 和 φ_2 应该位于奇异解耦区间里。一旦超过上边界，奇异位形 3 出现；一旦超出下边界，上连杆与卫星本体发生碰撞。

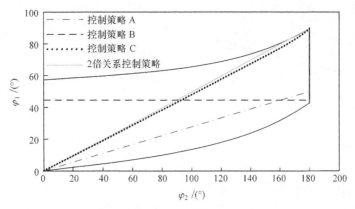

图 4.6　奇异解耦区间

不难发现，奇异解耦区间里最窄的地方出现在展开到位阶段，说明奇异位形 3 最容易在这个展开阶段出现。假设在整个展开过程中，驱动组件 B 的输入转角 φ_2 是驱动组件 A 的输入转角 φ_1 的 2 倍(2 倍关系控制策略)，奇异位形 3 就会发生在展开的到位阶段。进一步假设驱动组件 A 和 B 的驱动角速度分别为 0.5°/s 和 1°/s，采用 ADAMS 软件对可展开机构进行展开仿真。仿真结果发现，当展开到 φ_1 = 82.9°、φ_2 = 165.8° 时(此时为 165.8s)，奇异位形 3 发生，如图 4.6 所示。

为了避免展开过程奇异位形 3 的出现，保证可展开机构顺利展开，基于奇异解耦区间提出三种展开控制策略，分别称为控制策略 A、控制策略 B 和控制策略 C。

2. 展开控制策略

1) 控制策略 A

设展开时间为 T, 控制策略 A 下广义坐标可以表示为

$$\varphi_1 = \frac{90t}{T}, \ 0 \leqslant t \leqslant T, \quad \varphi_2 = \begin{cases} \dfrac{324t}{T}, & 0 \leqslant t < \dfrac{5T}{9} \\ 180, & \dfrac{5T}{9} \leqslant t \leqslant T \end{cases} \tag{4.13}$$

若 $T = 250s$, 以式(4.13)为输入条件, 借助 MATLAB 进行求解, 得到的展开运动轨迹如图 4.7 所示。

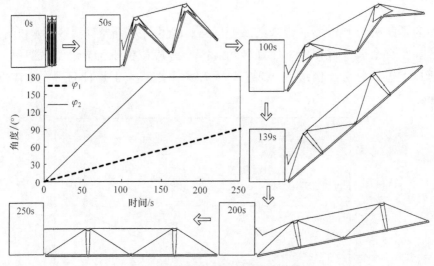

图 4.7　控制策略 A 下的展开轨迹

控制策略 A 下可展开机构的展开过程分为两个阶段：①驱动组件 A 与驱动组件 B 按比例运动；②驱动组件 A 转到 50° 时(139s 时刻), 驱动组件 B 停止, 驱动组件 A 保持原来速度直至展开到位。

2) 控制策略 B

控制策略 B 下广义坐标可以表示为

$$\varphi_1 = \begin{cases} \dfrac{270t}{T}, & 0 \leqslant t \leqslant \dfrac{T}{6} \\ 45, & \dfrac{T}{6} < t < \dfrac{5T}{6} \\ \dfrac{270t}{T} - 180, & \dfrac{5T}{6} \leqslant t \leqslant T \end{cases}, \quad \varphi_2 = \begin{cases} 0, & 0 \leqslant t \leqslant \dfrac{T}{6} \\ \dfrac{270t}{T} - 45, & \dfrac{T}{6} < t < \dfrac{5T}{6} \\ 180, & \dfrac{5T}{6} \leqslant t \leqslant T \end{cases} \tag{4.14}$$

若 $T = 250\text{s}$，借助 MATLAB 计算出控制策略 B 下的机构展开轨迹，如图 4.8 所示。

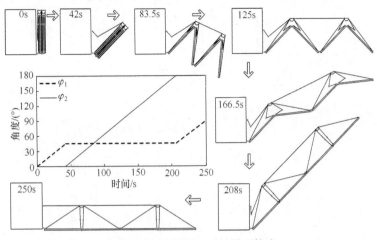

图 4.8　控制策略 B 下的展开轨迹

控制策略 B 下可展开机构的展开过程分为三个阶段：①驱动组件 A 在(0s, 42s) 内单独运动；②驱动组件 A 运动到 45° 时(42s 时刻)停止，驱动组件 B 在(42s, 208s) 内单独运动；③驱动组件 B 运动到 180° 时(208s 时刻)停止，驱动组件 A 在(208s, 250s)内单独运动，直至展开到位。

3) 控制策略 C

控制策略 A 和控制策略 B 都可以有效地避免奇异位形 3 的发生。然而，采用控制策略 A 和控制策略 B 驱动又引入了一个新的问题：展开轨迹包络大。为了解决奇异位形 3 和展开轨迹包络大这两个问题，这里提出一种同步展开控制策略，即采用一个三次多项式表达驱动组件 A 和 B 的输入角速度。该三次多项式定义为

$$\text{Step}(t, t_0, \omega_0, t_1, \omega_1)\omega_0 + (\omega_1 - \omega_0)\left(\frac{t - t_0}{t_1 - t_0}\right)^2\left(3 - 2 \times \frac{t - t_0}{t_1 - t_0}\right) \tag{4.15}$$

式中，t 为展开时间；t_0 为初始时间；t_1 为末端时间；ω_0 为初始角速度；ω_1 为末端角速度。

假设 T_m 为驱动组件的驱动时间，则控制策略 C 下的驱动角速度可以表示为

$$\dot{\varphi}_m = \begin{cases} \text{Step}\left(t,\ 0,\ 0,\ \dfrac{T_m}{4},\ \dot{\varphi}_m\right), & 0 \leqslant t < \dfrac{T_m}{4} \\[3mm] \dot{\varphi}_m, & \dfrac{T_m}{4} \leqslant t \leqslant \dfrac{3T_m}{4}, \quad m=1,2 \\[3mm] \text{Step}\left(t,\ \dfrac{3T_m}{4},\ \dot{\varphi}_m,\ T_m,\ 0\right), & \dfrac{3T_m}{4} < t \leqslant T_m \end{cases} \tag{4.16}$$

考虑边界条件：当 $t=0$ 时，$\varphi_i=0$；当 $t=T_1$ 时，$\varphi_1=\pi/2$；当 $t=T_1$ 时，$\varphi_2=\pi$，驱动角速度 $\dot{\varphi}_i$ 可以确定。因此，控制策略 C 下广义坐标可以表示为

$$\varphi_1=\begin{cases}\dfrac{5760t^3}{3T_1^3}-\dfrac{15360t^4}{4T_1^4}, & 0\leqslant t<\dfrac{T_1}{4}\\[3mm]\dfrac{120t}{T_1}-15, & \dfrac{T_1}{4}\leqslant t\leqslant\dfrac{3T_1}{4}\\[3mm]\dfrac{120t}{T_1}-\dfrac{360(4t-3T_1)^3}{12T_1^3}+\dfrac{240(4t-3T_1)^4}{16T_1^4}-15, & \dfrac{3T_1}{4}<t\leqslant T_1\end{cases}$$

$$\varphi_2=\begin{cases}\dfrac{11520t^3}{3T_2^3}-\dfrac{30720t^4}{4T_2^4}, & 0\leqslant t<\dfrac{T_2}{4}\\[3mm]\dfrac{240t}{T_2}-30, & \dfrac{T_2}{4}\leqslant t\leqslant\dfrac{3T_2}{4}\\[3mm]\dfrac{240t}{T_2}-\dfrac{720(4t-3T_2)^3}{12T_2^3}+\dfrac{480(4t-3T_2)^4}{16T_2^4}-30, & \dfrac{3T_2}{4}<t\leqslant T_2\end{cases}$$

（4.17）

若 $T_1=250\text{s}$，$T_2=240\text{s}$，通过运动学分析得到控制策略 C 下的展开轨迹，如图 4.9 所示。

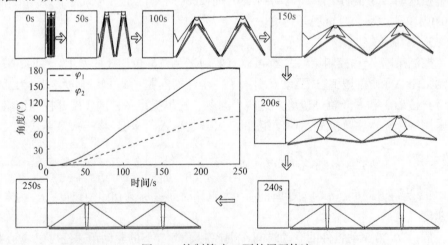

图 4.9　控制策略 C 下的展开轨迹

控制策略 C 不仅能够有效解决奇异位形 3 的问题，同时兼顾了展开同步性和展开平稳性，还具有展开轨迹包络小的优点。显然，2 倍关系控制策略下的可展开机构的展开轨迹比控制策略 C 的展开轨迹包络更小，控制策略 C 中驱动组件 A 与驱动组件 B 的展开驱动时间之间仍然有 10s 的差值。

4.2.3　展开运动仿真

为了验证上述展开运动分析的准确性,这里采用ADAMS软件建立仿真模型。模型参数如表 4.3 所示。

表 **4.3**　模型参数

模块数目	杆长/mm	角度常数/(°)	展开时间/s	模块质量/kg	阻尼系数/[N·m·s/(°)]
$n=2$	$l_1=950, l_2=334.49,$ $l_3=1284.51, l_4=74.59,$ $l_5=1839.74, l_6=1839.74,$ $l_7=1636.72, l_8=1636.72,$ $l_9=156, l_{10}=1590,$ $l_{11}=615.15, l_{12}=365.40$	$c_1=2.63$ $c_2=22.15$	$T_1=250$ $T_2=240$	$M=100$	$\xi=10$

采用控制策略 C 作为输入,仿真展开过程如图 4.10 所示。仿真的展开过程与预期设计的展开过程完全一致,验证了所提出的模块化可展开机构设计方案合理可行,说明采用同步展开控制策略避免运动奇异是有效的。

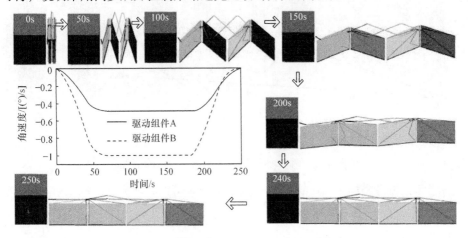

图 4.10　模块化可展开机构的仿真展开过程

4.3　天线机构展开动力学分析

4.3.1　展开过程刚体动力学分析

在可展开机构设计中,驱动力矩预测具有十分重要的意义。然而,由于可展开机构构件和环路数目较多,采用拉格朗日方程直接求解驱动力矩是一个繁杂的过程。因此，本节提出一种可展开机构驱动力矩预测的等效计算方法，该方法可以同时兼顾准确性和计算效率。

1. 质心运动

图 4.11 为两模块可展开机构的质心运动分析图。$x_iO_iy_i$ 为模块 i $(i = 1, 2)$的局部坐标系，m_i 为模块 i 的质量。因此，m_i 的坐标可以表达为

$$^{i}\boldsymbol{r}_{mi} = \begin{pmatrix} ^{i}x_{mi} \\ ^{i}y_{mi} \end{pmatrix} = \frac{1}{\displaystyle\sum_{j=5}^{9} m_j} \begin{pmatrix} \displaystyle\sum_{j=5}^{9}\left(m_j\,^{i}x_{mj}\right) \\ \displaystyle\sum_{j=5}^{9}\left(m_j\,^{i}y_{mj}\right) \end{pmatrix} \tag{4.18}$$

式中，$^{i}x_{mi}$ 和 $^{i}y_{mi}$ 为 m_i 位于 $x_iO_iy_i$ 中的坐标；m_j 为构件 j $(j = 5, 6, 7, 8, 9)$的集中质量；$^{i}x_{mj}$ 和 $^{i}y_{mj}$ 为 m_j 位于 $x_iO_iy_i$ 的坐标。

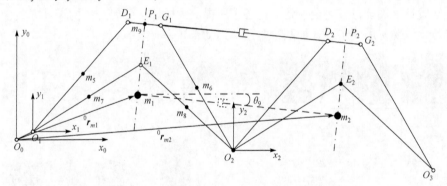

图 4.11　两模块可展开机构的质心运动分析图

因此，惯性坐标系 $x_0O_0y_0$ 中，m_i 的位置向量可以表示为

$$^{0}\boldsymbol{r}_{mi} = {}^{0}\boldsymbol{r}_{Oi} + {}^{i}\boldsymbol{r}_{mi} \tag{4.19}$$

式中，$^{0}\boldsymbol{r}_{mi}$ 为 m_i 在惯性坐标系 $x_0O_0y_0$ 中的位置向量；$^{0}\boldsymbol{r}_{Oi}$ 为局部坐标系 $x_iO_iy_i$ 在惯性坐标系 $x_0O_0y_0$ 中的位置向量；$^{i}\boldsymbol{r}_{mi}$ 为 m_i 在局部坐标系 $x_iO_iy_i$ 中的位置向量。

2. 动力学方程

在可展开机构的展开过程中，模块 i 质心 m_i 的平移距离为 $^{0}\boldsymbol{r}_{mi}$、转动角度为 θ_9。若展开过程中模块 i 关于 P_iE_i 对称，则质量点 m_i 始终位于 P_iE_i 上。展开动力学分析可以简化为质点系两自由度动力学问题，因此展开动力学方程可以写为

$$\begin{cases} \dfrac{\mathrm{d}}{\mathrm{d}t}\dfrac{\partial E}{\partial \dot{\varphi}_1} - \dfrac{\partial E}{\partial \varphi_1} + \dfrac{\partial W_1}{\partial \dot{\varphi}_1} = \mathrm{DT}_1 \\[3mm] \dfrac{\mathrm{d}}{\mathrm{d}t}\dfrac{\partial E}{\partial \dot{\varphi}_2} - \dfrac{\partial E}{\partial \varphi_2} + \dfrac{\partial W_2}{\partial \dot{\varphi}_2} = \mathrm{DT}_2 \end{cases} \tag{4.20}$$

式中，DT_1 和 DT_2 为广义坐标 φ_1 和 φ_2 对应的广义力矩；E 为可展开机构的总动能；W 为阻尼耗散能。

根据动能定义，可展开机构的动能可以写成

$$E = K_{11}\dot{\varphi}_1^2 + K_{12}\dot{\varphi}_1\dot{\varphi}_2 + K_{22}\dot{\varphi}_2^2 \tag{4.21}$$

式 中，$K_{11} = \dfrac{m}{2}\sum\limits_{i=1}^{n}\left[\left(\dfrac{\partial x_{mi}}{\partial \varphi_1}\right)^2 + \left(\dfrac{\partial y_{mi}}{\partial \varphi_1}\right)^2\right] + \dfrac{nI}{2}\left(\dfrac{\partial \theta_9}{\partial \varphi_1}\right)^2$ ；　$K_{12} = m\sum\limits_{i=1}^{n}\left[\dfrac{\partial x_{mi}}{\partial \varphi_1}\dfrac{\partial x_{mi}}{\partial \varphi_2} + \right.$

$\left.\dfrac{\partial y_{mi}}{\partial \varphi_1}\dfrac{\partial y_{mi}}{\partial \varphi_2}\right] + nI\dfrac{\partial \theta_9}{\partial \varphi_1}\dfrac{\partial \theta_9}{\partial \varphi_2}$ ；　$K_{22} = \dfrac{m}{2}\sum\limits_{i=1}^{n}\left[\left(\dfrac{\partial x_{mi}}{\partial \varphi_2}\right)^2 + \left(\dfrac{\partial y_{mi}}{\partial \varphi_2}\right)^2\right] + \dfrac{nI}{2}\left(\dfrac{\partial \theta_9}{\partial \varphi_2}\right)^2$ ；　m 为可展开机构的质量；I 为转动惯量。

由于展开过程的角速度很低，可展开机构中板间铰链的阻力可以看成黏性阻尼力，则耗散函数 W 可以表示为

$$W_i = \begin{cases} \dfrac{1}{2}\xi\dot{\varphi}_1^2, & i = 1 \\[3mm] \dfrac{1}{2}\xi(2n-1)\dot{\varphi}_2^2, & i \neq 1 \end{cases} \tag{4.22}$$

式中，ξ 为黏性阻尼系数；n 为模块数目。

因此，展开动力学方程可以写成

$$\mathbf{DT} = \boldsymbol{A}(\varphi)\ddot{\psi} + \boldsymbol{B}(\varphi)\dot{\varphi}_1\dot{\varphi}_2 + \boldsymbol{C}(\varphi)\dot{\psi}^2 + \boldsymbol{D}(\varphi)\dot{\psi} \tag{4.23}$$

式中，$\mathbf{DT} = \begin{bmatrix} \mathrm{DT}_1 \\ \mathrm{DT}_2 \end{bmatrix}$, $\ddot{\psi} = \begin{bmatrix} \ddot{\varphi}_1 \\ \ddot{\varphi}_2 \end{bmatrix}$; $\dot{\psi} = \begin{bmatrix} \dot{\varphi}_1 \\ \dot{\varphi}_2 \end{bmatrix}$; $\boldsymbol{A}(\varphi) = \begin{bmatrix} 2K_{11} & K_{12} \\ K_{12} & 2K_{22} \end{bmatrix}$; $\boldsymbol{B}(\varphi) = \begin{bmatrix} 2\dfrac{\partial K_{11}}{\partial \varphi_2} \\[3mm] 2\dfrac{\partial K_{22}}{\partial \varphi_1} \end{bmatrix}$;

$$\boldsymbol{C}(\varphi) = \begin{bmatrix} \dfrac{\partial K_{11}}{\partial \varphi_1} & \dfrac{\partial K_{12}}{\partial \varphi_2} - \dfrac{\partial K_{22}}{\partial \varphi_1} \\[3mm] \dfrac{\partial K_{12}}{\partial \varphi_1} - \dfrac{\partial K_{11}}{\partial \varphi_2} & \dfrac{\partial K_{22}}{\partial \varphi_2} \end{bmatrix}; \quad \boldsymbol{D}(\varphi) = \begin{bmatrix} \xi \\ 2n\xi - \xi \end{bmatrix} \text{。}$$

3. 驱动力矩求解

下面以同步展开控制策略为例，基于动力学方程对展开驱动力矩 DT_1 和 DT_2

进行求解。基于上述预测驱动力矩等价方法开发 MATLAB 程序等价模型,可用于分析各种尺寸规模的可展开机构的展开过程。为了识别该等价方法的准确性和效率,同时建立两个比较模型:基于 ADAMS 的仿真模型和简化模型。

等价模型、简化模型和仿真模型预测驱动力矩的结果对比如图 4.12 所示。三种模型所预测的驱动组件 A 驱动力矩几乎重合。然而,对于驱动组件 B,采用简化模型估计可展开机构匀速展开阶段的驱动力矩不够精确。等价模型不仅可以方便地计算出不同尺寸可展开机构的驱动力矩,而且不失计算的准确性。

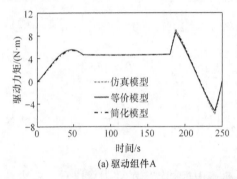
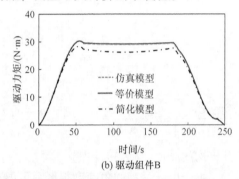

(a) 驱动组件A　　　　　　　　　　　(b) 驱动组件B

图 4.12　三种模型预测驱动力矩的结果对比

在展开的减速阶段,驱动力矩曲线出现一个波动,其原因是控制策略 C 下在展开末端仍然接近奇异位形 3。一种缓解这个波动的方法是增大两个驱动组件驱动时间 T_1 和 T_2 之间的差值。然而,T_1 和 T_2 之间差值的增大也会引发展开轨迹包络和展开不同步性的增大。

为了分析可展开机构的展开驱动能力,分别改变板间铰链阻尼系数 ξ 和模块质量 M,得到两个驱动组件的力矩预测结果,如图 4.13 所示。结果表明,随着阻尼系数 ξ 的变大,驱动力矩明显增大。而随着模块质量 M 的增大,驱动力矩增幅较小。模块质量 M 对驱动力矩影响不明显的原因是可展开机构的展开速度较慢,该缓慢的展开过程近似一个准静态的展开过程。

4.3.2　展开过程柔性动力学分析

4.3.1 节建立了理想状态下的可展开机构展开动力学分析模型。在实际地面展开试验中,还必须考虑两个重要因素:杆件柔性和重力。为了进一步模拟可展开机构的真实展开过程,探索地面展开中存在的不确定因素,本节将开展考虑杆件柔性和重力影响的展开过程分析。

1. 柔性展开模型

为了准确描述可展开机构的展开过程,借助有限元分析软件 ANSYS 将展开机构

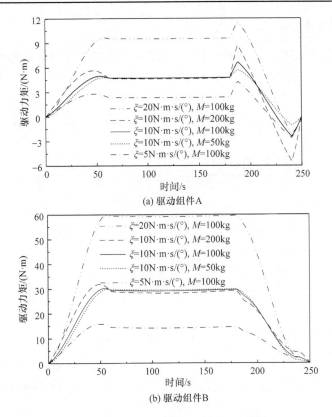

(a) 驱动组件A

(b) 驱动组件B

图 4.13　两个驱动组件的力矩预测结果

中的每个构件进行柔性化处理，得到考虑杆件柔性的仿真模型，共包含 33 个柔性构件、64 个转动副、2 个移动副、2 个电机和 438 个自由度，如图 4.14 所示。每个模块包含 2 组斜杆、2 组中杆和 2 块天线面板，两个模块由 1 个剪刀机构连接。v_1 和 v_2 分别表示模块 1 和模块 2 中辅助弹簧力矩大小。

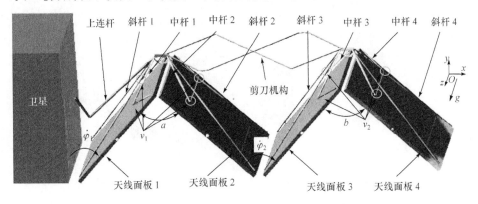

图 4.14　考虑杆件柔性的仿真模型

2. 柔性展开特性

采用控制策略 C，每个驱动组件输入都可以分为三个阶段：初始加速阶段、匀速阶段和到位减速阶段，如图 4.15 所示。然而，在执行仿真后，展开过程反复出现了一种 4 块天线面板展开不同步的非预期现象，在展开加速阶段和减速阶段尤为明显。一个典型的不同步展开过程如图 4.16 所示，模块 2 支撑的天线面板 3 和 4 首先展开，模块 1 支撑的天线面板 1 和 2 随后展开。

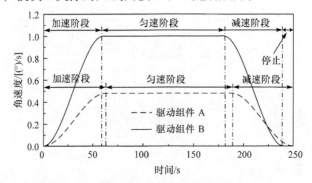

图 4.15　控制策略阶段组成情况

为了进一步分析考虑构件柔性的天线机构展开过程，定义 3 个性能指标，即展开同步性、稳定驱动力矩和最大变形能。展开同步性、稳定驱动力矩和最大变形能越小，展开过程的动力学性能就越好。

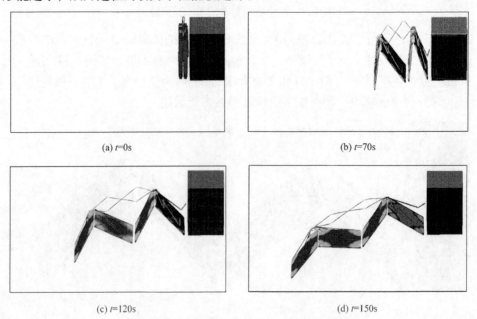

(a) t=0s　　　　　　　　　　　　　　　　(b) t=70s

(c) t=120s　　　　　　　　　　　　　　　(d) t=150s

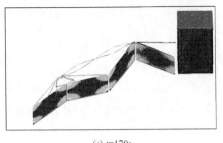 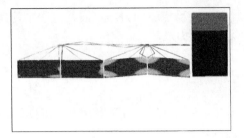

(e) *t*=170s　　　　　　　　　　　　　　　　(f) *t*=210s

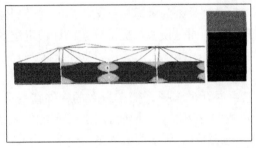

(g) *t*=250s

图 4.16　不同步展开过程

(1) 展开同步性：展开过程中展开角度 a 和 b 的差，用 X 表示。图 4.17 所示为考虑构件柔性展开过程的 X 变化的趋势，X_{max} 表示 X 值在展开过程中的峰值，X_{max} 越小表明展开过程中两个模块展开的同步性越好。在展开初始加速阶段和展开到位减速阶段，X 值较大且存在两处峰值，X_{max} 出现在展开到位减速阶段，表明这两个阶段的展开同步性不好。展开同步性指标 X_{max} 可以表示为

$$X_{max} = \text{Max}|a_i - b_i| \tag{4.24}$$

式中，a_i 为仿真第 i 步天线面板 1 与天线面板 2 间的夹角；b_i 为仿真第 i 步天线面板 3 与天线面板 4 间的夹角。

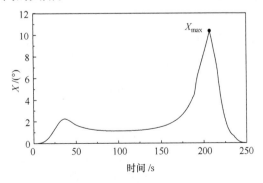

图 4.17　考虑构件柔性展开过程的 X 变化趋势

(2) 稳定驱动力矩：展开过程中匀速展开阶段所需的电机驱动力矩均值，用 M_1、M_2 表示：

$$M_1 = \sum M_{1i}/n \tag{4.25}$$

$$M_2 = \sum M_{2i}/n \tag{4.26}$$

式中，M_{1i}、M_{2i} 为匀速展开阶段仿真 i 步时两个电机的驱动力矩；n 为匀速展开阶段的仿真步数。

展开过程中两驱动力矩的变化趋势如图 4.18 所示。由图可知，在展开到位减速阶段驱动力矩不稳定。这是因为考虑构件柔性后在展开到位减速阶段，两个模块并非同时到达展开状态，而是模块 2 提前到达设计锁定位置。模块 2 的提前锁定导致驱动力矩发生波动。因此，优化展开同步性指标 X_{max} 有助于改善驱动力矩的波动。

(3) 最大变形能：展开过程中，变形最大的构件在变形量最大时的能量。图 4.19 比较了展开过程中各构件的变形能。根据变形能的大小可以看出，机构展开过程的主要传力构件是斜杆、天线面板和剪刀机构。其中，最大变形能 E_{max} 出现在展开加速阶段末端的剪刀机构上。因此，最大变形能可以用展开过程剪刀机构最大变形能表示为

$$E_{max} = \text{Max} E_i \tag{4.27}$$

式中，E_i 为仿真第 i 步时的剪刀机构变形能。

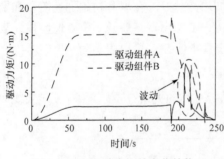

图 4.18　两驱动力矩的变化趋势

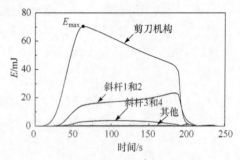

图 4.19　柔性构件的变形能比较

4.4　天线机构优化设计

4.4.1　优化模型

为了解决展开不同步的问题，本节提出一种驱动组件和辅助弹簧铰链混合驱动的方法，通过优化各辅助弹簧力矩大小实现机构的同步展开。取铰链弹簧刚度为 0.5 N·mm/(°)，令 v_1 和 v_2 分别表示安装于模块 1 和 2 中辅助弹簧的初始力矩，

即机构收拢时辅助弹簧的力矩。进而，将机构展开同步性的问题转化为优化辅助弹簧初始力矩值 v_1 和 v_2 的问题。

以展开同步性 X_{max}、最大变形能 E_{max}、稳定驱动力矩 M_1 和 M_2 最小为优化目标，以辅助弹簧初始力矩值 v_1 和 v_2 为优化变量，机构展开同步性优化模型为

$$\begin{cases} \text{Min } X_{max}(v_1, v_2) \\ \text{Min } E_{max}(v_1, v_2) \\ \text{Min } M_1(v_1, v_2), \quad \text{Min } M_2(v_1, v_2) \\ 90\,\text{N} \cdot \text{mm} \leqslant v_1 \leqslant 360\,\text{N} \cdot \text{mm} \\ 90\,\text{N} \cdot \text{mm} \leqslant v_2 \leqslant 360\,\text{N} \cdot \text{mm} \end{cases} \tag{4.28}$$

4.4.2 近似数学模型的建立

响应面理论是一种借助统计学方法，以数学多项式模型近似和模拟物理现象的手段，广泛应用于复杂问题的优化。在处理考虑构件柔性展开的优化问题时，输入-输出关系很难确定。这里采用响应面理论建立描述考虑机构柔性的展开行为数学近似模型。

展开同步性 X_{max}、最大变形能 E_{max}、稳定驱动力矩 M_1 和 M_2 的响应面模型可以由一个通式表达，即

$$\tilde{y}(v_1, v_2) = \sum_{i=1}^{N} \beta_i \varphi_i(v_1, v_2) + \varepsilon \tag{4.29}$$

式中，$\tilde{y}(v_1, v_2)$ 为描述展开技术指标的响应面值；N 为多项式 $\varphi_i(v_1, v_2)$ 的个数；β_i 为多项式系数，通过最小二乘法计算得到；ε 为样本点的响应面值和仿真分析结果之间的误差。

为了保证近似精度，这里采用四次多项式模拟柔性展开指标，采用 5 水平全因子法进行试验设计，建立可展开机构指标(X_{max}、E_{max}、M_1 和 M_2)的响应面近似模型。令设计变量 v_1 和 v_2 在(90N·mm，360N·mm)内以每步 67.5N·mm 的数值增加，通过展开仿真计算出一组均匀分布的 25 个试验样本,仿真结果如表 4.4 所示。

表 4.4 25 个样本的仿真结果

序号	v_1/(N·mm)	v_2/(N·mm)	X_{max}/(°)	E_{max}/mJ	M_1/(N·mm)	M_2/(N·mm)
1	90	90	9.7682	64.5768	2401.858342	14730.6186
2	157.5	90	7.8562	67.7551	2394.951683	14584.66833
3	225	90	5.6395	66.9386	2395.963063	14437.81637
4	292.5	90	4.4946	66.1273	2392.888907	14290.03975
5	360	90	5.1682	65.3212	2389.725464	14144.53685
6	90	157.5	14.2522	67.8704	2404.006249	14557.55113

序号	v_1/(N·mm)	v_2/(N·mm)	X_{max}/(°)	E_{max}/mJ	M_1/(N·mm)	M_2/(N·mm)
7	157.5	157.5	10.1282	67.0519	2401.117197	14412.2591
8	225	157.5	4.1099	66.2387	2394.146992	14266.28606
9	292.5	157.5	5.9994	65.4307	2395.092102	14119.17864
10	360	157.5	4.7312	64.6279	2391.948812	13971.12766
11	90	225	12.2711	67.1689	2406.19393	14384.02162
12	157.5	225	14.2897	66.3538	2404.322256	14234.40622
13	225	225	10.4664	65.5438	2400.370245	14092.89846
14	292.5	225	9.253	64.7391	2397.334403	13946.47594
15	360	225	7.2037	64.9396	2394.211049	13799.1152
16	90	292.5	12.8401	66.8185	2409.130229	14206.15924
17	157.5	292.5	12.5577	65.6605	2405.569634	14062.63321
18	225	292.5	11.8151	64.8539	2402.635571	13917.8239
19	292.5	292.5	14.4025	64.0524	2399.618521	13772.10475
20	360	292.5	10.9421	64.2562	2396.514869	13625.45259
21	90	360	14.3306	65.7812	2410.698858	14024.27205
22	157.5	360	14.9527	64.2562	2404.064123	13885.17292
23	225	360	14.4814	64.1691	2404.944961	13740.97601
24	292.5	360	14.2423	64.371	2401.946569	13595.97542
25	360	360	12.6196	62.579	2394.862484	13450.05666

根据上述样本点，建立机构展开同步性 X_{max}、最大变形能 E_{max}、稳定驱动力矩 M_1 和 M_2 的四次多项式近似模型：

$$
\begin{aligned}
X_{max} = {} & 4.2483 + 0.054408 \times v_1 + 0.073724 \times v_2 \\
& - 0.0005159 \times v_1^2 - 0.0002865 \times v_1 \times v_2 - 0.00022572 \times v_2^2 \\
& + 1.6223 \times 10^{-6} \times v_1^3 - 5.5468 \times 10^{-7} \times v_1^2 \times v_2 + 2.7142 \times 10^{-6} \times v_1 \times v_2^2 \\
& - 3.3837 \times 10^{-7} \times v_2^3 - 1.0053 \times 10^{-9} \times v_1^4 - 2.4692 \times 10^{-9} \times v_1^3 \times v_2 \\
& + 4.2837 \times 10^{-9} \times v_1^2 \times v_2^2 - 6.4268 \times 10^{-9} \times v_1 \times v_2^3 + 1.7434 \times 10^{-9} \times v_2^4
\end{aligned} \tag{4.30}
$$

$$
\begin{aligned}
E_{max} = {} & 72.55 - 0.070324 \times v_1 + 0.0057234 \times v_2 \\
& + 0.0005342 \times v_1^2 - 0.00016783 \times v_1 \times v_2 - 8.0317 \times 10^{-5} \times v_2^2 \\
& - 2.1592 \times 10^{-6} \times v_1^3 + 1.7459 \times 10^{-6} \times v_1^2 \times v_2 - 1.0483 \times 10^{-6} \times v_1 \times v_2^2 \\
& + 7.0853 \times 10^{-7} \times v_2^3 + 2.8952 \times 10^{-9} \times v_1^4 - 2.8941 \times 10^{-9} \times v_1^3 \times v_2 \\
& + 6.7452 \times 10^{-10} \times v_1^2 \times v_2^2 + 1.2454 \times 10^{-9} \times v_1 \times v_2^3 - 1.2435 \times 10^{-9} \times v_2^4
\end{aligned} \tag{4.31}
$$

$$M_1 = 2402.5 - 0.041188 \times v_1 + 0.040694 \times v_2$$
$$- 2.2856 \times 10^{-5} \times v_1^2 + 3.7481 \times 10^{-5} \times v_1 \times v_2 - 0.00011566 \times v_2^2$$
$$+ 1.0593 \times 10^{-8} \times v_1^3 + 1.9698 \times 10^{-7} \times v_1^2 \times v_2 - 4.8642 \times 10^{-7} \times v_1 \times v_2^2 \quad (4.32)$$
$$+ 6.4729 \times 10^{-7} \times v_2^3 - 4.2672 \times 10^{-11} \times v_1^4 + 4.2645 \times 10^{-11} \times v_1^3 \times v_2$$
$$- 4.4667 \times 10^{-10} \times v_1^2 \times v_2^2 + 1.0525 \times 10^{-9} \times v_1 \times v_2^3 - 1.0537 \times 10^{-9} \times v_2^4$$

$$M_2 = 15155 - 2.1628 \times v_1 - 2.5621 \times v_2$$
$$- 4.8285 \times 10^{-5} \times v_1^2 + 0.00023191 \times v_1 \times v_2 + 3.3701 \times 10^{-5} \times v_2^2$$
$$- 5.6018 \times 10^{-8} \times v_1^3 - 3.851 \times 10^{-7} \times v_1^2 \times v_2 + 4.4998 \times 10^{-8} \times v_1 \times v_2^2 \quad (4.33)$$
$$- 7.5723 \times 10^{-7} \times v_2^3 + 2.3796 \times 10^{-11} \times v_1^4 + 2.4937 \times 10^{-10} \times v_1^3 \times v_2$$
$$+ 4.1278 \times 10^{-10} \times v_1^2 \times v_2^2 - 3.2414 \times 10^{-10} \times v_1 \times v_2^3 + 9.3631 \times 10^{-10} \times v_2^4$$

由近似模型得到展开同步性 X_{max}、最大变形能 E_{max}、稳定驱动力矩 M_1 和 M_2 的响应面,如图 4.20 所示。通过响应面可判断可展开机构柔性展开指标与设计变量之间的关系。

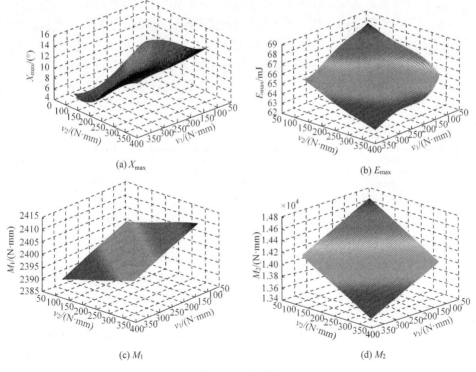

(a) X_{max}

(b) E_{max}

(c) M_1

(d) M_2

图 4.20　响应面

随着辅助弹簧初始力矩 v_1 和 v_2 的增大,稳定驱动力矩 M_2 几乎呈线性减小趋势。相比于 M_2，M_1 也呈线性变化，但是其变化幅度较小。当 v_1 取上边界、v_2 取下边界时，M_1 最小。而 X_{max} 并不是在 v_1 取上边界、v_2 取下边界时最小，这是因为机构在无辅助弹簧时模块 2 先于模块 1 展开，随着模块 1 内辅助弹簧初始力矩 v_1 值的增大，两个模块展开趋于同步；当 v_1 进一步大于 v_2 时，开始出现模块 1 先于模块 2 展开的不同步现象。因此，需要合理匹配 v_1 和 v_2 值，以达到 X_{max} 最小化。最大变形能 E_{max} 达到最小值是在 v_1 和 v_2 同时取到上边界值时，这是因为采用涡卷弹簧辅助驱动，模块内会增加有利于展开的辅助力矩，分担了剪刀机构传递的展开力矩。

4.4.3　参数优化

1. 优化结果

下面以展开同步性 X_{max}、最大应变能 E_{max}、驱动稳定力矩 M_1 和 M_2 最小为优化目标，以模块 1 弹簧初始力矩 v_1 和模块 2 弹簧初始力矩 v_2 为设计变量，对可展开机构柔性展开进行优化设计。

非劣排序遗传算法Ⅱ(NSGA-Ⅱ算法)在多目标优化领域表现出很强的优势，结构简单且在大部分的测试问题上表现出色。因此，这里选用 NSGA-Ⅱ算法进行多目标优化设计，设置种群数量为 48，迭代代数为 50，采用算术交叉算法，交叉概率为 0.9，交叉分布指数为 10，突变因子系数为 20。为了降低数量级的影响，将 M_1 和 M_2 的单位转化成 N·m，并分别设置每个参量权重值为 1，得到的可行解如表 4.5 所示。

表 4.5　可展开机构的可行解

序号	v_1/(N·mm)	v_2/(N·mm)	X_{max}/(°)	E_{max}/mJ	M_1/(N·m)	M_2/(N·m)
1	105.8388	107.1319	9.929719	64.09315	2.401737	14.65285
2	274.4473	201.9467	4.33742	65.25181	2.397345	14.04513
3	330.4648	146.2032	4.947296	64.97252	2.393074	14.06477
4	325.17	116.5843	4.487286	65.30268	2.392351	14.15136
5	354.5032	136.6895	4.498717	64.9465	2.391794	14.04262
6	354.6102	136.0431	4.489411	64.95383	2.391767	14.04402
7	354.7685	140.7596	4.490275	64.89765	2.391587	14.01633
8	354.7685	142.2995	4.512157	64.87809	2.391637	14.01244
9	359.4124	145.4444	4.555656	64.8386	2.391709	14.00306
10	359.9929	144.7299	4.53784	64.84887	2.391659	14.00359
11	359.9903	144.3562	4.516347	64.8667	2.391614	14.00708
12	360	144.05	4.526942	64.85773	2.391636	14.0053

考虑到 X_{max} 是最重要的指标,选择展开同步性最好的第 4 组参数作为最优解,即 v_1=325.17N·mm, v_2=116.5843N·mm。

2. 优化前后对比

为了进一步验证最优解的有效性,将优化前后的 v_1 和 v_2 分别代入仿真模型,优化前后的指标对比如表 4.6 所示。优化后,展开同步性 X_{max} 从 10.3099° 降为 4.8374°,最大变形能 E_{max} 从 70.519mJ 降为 65.616mJ,稳定驱动力矩 M_1 从 2401.918N·mm 降为 2395.026N·mm, M_2 从 15016.0N·mm 降为 14256.60N·mm。可见采用最优解进行仿真,驱动力矩曲线平稳、波动小。

表 4.6　优化前后指标对比

项目	E_{max}/mJ	X_{max}/(°)	M_1/(N·mm)	M_2/(N·mm)
优化前	70.519	10.3099	2401.918	15016.02
优化后	65.616	4.8374	2395.026	14256.60

优化前后的展开同步性的比较如图 4.21 所示。优化后, X_{max} 仍出现在展开到位阶段,但是展开同步性 X 得到极大的改善,尤其是降低了展开到位阶段的 X 峰值,表明优化辅助弹簧方法可以有效地缓解展开不同步问题,同时也说明辅助弹簧对展开到位阶段影响较大。剪刀机构变形能随时间变化的规律(图 4.22)表明,优化后最大变形能 E_{max} 也有很好的改善。优化前后的驱动力矩比较如图 4.23 所示,从图中可看出,优化后, M_1 呈不明显下降,而 M_2 下降显著,表明添加辅助驱动弹簧对驱动组件 B 的力矩影响较大。此外,优化后驱动力矩波动也大幅度减小。

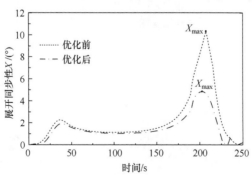

图 4.21　优化前后展开同步性的比较

优化后,模块化可展开机构的展开过程如图 4.24 所示。对比图 4.16 和图 4.24 可以看出,采用优化结果作为辅助弹簧预载的可展开机构虽然在展开初始阶段和展开到位阶段仍然存在稍微的不同步现象,但是相比于无辅助弹簧,其展开同步性得到了极大的改善。

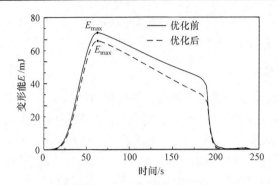

图 4.22　优化前后变形能的比较

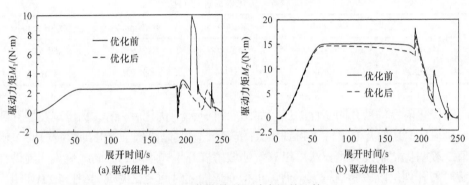

(a) 驱动组件A　　　　　　　　　　　(b) 驱动组件B

图 4.23　优化前后驱动力矩的比较

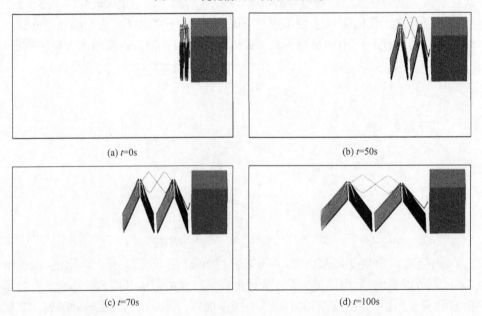

(a) t=0s　　　　　　　　　　　(b) t=50s

(c) t=70s　　　　　　　　　　　(d) t=100s

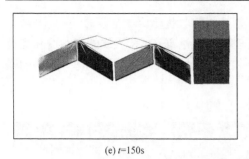 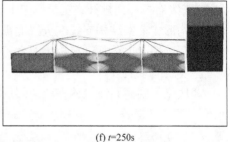

(e) t=150s　　　　　　　　　　　　　(f) t=250s

图 4.24　模块化可展开机构展开过程

4.5　天线机构设计与样机研制

4.5.1　模块化可展开机构设计

单翼模块化可展开机构是一个多闭环空间桁架机构，由模块 A、模块 B、上连杆、剪刀机构、压紧释放机构、驱动组件和根部铰链组成，如图 4.25 所示，展开

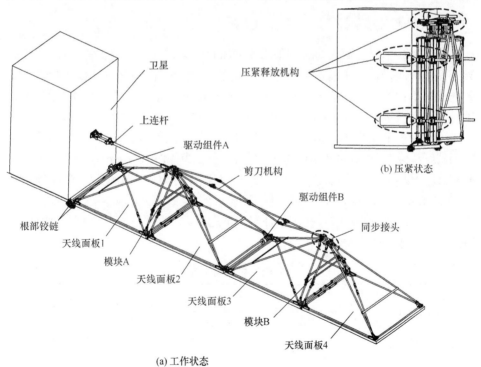

图 4.25　单翼模块化可展开机构

尺寸为 6800mm×1400mm×1000mm，收拢尺寸为 1850mm×1400mm× 440mm。收

拢时，天线面板并列排开在卫星侧壁上，桁架机构收拢于天线面板之间；展开后，桁架机构形成棱锥结构支撑在天线面板阵列背部，保证 SAR 天线的高刚度和高精度。展开过程中，可展开机构由驱动组件提供动力，在同步接头和剪刀机构的联动下，实现同步展开。

模块化可展开天线机构在轨应用的状态如图 4.26 所示。

(a) 收拢状态　　　　　　　　　　　　　　　　　　(b) 展开状态

图 4.26　模块化可展开天线机构在轨应用的状态

4.5.2　天线机构模态分析

1. 收拢态模态分析

收拢时，单翼阵面天线机构采用 5 点压紧方案，其中 4 个压紧点对称作用于天线面板两侧，1 个压紧点作用于剪刀机构。为了估计出每个压紧点的预紧力对收拢状态基频的影响，建立单翼阵面天线机构压紧状态的有限元模型。模型中，x 轴沿天线面板宽度方向，y 轴沿天线面板长度方向，z 轴垂直于天线面板平面。

天线面板采用实体单元，集中质量采用质量单元等效，杆件采用梁单元，材料为碳纤维复合材料(弹性模量为 100GPa，密度为 $1.8 \times 10^3 \text{kg/m}^3$)。压紧杆由梁单元模拟，设定单元实参数等效压紧杆拉压刚度为 $3 \times 10^7 \text{N/m}$，弯曲刚度为 $3 \times 10^4 \text{N·m/rad}$。铰链均采用梁单元模拟，通过设定梁单元的实常数来等效铰链各方向上的实际刚度(表 4.7)。在压紧杆端部全约束后，通过施加不同大小的预紧力，对压紧状态进行模态分析。

表 4.7　铰链刚度值

类型	拉压刚度 /(N/m)	主弯曲刚度/(N·m/rad)		侧弯曲刚度 /(N·m/rad)	扭转刚度 /(N·m/rad)
		锁定	不锁定		
杆件铰链	2×10^6	3000	10	200	200
板间铰链	2×10^7	17000	50	8000	800

当预紧力达到 20000N 时，1 阶固有频率为 36Hz，振型为整体沿 y 轴上移；2 阶固有频率为 37.5Hz，振型为整体沿 x 轴侧移，如图 4.27 所示。

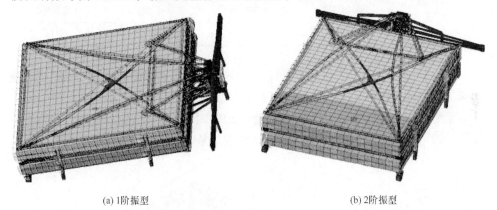

(a) 1 阶振型　　　　　　　　　　　　　　(b) 2 阶振型

图 4.27　可展开天线机构前 2 阶振型

2. 展开态模态分析

建立阵面天线机构展开状态模态分析模型，在与卫星连接的三处施加全约束，进行求解。为了提高可展开机构的支撑刚度，下面分别分析铰链锁定位置和铰链刚度对天线机构频率的影响。

1) 铰链锁定位置

依次设置各铰链主弯曲刚度为锁定状态，分别分析每个铰链锁定与否对系统基频的影响，得到归一化结果，如表 4.8 所示。因此，需要锁定的铰链有模块间铰链、根部铰链、板间铰链、上连杆铰链、中支撑杆铰链和剪刀直杆铰链。

表 4.8　各铰链锁定与否对系统基频的影响

铰链位置	板间	根部	剪刀直杆	模块间	上连杆	中支撑杆
影响比例/%	16.71	22.06	5.41	42.81	5.63	4.46

2) 铰链刚度

铰链的设计除了需确定哪些铰链的主弯曲刚度应为锁定状态，还需进一步研究其他方向刚度对系统基频的影响。以铰链常用刚度值为基准，在−20%～20%的范围内，就各铰链的拉压刚度、主弯曲刚度、侧弯曲刚度、扭转刚度的变化对系统基频的影响进行分析，得到对系统基频影响较大的铰链刚度，归一化分析结果如表 4.9 所示，其余铰链刚度对系统的 1 阶固有频率影响较小。

表 4.9　铰链刚度对系统基频的影响

铰链刚度	根部板间铰链 拉压刚度	模块板间铰链 主弯曲刚度	上连杆铰链 拉压刚度	剪刀直杆铰链 主弯曲刚度
影响比例/%	20.39	12.82	9.65	7.3

由分析结果可知，天线机构设计时应该优先加强根部板间铰链拉压刚度、模块板间铰链主弯曲刚度、上连杆铰链拉压刚度和剪刀直杆铰链主弯曲刚度。

最终，得出所设计的天线机构在展开态的 1 阶固有频率为 2.89Hz，振型为整体绕 x 轴弯曲；2 阶固有频率为 2.91Hz，振型为整体绕 z 轴弯曲，如图 4.28 所示。

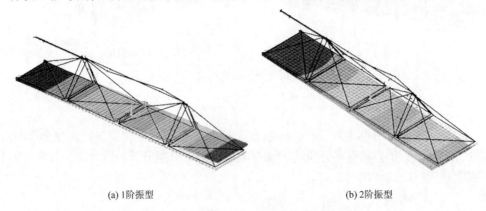

(a) 1阶振型　　　　　　　　　　　　　　(b) 2阶振型

图 4.28　工作状态可展开机构前 2 阶振型

4.5.3　样机研制与试验

1. 样机研制

为了验证空间 SAR 天线机构的展开和锁定功能，识别展开过程是否存在不确定因素，研制了单翼两模块 1∶2 缩比原理样机，如图 4.29 所示。收拢后尺寸为 440mm×

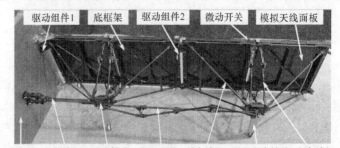

驱动组件1　底框架　驱动组件2　微动开关　模拟天线面板

模拟墙　上支撑杆　同步接头　剪刀机构　斜支撑杆　零重力支撑轮　中支撑杆

(a) 收拢状态　　　　　　　　　　　　　(b) 展开状态

图 4.29　单翼两模块原理样机

760mm×1076.8mm，展开后尺寸为 3450mm×760mm×773mm。原理样机由可展开桁架、模拟天线面板、地面试验工装和展开控制器组成。采用两个电机驱动组件作为主驱动源，11 个涡卷弹簧铰链作为辅助驱动，通过剪刀机构和同步接头联动。

2. 试验测试

1) 重复精度测试

试验主要采用美国自动精密工程公司(API)激光跟踪仪测量每次展开后可展开机构与天线面板连接处关键点的空间坐标，以所测量点拟合出每块天线面板平面，通过与基平面比较得到天线面板与基平面的夹角，记这个夹角为本次展开的误差。重复展开 5 次，将这 5 次测量结果取标准差，记 3 倍标准差为重复展开精度测试结果。重复展开精度测试如图 4.30 所示。

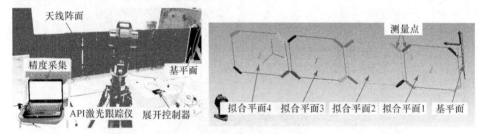

图 4.30　重复展开精度测试

天线面板夹角的 5 次测量结果如表 4.10 所示。

表 4.10　天线面板夹角的 5 次测量结果

测量序号	与基平面的夹角/(°)			
	拟合平面 1	拟合平面 2	拟合平面 3	拟合平面 4
1	4.511	2.256	4.433	6.782
2	4.645	2.677	5.026	7.041
3	4.546	2.317	4.595	6.358
4	4.425	2.147	4.197	6.427
5	4.536	2.241	4.711	7.427

评定模块化可展开机构重复展开精度时，采用每次测量的夹角的标准偏差作为评价指标，即

$$\sigma = \sqrt{[(a_1 - \overline{a})^2 + (a_2 - \overline{a})^2 + \cdots + (a_5 - \overline{a})^2]/5} \tag{4.34}$$

计算得到每块天线面板的重复展开精度，如表 4.11 所示。

表 4.11　天线面板重复展开精度

名称	拟合平面 1	拟合平面 2	拟合平面 3	拟合平面 4
$\sigma/(°)$	0.158	0.409	0.619	0.886
$3\sigma/(°)$	0.474	1.227	1.857	2.658

因此，测量得到可展开天线机构的重复展开精度为 2.658°。

2) 固有频率测试

试验采用比利时 LMS 公司的振动与模态测试分析系统(简称 LMS 系统)对天线机构缩比样机进行基频测试。为了消除重力影响，搭建重力补偿吊挂系统，测试现场如图 4.31 所示。每块天线面板设计有 2 处吊点，通过调节点平衡每处吊点力以抵消重力，并在每块天线面板上粘贴 4 个三轴加速度计，每个同步接头上安装 1 个三轴加速度计。

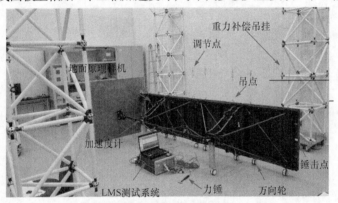

图 4.31　基频测试现场

用力锤敲击天线机构面板端部，加速度计采集动态响应后，通过 LMS 系统处理并计算得出原理样机的固有频率和振型。LMS 系统在综合处理 24 次锤击测试后可计算出原理样机的固有频率，其中两处加速度采集的动态响应如图 4.32 所示。图中，纵坐标单位为 g/N，g 为重力加速度。

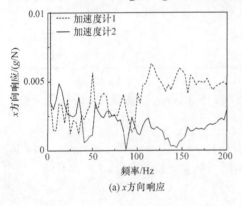

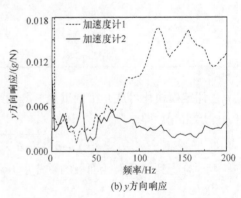

(a) x 方向响应　　　　　　　　　　　(b) y 方向响应

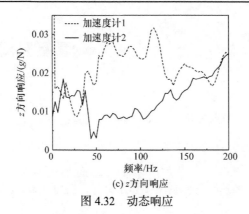

(c) z 方向响应

图 4.32　动态响应

固有频率试验与有限元模型仿真得到的固有频率对比如表 4.12 所示，振型对比如图 4.33 所示。

表 4.12　固有频率试验与有限元模型仿真得到的固有频率对比

项目	固有频率/Hz				
	1 阶	2 阶	3 阶	4 阶	5 阶
试验结果	14.22	—	30.92	37.87	52.18
仿真结果	16.28	22.54	24.23	35.42	51.96
振型描述	弯曲	弯曲	扭转	弯曲	弯曲

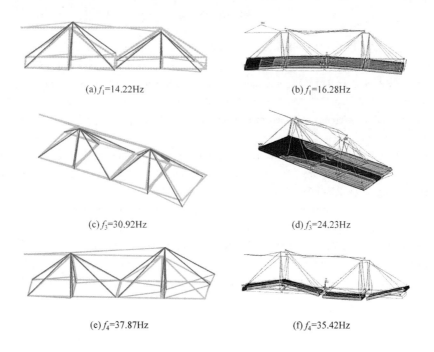

(a) f_1=14.22Hz

(b) f_1=16.28Hz

(c) f_3=30.92Hz

(d) f_3=24.23Hz

(e) f_4=37.87Hz

(f) f_4=35.42Hz

(g) f_5=52.18Hz　　　　　　　　　　　　　　(h) f_5=51.96Hz

图 4.33　振型试验的结果与仿真结果对比

1 阶固有频率的仿真值比试验值大，主要原因是样机铰链间隙降低了机构刚度。对比仿真结果和试验结果可以发现，除了 2 阶固有频率试验测试未采集到，其余各阶模态的试验结果与仿真结果吻合较好，验证了仿真模型的正确性。

4.6　本章小结

本章介绍了一种基于四棱锥可展开单元的模块化平面可展开天线机构，该机构具有长度拓展性好的优点，在天线具有同等长度时可以通过增加模块数量大幅降低收拢尺寸，从而降低对卫星高度的要求。另外，对天线机构进行了运动学分析，提出了天线机构同步展开的控制策略；分析了天线机构在收拢和展开状态的动力学特性；研制了模块化平面可展开天线机构的缩比样机，进行重复展开精度和模态试验测试，验证了天线机构设计的可行性。

参 考 文 献

[1] Skolnik M I. 雷达手册[M]. 王军, 等译. 北京：电子工业出版社, 2010.

[2] Suchandt S, Eineder M, Breit H, et al. Analysis of ground moving objects using SRTM/X-SAR data[J]. ISPRS Journal of Photogrammetry and Remote Sensing, 2006, 61(3-4):209-224.

[3] Buckreuss S, Balzer W, Muhlbauer P, et al. The TerraSAR-X satellite project[C]. IEEE International Conference on Geoscience and Remote Sensing Symposium, Toulouse, 2003: 3096-3098.

[4] Wang Y, Deng Z Q, Liu R Q, et al. Topology structure synthesis and analysis of spatial pyramid deployable truss structures for satellite SAR antenna[J]. Chinese Journal of Mechanical Engineering, 2014, 27(4):683-692.

[5] Wang Y, Liu R Q, Yang H, et al. Design and deployment analysis of modular deployable structure for large antennas[J]. Journal of Spacecraft and Rockets, 2015, 52(4):1101-1111.

[6] Wang Y, Guo H W, Yang H, et al. Deployment analysis and optimization of a flexible deployable structure for large synthetic aperture radar antennas[J]. Proceedings of the Institution of Mechanical Engineers, Part G: Journal of Aerospace Engineering, 2016, 230(4): 615-627.

第 5 章　基于弹性铰链的抛物柱面可展开天线机构设计

弹性铰链是一类能够在材料弹性变形 5% 内实现 180° 大挠度弯曲变形的薄壁圆柱壳体结构，它能依靠自身弹性变形存储的弹性势能实现自驱动展开。弹性铰链集驱动、回转、锁定功能于一体，具有无摩擦、结构简单、质量轻的特点，可实现空间可展开天线机构的轻量化设计，具有广泛的应用前景[1]。

5.1　弹性铰链力学建模与试验验证

5.1.1　带簧力学建模

带簧纵向和横向曲率方向相同的弯曲过程，称为正向弯曲，弯曲力矩 M 和转角 θ 为负值，如图 5.1 所示；纵向和横向曲率方向相反的弯曲过程，称为反向弯曲，弯曲力矩 M 和转角 θ 为正值，如图 5.2 所示。

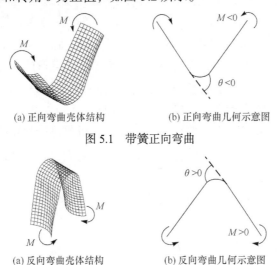

(a) 正向弯曲壳体结构　　　　(b) 正向弯曲几何示意图

图 5.1　带簧正向弯曲

(a) 反向弯曲壳体结构　　　　(b) 反向弯曲几何示意图

图 5.2　带簧反向弯曲

带簧能够大挠度弯曲变形，其弯曲角度与弯曲力矩的关系呈高度非线性，如图 5.3 所示。弯曲角度较小时，弯曲力矩随弯曲角度线性增长；弯曲角度较大时，正向弯曲与反向弯曲的弯曲力矩不同。正向弯曲时，弯曲力矩与弯曲角度关系的线性部分较短。A 点为分叉点，当弯曲角度超过 A 点后，带簧变形开始呈现弯曲和扭转混合的模式。此时，在带簧的端部会产生非对称扭转变形。随着弯曲角度的进一步增加，折叠区域范围逐步集中在带簧的中间位置，弯曲力矩逐渐降低，最终趋于稳定值 M_*^+。正向弯曲时，带簧展开过程力矩路径与加载路径一致。

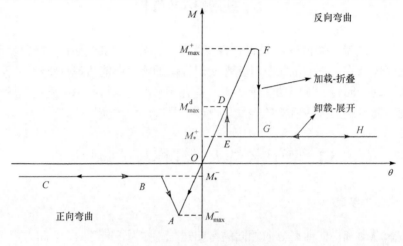

图 5.3　带簧弯曲力矩-转角曲线

反向弯曲时，弯曲力矩与转角关系的线性部分较长。随着弯曲角度增大，带簧横截面开始扁平，在铰链中央最明显。当弯曲角度增大，弯曲力矩达到峰值 M_{max}^+ 时，带簧的中间位置会突然翻转屈曲而失稳。此时，横截面局部曲率方向发生改变，同时弯曲力矩从点 F 急剧下降到点 G。随着弯曲角度继续增大(GH 范围内)，位于铰链中间位置的折叠范围有所增加，弯曲力矩基本保持在稳定值 M_*^+，此时折叠区域纵向曲率为常数。带簧反向弯曲时，展开过程力矩路径与折叠过程力矩路径不同。展开过程力矩路径为 $HGEDO$，折叠过程力矩路径为 $ODFGH$；展开过程峰值力矩为 M_{max}^d，折叠过程峰值力矩为 M_{max}^+，展开过程峰值力矩小于折叠过程峰值力矩。

经典的带簧弯曲力矩模型有 Wuest 模型、Mansfield 模型、Yao 模型和 Seffen 模型。

1. Wuest 模型

基于小挠度壳体理论，Wuest[2]建立了带簧折叠过程的反向弯曲力矩模型。模型中有以下假设。

(1) 带簧为轴对称的圆柱扁壳。

(2) 带簧材料为各向同性的。

(3) 壳体变形时，带簧整个长度方向均以相同的曲率参与弯曲变形，沿横截面积分得到弯曲力矩 M 的解析表达式：

$$M = bD\left[k_x + \mu k_{y0} - \frac{2\mu\left(k_{y0} + \mu k_x\right)}{\lambda_0}\frac{\cosh\lambda_0 - \cos\lambda_0}{\sinh\lambda_0 + \sin\lambda_0}\right]$$

$$+ \frac{bD}{k_x}\left(k_{y0} + \mu k_x\right)^2\left[\frac{1}{2\lambda_0}\frac{\cosh\lambda_0 - \cos\lambda_0}{\sinh\lambda_0 + \sin\lambda_0} - \frac{\sinh\lambda_0\sin\lambda_0}{\left(\sinh\lambda_0 + \sin\lambda_0\right)^2}\right] \tag{5.1}$$

式中，b 为带簧横截面宽度(mm)；D 为弯曲刚度(N·mm³)；k_{y0} 为带簧初始横截面曲率(1/mm)；k_x 为纵向曲率(1/mm)；λ_0 为无量纲系数，$\lambda_0 = \sqrt[4]{\dfrac{3\left(1 - \mu^2\right)k_x^2}{t^2}}b$，$\mu$ 为泊松比。

2. Mansfield 模型

Mansfield[3]基于 von Karman 薄板大挠度弯曲理论，采用能量法对带簧弹性铰链折叠时的力矩特性进行了分析，并提出如下假设条件。

(1) 带簧折叠时具有初始的纵向曲率和横向曲率。

(2) 带簧纵向长度与横向长度相等的位置处，折叠过程中弯曲角度和斜率很小。因此，恒定厚度带簧弯曲力矩 M 为

$$M = \frac{3b\left[3\left(1 - \mu^2\right)\right]^{0.5}}{Et^4}\left\{\overline{k}_x + \frac{\overline{k}_x\left(\mu\overline{k}_x - \overline{k}_{y,0}\right)}{1 - \mu^2}\left[\left(2\mu\overline{k}_x - \overline{k}_{y,0}\right)\varphi_1 - \lambda\overline{k}_x\varphi_2\right]\right\} \tag{5.2}$$

式中，$\overline{k}_x$ 为无量纲纵向曲率，$\overline{k}_x = \dfrac{3b\left[3\left(1 - \mu^2\right)\right]^{0.5}}{4t}k_x$，$k_x$ 取 "负号" 表示正向弯曲，取 "正号" 表示反向弯曲；$\overline{k}_{y,0}$ 为无量纲初始横向曲率，$\overline{k}_{y,0} = \dfrac{3b\left[3\left(1 - \mu^2\right)\right]^{0.5}}{4t}k_{y,0}$；

φ_1 为无量纲项，$\varphi_1 = \dfrac{1}{\overline{k}_x^2}\left[1 - \dfrac{1}{\overline{k}_x^{\frac{1}{2}}}\dfrac{\cosh\left(2\overline{k}_x^{\frac{1}{2}}\right) - \cos\left(2\overline{k}_x^{\frac{1}{2}}\right)}{\sinh\left(2\overline{k}_x^{\frac{1}{2}}\right) + \sin\left(2\overline{k}_x^{\frac{1}{2}}\right)}\right]$；$\varphi_2$ 为无量纲项，$\varphi_2 = $

$$\frac{1}{\overline{k}_x^4}\left[1+\frac{\sinh\left(2\overline{k}_x^{\frac{1}{2}}\right)\sin\left(2\overline{k}_x^{\frac{1}{2}}\right)}{\left(\sinh\left(2\overline{k}_x^{\frac{1}{2}}\right)+\sin\left(2\overline{k}_x^{\frac{1}{2}}\right)\right)^2}-\frac{5}{4\overline{k}_x^{\frac{1}{2}}}\frac{\cosh\left(2\overline{k}_x^{\frac{1}{2}}\right)-\cos\left(2\overline{k}_x^{\frac{1}{2}}\right)}{\sinh\left(2\overline{k}_x^{\frac{1}{2}}\right)+\sin\left(2\overline{k}_x^{\frac{1}{2}}\right)}\right]。$$

3. Yao 模型

Yao 等[4]结合 Wuest 和 Mansfield 的模型，基于 Calladine 壳体理论和 von Karman 薄板大挠度弯曲理论，采用能量法对反对称复合材料带簧纯弯曲力矩进行求解。该模型同时考虑了横向弯曲、纵向弯曲和纵向拉伸对弹性应变能的影响，得到如下含有积分和微分形式的弯曲力矩 M 的表达式：

$$
\begin{aligned}
M=&\left[D_{11}k_x+D_{12}\left(k_x-k_{y,0}\right)+D_{22}\left(k_x-k_{y,0}\right)\frac{\mathrm{d}k_y}{\mathrm{d}k_x}\right]b\\
&+D_{12}\left(\frac{D_{12}}{D_{22}}k_x-k_{y,0}\right)\times\int_{-\frac{b}{2}}^{\frac{b}{2}}\left(c_1\cosh(ky)\cos(ky)+c_2\sinh(ky)\sin(ky)\right)^2\mathrm{d}y\qquad(5.3)\\
&+\frac{D_{22}}{2}\left(\frac{D_{12}}{D_{22}}k_x-k_{y,0}\right)^2\frac{\mathrm{d}k}{\mathrm{d}k_x}\times\int_{-\frac{b}{2}}^{\frac{b}{2}}\frac{\mathrm{d}}{\mathrm{d}k}\left(c_1\cosh(ky)\cos(ky)+c_2\sinh(ky)\sin(ky)\right)^2\mathrm{d}y
\end{aligned}
$$

式中，$k_{y,0}$ 为无量纲初始横向曲率(1/mm)；$k=\left(\dfrac{A_{11}k_x^2}{4D_{22}}\right)^{\frac{1}{4}}$ 为具有曲率量纲的参数 (1/mm)；c_1 为无量纲系数，$c_1=\dfrac{\cos\dfrac{kb}{2}\sin\dfrac{kb}{2}-\cosh\dfrac{kb}{2}\sin\dfrac{kb}{2}}{\cosh\dfrac{kb}{2}\sinh\dfrac{kb}{2}+\cos\dfrac{kb}{2}\sin\dfrac{kb}{2}}$；$c_2$ 为无量纲系数，

$c_2=\dfrac{\cos\dfrac{kb}{2}\sin\dfrac{kb}{2}+\cosh\dfrac{kb}{2}\sin\dfrac{kb}{2}}{\cosh\dfrac{kb}{2}\sinh\dfrac{kb}{2}+\cos\dfrac{kb}{2}\sin\dfrac{kb}{2}}$；$y$ 为壳体横截面坐标(mm)。

4. Seffen 模型

由于带簧片组成弹性铰链之后，在其与周围其他相连接处的夹持器对带簧片截面的约束有增强刚度的作用，Seffen 等在 1997 采用 ABAQUS 软件对不同参数的带簧片进行非线性分析，使用拟合的方法推导出带簧片反向弯曲考虑末端效应时的最大输出力矩的公式[5]：

$$M_+^{max} = D\frac{R}{t}\left[\frac{1.152}{10^3} - \frac{2.210}{10^3 l} + \left(\frac{-2.061}{10^9} + \frac{7.096}{10^6 l^4}\right)\left(\frac{R}{t}\right)^2\right]^{\frac{1}{2}}$$

$$\cdot \theta^{2.840 + \frac{18.17}{l^2} + \left(\frac{-2.281}{10^3} + \frac{6.809}{10^2 l} - \frac{0.245}{l^2}\right)\frac{R}{t}} \tag{5.4}$$

式中，D 为弯曲刚度(N·m/rad)；R 为带簧片截面半径(m)；t 为带簧片厚度(m)；θ 为带簧片截面中心角(rad)；l 为带簧片长度 L 与截面弧长的比值，$l=L/(R\theta)$。

5.1.2 弹性铰链力学建模

在含弹性铰链的空间可展开机构中，弹性铰链稳定性直接决定着整个机构展开状态的刚度。由于带簧稳定性较低，在空间可展开机构中较少直接采用。将带簧以不同的形式组合起来构成弹性铰链，可以提高机构的稳定性。按照不同的组合形式，可以构成对向、背向甚至多层的弹性铰链。通过对弹性铰链进行屈曲失稳分析，能够直接求取弹性铰链的折叠峰值力矩，进而有效估计出弹性铰链抵抗外界载荷的能力。

弹性铰链的设计包括结构形式的设计、几何参数设计、材料选择、制作工艺设计等。目前结构形式简单、计算方法成熟的弹性铰链结构如图 5.4 所示，弹性铰链由两片面对面的带簧片组成，通过夹持器将两带簧片与杆件连接。

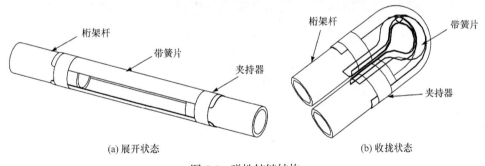

(a) 展开状态　　　　　　　　　　　　　(b) 收拢状态

图 5.4　弹性铰链结构

1. 弹性铰链稳态力矩模型

根据带簧弯曲时的稳态力矩理论模型，带簧完全折叠时中央折叠区域近似圆柱状，此时折叠区域的曲率认为与横截面曲率相等。带簧正向弯曲和反向弯曲的稳态力矩分别为

$$M_*^- = -(1-\mu)D\beta \tag{5.5}$$

$$M_*^+ = (1+\mu)D\beta \tag{5.6}$$

式中，D 为带簧弯曲刚度(N·mm)；β 为带簧横截面中心角(rad)；μ 为泊松比。

为了提高弹性铰链的驱动力矩和展开刚度，弹性铰链可以含有多层带簧片。

含有 n 个带簧的弹性铰链，由于结构具有对称性，弯曲时发生正向弯曲和反向弯曲的带簧均为 $n/2$，得到 $n/2$ 带簧弹性铰链弯曲的稳态力矩为

$$M_*^{\mathrm{e}} = \frac{n}{2}\left(\left|M_*^-\right| + M_*^+\right) = nD\beta \tag{5.7}$$

式中，n 为弹性铰链中的带簧个数。

2. 弹性铰链折叠峰值力矩建模

弹性铰链结构由直线状态发生屈曲时对应的弯曲力矩，称为折叠峰值力矩。基于欧拉梁屈曲理论建立弹性铰链折叠峰值力矩的理论模型。弹性铰链由弯曲面相对的带簧、压紧片和夹持端构成，如图 5.5 所示。因此，进行如下假设。

(1) 弹性铰链近似于两端简支梁模型。

(2) 将弹性铰链两端力矩转化为施加在带簧横截面中性轴上的力偶 F_{e}。

(3) 每个带簧都是绕着弹性铰链横截面对称轴 OO' 旋转，并认为弹性铰链沿纵向总长度范围内均参与受力。

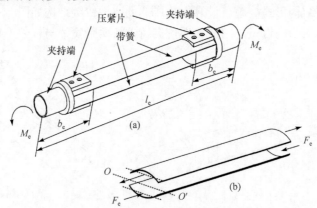

图 5.5　弹性铰链直线状态载荷示意图

可以得到基于欧拉梁屈曲理论的弹性铰链折叠临界屈曲载荷 $F_{\mathrm{cr}}^{\mathrm{el}}$ 为

$$F_{\mathrm{cr}}^{\mathrm{el}} = \frac{\pi^2 E n I_0}{l_{\mathrm{e}}^2} \tag{5.8}$$

式中，l_{e} 为弹性铰链纵向总长度(mm)；I_0 为弹性铰链横截面总惯性矩(mm⁴)。

弹性铰链横截面的几何示意图如图 5.6 所示。带簧横截面圆心至中性轴的距离 d 为

$$d = \frac{\int_{-\frac{\beta}{2}}^{\frac{\beta}{2}} R\cos\theta \cdot R\mathrm{d}\theta}{\beta R} = \frac{2R}{\beta}\sin\frac{\beta}{2} \tag{5.9}$$

式中，β 为带簧横截面的中心角(rad)。

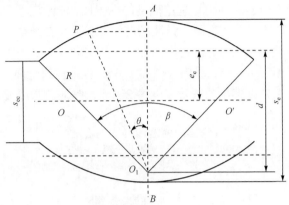

图 5.6 弹性铰链横截面的几何示意图

要使弹性铰链结构中的带簧不相互干涉，必须满足几何约束：最内层带簧横截面圆弧端点不能相交，$s_{\mathrm{ec}} \geqslant 0$，即

$$2\left[R\cos\frac{\beta}{2} - (d - s_{\mathrm{e}})\right] \geqslant 0 \tag{5.10}$$

式中，s_{e} 为弹性铰链横截面带簧峰点 A 和 B 之间的距离(mm)。

因此，得到弹性铰链横截面的几何约束条件为

$$s_{\mathrm{e}} \geqslant R\left[\frac{\sin\frac{\beta}{2}}{\frac{\beta}{2}} - \cos\frac{\beta}{2}\right] \tag{5.11}$$

单个带簧横截面的惯性矩 I_0 为

$$I_0 = \int_{-\frac{\beta}{2}}^{\frac{\beta}{2}} (R\cos\theta - d)^2 R t\mathrm{d}\theta = \frac{R^3 t\beta}{2}\left[1 + \frac{\sin\beta}{\beta} - 8\left(\frac{\sin\frac{\beta}{2}}{\beta}\right)^2\right] \tag{5.12}$$

弹性铰链折叠峰值力矩 $M_{\max}^{\mathrm{el}}$ 为

$$M_{\max}^{\mathrm{el}} = \frac{2\pi^2 E n \beta R^3 t}{l_{\mathrm{e}}^2}\left[1 + \frac{\sin\beta}{\beta} - 8\left(\frac{\sin\frac{\beta}{2}}{\beta}\right)^2\right]\left(\frac{s_{\mathrm{e}}}{2} - R + \frac{2R}{\beta}\sin\frac{\beta}{2}\right) \tag{5.13}$$

由此可见，横截面半径 R、厚度 t、中心角 β、横截面带簧间距 s、长度 L 和带簧个数 n 等几何参数对弹性铰链的力学特性具有较大的影响。

5.1.3　试验验证

为了验证弹性铰链弯曲力矩理论模型的准确性，本节搭建试验平台进行验证。图 5.7 是研制的弹性铰链实物图。弹性铰链的材料为镍钛合金 Ni36CrTiAl，具有较高的强度和弹性模量、良好的耐腐蚀性等，其密度 $\rho = 8.0 \times 10^3 \mathrm{kg/m^3}$，弹性模量 $E = 50\mathrm{GPa}$，泊松比 $\mu = 0.35$，纵向长度为 126mm。弹性铰链两侧的夹持端结构和尺寸相同，夹持端外部伸出的圆管长度为 22mm，纵向总长度 l_e=170mm。

图 5.7　弹性铰链实物图

图 5.8 为弹性铰链弯曲力矩试验平台。弹性铰链一端连接刚性圆管，通过台钳固定在精密光学平台上。在铰链自由端通过数显推拉力计施加垂直于铰链纵向

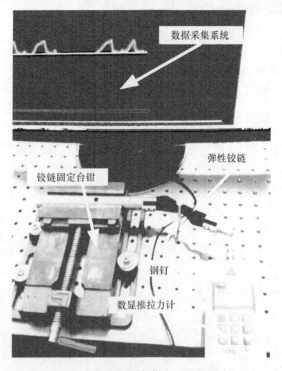

图 5.8　弹性铰链弯曲力矩试验平台

的拉力，通过计算机采集弹性铰链发生屈曲时的拉力。试验中在弹性铰链中央固定一个钢钉，使弹性铰链绕其旋转，确保能够实现对称弯曲。发生屈曲时铰链旋转角度较小，可以认为拉力与铰链依然垂直。因此，弹性铰链中间位置所承受的力矩等于拉力乘以铰链总长度的 1/2。

为了便于区分，采用不同字母表示不同结构的弹性铰链，"ES" 代表对向单层，"ED" 代表对向双层。通过试验结果对比发现，基于欧拉梁屈曲理论建立的模型与试验值较为接近。弹性铰链折叠峰值力矩理论值与试验值对比如表 5.1 所示。

表 5.1　弹性铰链折叠峰值力矩理论值与试验值对比

样件编号	折叠峰值力矩/(N·mm)		样件编号	折叠峰值力矩/(N·mm)	
	理论值	试验值		理论值	试验值
ES17814-75	1348.3	1262.25	ED17814-75	2696.6	2868.75
ES17814-85	2355.3	2520.25	ED17814-85	4702.6	4959.75
ES17814-95	3785.2	3791	ED17814-95	7562.4	7645.75
ES20514-75	2002.1	2103.75	ED20514-75	4004.2	4394.5
ES20514-85	3457	3723	ED20514-85	6914	7403.5
ES20514-95	5490.3	5193.5	ED20514-95	10980.6	10582.5
ES17816-75	1540.9	1483.25	ED17816-75	3081.8	3238.5
ES17816-85	2687.2	2796.5	ED17816-85	5374.4	5805.5
ES17816-95	4325.4	4679.25	ED17816-95	8642.8	9256.5
ES20516-75	2288.2	2375.75	ED20516-75	4576.4	4959.75
ES20516-85	3950.8	4254.25	ED20516-85	7901.6	8491.5
ES20516-95	6274.6	6379.25	ED20516-95	12549.2	12754.25

注：例如样件编号 ES17814-75，ES 表示对向单层，178 表示弹性铰链横截面半径 R 为 17.8mm，14 表示带簧横截面厚度 t 为 0.14mm，75 表示横截面中心角 β 为 75°

根据表 5.1 中的数据，计算出对向单层弹性铰链折叠峰值力矩试验值与理论值的偏差范围为 −6.82%～7.65%，偏差均值为 2.21%，偏差标准差为 4.97%。双层弹性铰链折叠峰值力矩理论值与试验值的偏差范围为 −3.76%～7.73%，偏差均值为 4.93%，偏差标准差为 3.44%。试验值普遍比理论值大，这是因为理论模型中未考虑接触因素。

5.2　弹性铰链折展过程分析

弹性铰链具有横截面间距可调和带簧层数可变的特点，可根据需要进行灵活设计。带簧横截面间距的增大和带簧层数的增加，不仅可提高展开力矩和展开状态的刚度，也会增加展冲击。

5.2.1 准静态展开过程性能分析

1. 有限元模型

采用有限元软件 ABAQUS 建立对向双层弹性铰链有限元模型，图 5.9 为双层弹性铰链折叠展开的数值仿真边界条件。图中，RP1 和 RP2 为参考点。基本尺寸为横截面分离距离 $s_e = 16\text{mm}$、厚度 $t = 0.12\text{mm}$、中心角 $\beta = 76°$、半径 $R = 18\text{mm}$ 和纵向总长度 $l_e = 126\text{mm}$。

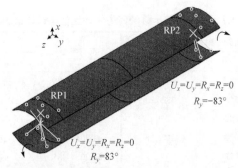

图 5.9　双层弹性铰链折叠展开的数值仿真边界条件

图 5.10 为双层弹性铰链准静态折展过程中的力矩-时间曲线图。折叠峰值力矩 M_f 远大于展开时的峰值力矩 M_d。在折叠、展开峰值力矩之间的力矩趋于稳定状态，为稳态力矩。展开时，稳态力矩用来驱动可展开机构的展开。展开峰值力矩有利于克服阻力实现机构的展开和锁定，但过大的展开峰值力矩会造成展开冲击。折叠峰值力矩能够反映弹性铰链在展开状态抵抗外界扰动的能力，折叠峰值力矩越大，铰链展开状态的稳定性越好。

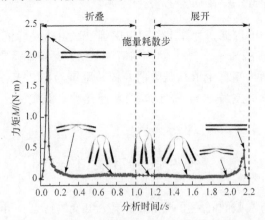

图 5.10　双层弹性铰链准静态折展过程中的力矩-时间曲线

2. 仿真模型试验验证

利用试验台对双层弹性铰链进行展开试验。通过调节弹性模量、线性体积黏性参数、黏性压力等对有限元模型进行了修正，得到对向双层弹性铰链准静态展开仿真和试验的结果对比，如图 5.11 所示。

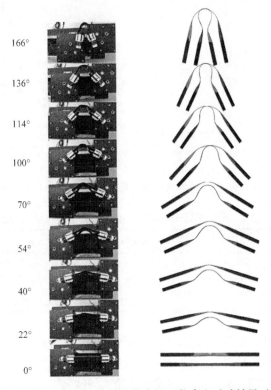

图 5.11　对向双层弹性铰链准静态展开仿真和试验结果对比图

在双层弹性铰链的仿真和试验中，位于中间局部区域的变形图具有高度的一致性。仿真结果表明，双层弹性铰链在完全展开时中间区域存在应力集中现象。图 5.12 为双层弹性铰链准静态展开过程的力矩-转角仿真和试验结果对比图，稳态力矩仿真值为 96.43N·mm，与试验值 106.46N·mm 基本一致。在展开到位阶段接近峰值力矩区域的差别较大，主要原因有：①试验中，展开到位阶段的力矩峰值点极难捕捉，以至于最后测试点不一定是峰值点；②仿真时对对向双层弹性铰链进行了边界条件和几何结构的简化，导致在 15°~45° 区域仿真值与试验值不重合。

为了分析带簧厚度和层数对弹性铰链准静态力学特性的影响，这里对单层厚度分别为 0.14mm、0.28mm 和双层厚度均为 0.14mm 的弹性铰链进行准静态展开分析，准静态力学特性参数对比如表 5.2 所示。除了厚度和层数以外，这三种弹性铰链的其余尺寸均相同：横截面半径为 17.8mm，中心角为 75°，间距为 16mm。

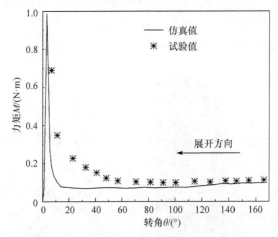

图 5.12　双层弹性铰链准静态展开过程的力矩-转角仿真和试验结果对比

表 5.2　不同类型弹性铰链的准静态力学特性参数对比

序号	编号	S_f/GPa	M_d/(N·mm)	M/(N·mm)
1	S17814-75	0.436	453.135	55.7594
2	S17828-75	0.848	1529.117	357.037
3	D17814-75	0.467	1021.820	160.791

由表 5.2 可知：①单层 0.28mm 弹性铰链的展开峰值力矩和稳态力矩最大，同时最大应力值较大；②单层 0.14mm 弹性铰链的展开峰值力矩和稳态力矩较小，最大应力也最小；③双层 0.14mm 弹性铰链的展开峰值力矩和稳态力矩比较适中，同时最大应力仅比单层 0.14mm 弹性铰链略大。相比较而言，双层 0.14mm 弹性铰链具有展开驱动过程驱动力矩大、展开冲击小、折展过程内应力小的特点。

5.2.2　展开过程分析

当考虑载荷惯性时，弹性铰链展开后还会出现一个新的问题——过冲。过冲现象的出现会导致弹性铰链在展开后向相反的方向发生弯曲，不利于机构展开到位锁定。弯曲的角度越大，表明铰链过冲越严重。

1. 展开试验

图 5.13 为弹性铰链展开试验装置示意图。弹性铰链一端固定在精密光学平台上，另一端连接外径为 22mm、壁厚为 2.5mm 的铝合金圆杆。展开试验通过一个

球铰轮来补偿重力，在弹性铰链正上方用高速摄像机记录弹性铰链展开过程。

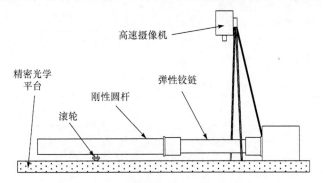

图 5.13　弹性铰链展开试验装置示意图

含弹性铰链的刚性杆如图 5.14 所示。试验时，首先将初始折叠角度设为 150°，按照图示方向折叠时，内侧、外侧两层带簧将分别发生反向、正向弯曲。展开时，内侧、外侧两层带簧分别发生正向、反向弯曲。在展开接近直线位置时，若铰链和刚性杆动能大于外侧带簧突然翻转所需要的能量，则外侧带簧将会发生反向弯曲。若动能不变，则带簧变形量随厚度的增加而降低。图 5.14 中内侧两层带簧厚度均为 $t = 0.12\text{mm}$，横截面半径 $R = 17.8\text{mm}$，中心角 $\varphi = 76°$，间距 $s_e = 16\text{mm}$。

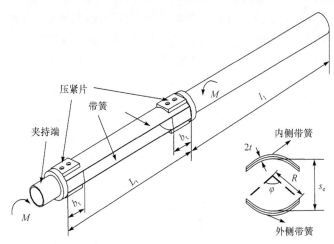

图 5.14　含弹性铰链的刚性杆

图 5.15 为单层和双层弹性铰链展开恢复曲线。由图可知，单层、双层弹性铰链首次到达锁定位置的时间分别为 0.3366s 和 0.2783s，过冲角度分别为 –75.249° 和 –77.968°，完全锁定的时间分别为 0.9616s 和 0.6933s。

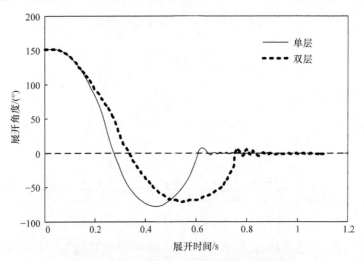

图 5.15　单层和双层弹性铰链展开恢复曲线

通过上述试验可知对向双层弹性铰链展开过冲角度比单层大，对向双层弹性铰链的完全锁定时间短。主要原因是试验中刚性杆的材料和尺寸完全相同，双层铰链的展开驱动力矩较大，转换成刚性杆动能也较大，导致过冲较大；双层铰链的折叠峰值力矩较大，抵抗外力扰动的能力较强，可较快地完成展开锁定。

图 5.16 显示了双层弹性铰链外侧带簧为不同厚度时的展开恢复曲线。带簧横截面尺寸：半径为 17.8mm，中心角为 76°，间距为 16mm，初始折叠角度为 150°。试验中采用 3 种厚度规格的铰链：①外侧内层为 0.14mm，其余 3 片为 0.12mm；②外侧外层为 0.14mm，其余 3 片为 0.12mm；③4 片带簧均为 0.12mm。

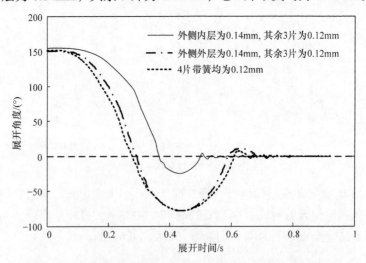

图 5.16　双层弹性铰链外侧带簧为不同厚度时的展开恢复曲线

从图 5.16 中可以看出，3 种规格的双层弹性铰链在初始折叠角度相同时展开首次到达锁定位置的时间分别为 0.3666s、0.2934s 和 0.2783s，过冲角度分别为 −25.028°、−78.452°和−77.968°，完全锁定的时间分别为0.6516s、0.7967s 和 0.6933s。由此可知，①4 片带簧厚度均为 0.12mm 的弹性铰链首次到达平衡位置的时间最短，外侧内层为 0.14mm 的弹性铰链首次到达平衡位置的时间最长；②外侧外层带簧厚度为 0.14mm 的弹性铰链过冲角度最大，完全锁定的时间也最长；③外侧内层带簧厚度为 0.14mm 的弹性铰链过冲角度最小，完全锁定需要的时间也最短。

由上述试验结果可知，增加外侧内层带簧的厚度能够有效地改善对向双层弹性铰链的过冲现象。

2. 有限元模型

在 ABAQUS 软件中，采用 4 节点缩减积分单元(S4R)建立有限元模型(图 5.17)，并利用 Explicit 算法进行求解。在双层弹性铰链两端分别建立参考点，按照转动惯量相等的原则把夹持端质量等效到参考点上，通过施加运动耦合约束把参考点与周围区域连接，模拟夹持端进行加载。参考点 2(RP2)释放沿 z 轴移动的自由度和绕 y 轴旋转的自由度，绕 y 轴旋转角度为 166°。在弹性铰链固定端连接一个尺寸为 30mm×30mm×12mm 的刚体，靠近弹性铰链的网格被划分出 3 层固体单元(C3D8)，在另一端布置一层无限单元(CIN3D8)，以此模拟试验中固定端的阻尼耗散对动力学展开能量的耗散作用。在分析中添加自接触以模拟折展过程中带簧之间的接触。

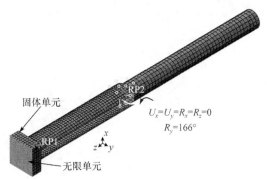

图 5.17 双层弹性铰链有限元模型及边界条件

在 ABAQUS 软件中，稳态响应和随机响应动力学分析使用结构阻尼假设，瞬态动力学分析不能直接使用结构阻尼。此外，系统结构阻尼特性与结构内的摩擦机理相关,在有限元模型中设置带簧之间为无摩擦接触,即模型中未考虑摩擦。铰链展开动力学冲击分析属于瞬态动力学分析，因此在冲击分析中与结构阻尼相关的量均设为零，不会对结论产生影响。

　　通过设置无限单元、质量阻尼参数等对动力学展开有限元模型进行修正，得到的有限元模型仿真值与试验值对比曲线如图 5.18 所示。图 5.19 为对向双层等厚度弹性铰链动力学展开过程仿真与试验对比图。由分析可知，仿真与试验的弹性铰链展开过程变形能够吻合。仿真与试验中，首次到达平衡位置的时间分别为 0.275s 和 0.278s，相对误差为 1.08%；过冲角度分别为–82.21°和–77.96°，相对误

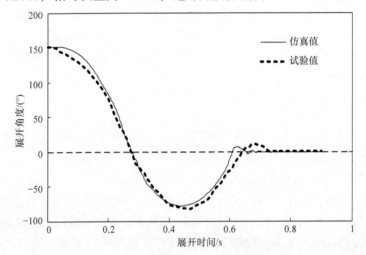

图 5.18　有限元模型仿真值与试验值对比曲线

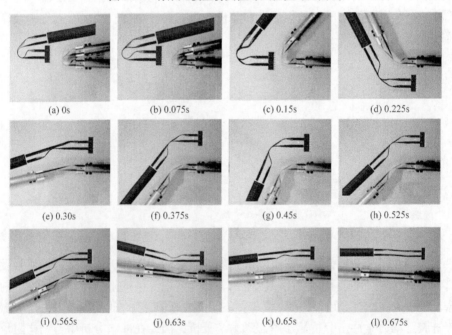

图 5.19　对向双层等厚度弹性铰链动力学展开过程仿真与试验对比

差为-5.45%；完全锁定时间分别为 0.752s 和 0.735s，相对误差为-2.26%。由此表明有限元模型能够准确地模拟对向双层弹性铰链真实的展开过程。

5.3　抛物柱面可展开天线机构设计

5.3.1　天线机构组成

抛物柱面可展开天线机构如图 5.20 所示。收拢时，可展开天线机构可以折叠成小体积状态，反射面收藏在天线机构中(图 5.20(a))。当卫星到轨后，天线机构展开并锁定使反射面成抛物柱面形状，起到展开和支撑的作用，保证天线具有足够的刚度和精度(图 5.20(b))。

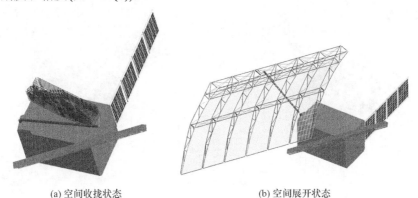

(a) 空间收拢状态　　　　　　　　　　(b) 空间展开状态

图 5.20　抛物柱面可展开天线机构

抛物柱面可展开天线机构的展开状态和收拢状态如图 5.21 所示。可展开天线机构由内支撑框架、外支撑框架、折叠臂、张紧索、弹簧回转铰链、弹性铰链和锁定装置等组成。内、外支撑框架通过弹簧回转铰链连接，两个支撑框架之间可以相对转动以实现两个支撑框架在横向的展开与折叠。内、外支撑框架的底面轮

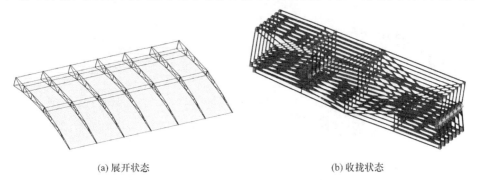

(a) 展开状态　　　　　　　　　　　(b) 收拢状态

图 5.21　抛物柱面可展开天线机构的展开状态和收拢状态

廓曲线为天线反射面要求的抛物面形状，将多组支撑框架沿横向按照一定距离排列，这样支撑框架底面便构成了一个抛物柱面。将天线反射面与各组支撑框架机构底面连接可以保证天线反射面的抛物柱面形状，容易保证反射面的形面精度。在纵向上，支撑框架通过折叠臂连接，将四根折叠臂连接在内支撑框架上，三根折叠臂连接在外支撑框架上。折叠臂可以在中间位置折叠，以实现支撑框架机构在横向上的折叠。

5.3.2　天线机构展开动作流程

抛物柱面可展开天线机构展开过程可分为支撑臂运动、天线横向展开和天线纵向展开 3 个阶段，如图 5.22 所示。具体展开过程为：①卫星到轨后，支撑臂在

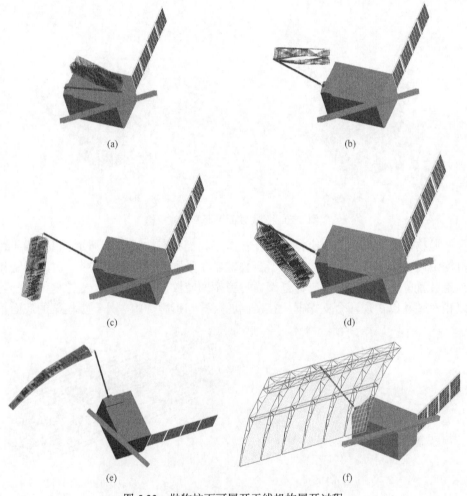

图 5.22　抛物柱面可展开天线机构展开过程

电机驱动下,将折叠状态的天线机构支撑到工作位置。支撑臂运动到位后,对天线进行支撑和定位,保证天线反射面的工作位置。②在回转弹簧驱动铰链的驱动作用下,天线机构进行横向转动展开。展开到位后,锁定装置锁定,实现内外支撑框架的锁定。③在弹性铰链驱动下,天线机构进行纵向展开。展开到位后,张紧索张紧与折叠臂一起将天线机构刚化成一体,并起到支撑反射面的作用。

5.3.3　机构展开原理

1. 天线机构横向展开

内、外支撑框架的横向转动展开通过回转铰链实现,回转铰链将内、外支撑框架连接起来,并使其能够从收拢状态运动至展开状态。内、外支撑框架完全展开后锁定,并构成一条连续抛物线。如图 5.23 所示,回转铰链设计成行星轮同步双轴回转的结构形式,在完全收拢状态和展开状态,铰链都不影响天线反射网面与支撑框架边框的连接。铰链上安装平面涡卷弹簧,利用其弹性实现内、外支撑框架的展开驱动。

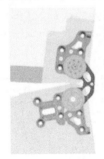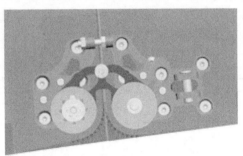

图 5.23　天线机构横向展开驱动铰链

内、外支撑框架展开后,通过柱销-锁钩式锁紧限位装置实现锁定,通过限位螺钉保持内、外支撑框架的相对位置,并可对相对位置关系进行微调,保证两支撑框架连接后能形成所设计的抛物线形状,如图 5.24 所示。

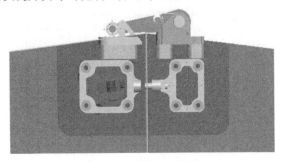

图 5.24　锁紧限位装置

2. 天线机构纵向展开

折叠臂的作用是使天线机构能够在纵向上展开与收拢。如图 5.25 所示，两根杆通过弹性铰链连接构成折叠臂结构。折叠臂两端通过销轴与支撑框架连接，保证支撑框架与折叠臂的运动；折叠臂中间位置的回转、展开驱动与展开锁定均通过弹性铰链来实现。

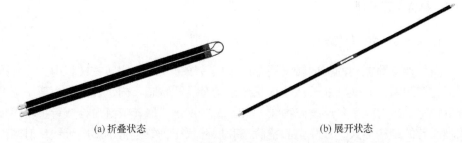

(a) 折叠状态　　　　　　　　　　　　　　(b) 展开状态

图 5.25　折叠臂的折叠状态与展开状态

弹性铰链的参数设计是折叠臂设计的难点。弹性铰链应能够提供足够的驱动力来克服摩擦阻力做功并转化为绳索应变能。根据弹性铰链的力学模型进行计算，设计的弹性铰链尺寸参数如表 5.3 所示。

表 5.3　弹性铰链尺寸参数

长度 L/mm	中心角 φ/(°)	厚度 t/mm	夹持端长度 b/mm	半径 R/mm	截面安装距离 d/mm
142	76	0.12	15	17.8	18

要提高弹性铰链的驱动力矩，可采用双层带簧片的设计形式，如图 5.26 所示。通过准静态展开过程仿真(图 5.27)，可得到如图 5.28 所示的力矩-转角关系曲线。双层超弹性铰链折叠时的峰值力矩为 1926.32N·mm，展开峰值力矩为 687.81N·mm。

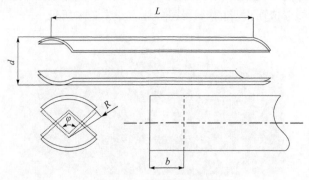

图 5.26　双层弹性铰链

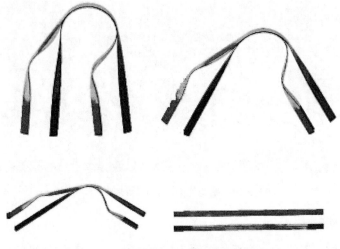

图 5.27　双层超弹性铰链展开过程仿真

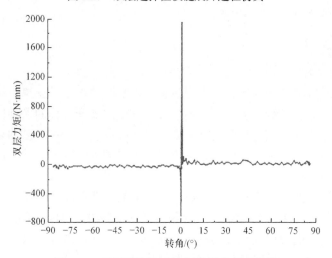

图 5.28　双层弹性铰链的力矩-转角关系曲线

5.4　抛物柱面可展开天线机构研制与测试

5.4.1　样机研制

图 5.29 所示为基于弹性铰链的抛物柱面可展开天线机构原理样机，采用铝蜂窝-碳纤维网格面板的夹层结构代替桁架结构作为天线机构的内、外支撑结构。天线展开尺寸为 8.3m×4.5m，收拢尺寸为 0.45m×2.25m，该抛物柱面天线机构具有模块化可拓展、质量轻等优点。

图 5.29　抛物柱面可展开天线机构样机

5.4.2　试验测试

以抛物柱面天线的一个机构单元为试验对象，进行横向、纵向展开试验，以及模态与精度测试。

1. 展开试验

1) 横向展开试验

按照天线机构展开顺序，首先通过弹簧铰链驱动内、外支撑框架横向回转展开。为了验证弹簧铰链驱动能力和内、外支撑框架展开过程的平顺性，在此采用气浮法消除重力的影响，对天线机构横向展开过程进行试验，如图 5.30 所示。在弹簧弹性力的驱动作用下，内、外支撑框架可以顺利实现展开并到位锁定。

2) 纵向展开试验

为了验证弹性铰链驱动机构在纵向方向上的展开运动，采用悬挂法消除重力的影响，进行两种不同约束条件下的纵向展开试验(图 5.31)：①一侧支撑框架固定，另一侧支撑框架展开；②两侧支撑框架同时向两侧展开。试验结果表明，通过带有弹性铰链的折叠臂驱动可使天线机构纵向顺利展开。

图 5.30　横向展开试验

图 5.31　纵向展开试验

2. 模态测试

在弹力绳悬吊工况下，对天线可展开单元进行模态测试，如图 5.32 所示。采用锤击法进行激振，通过多点测量，运用 LMS 系统对试验数据进行处理与分析，

图 5.32　可展开单元的模态测试

最终获得结构固有频率和模态阵型。根据测试结果，排除结构刚体模态，发现可展开单元的 1 阶固有频率在 1.5Hz 左右变化，2 阶固有频率在 2.2Hz 附近变化；可展开单元的前 2 阶振型均为对角扭转，模态振型如图 5.33 所示。

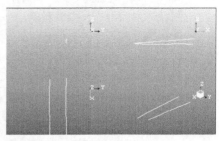

(a) 1阶模态　　　　　　　　　　　　　　(b) 2阶模态

图 5.33　可展开单元的模态振型图

3. 精度测试

针对所设计的抛物柱面天线可展开机构尺度大、关键点离散分布等特点，这里选用非接触摄影法对可展开机构的形面精度进行测量，如图 5.34 所示。

图 5.34　形面精度测量

在内、外支撑框架上粘贴测量所需的标志点，每根抛物线上粘贴 48 个标志点。将可展开机构悬吊至一定高度，使抛物柱面对向地面，采用美国 GSI 公司的 V-STARS (video-simultaneous triangulation and resection system)摄影测量系统在可展开机构下方朝上进行多次拍摄，通过对影像进行处理获取各个标识点的空间坐标。通过坐标变换和数据点拟合，就可以得到所测量的抛物柱面的形面精度。如图 5.35 所示，根据测量点得到两条抛物线拟合的抛物柱面，拟合后计算得到均方差为 1.33mm。

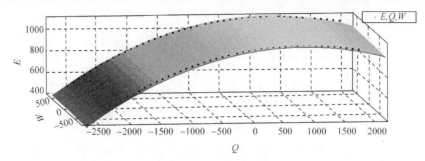

图 5.35　拟合抛物柱面

5.5　本 章 小 结

针对弹性铰链的大变形折叠并储能、自展开驱动与到位自锁定等特点，本章建立了带簧和弹性铰链力学模型，仿真分析了弹性铰链折展过程动力学特性，且搭建试验台对弹性铰链进行了试验和验证。另外，设计了基于弹性铰链的大尺度抛物柱面可展开天线机构，并对研制的样机进行了试验验证，这为大型可展开天线机构的轻量化设计提供了一种有效的解决途径。

参 考 文 献

[1] Marks G W, Reilly M T, Huff R L. The lightweight deployable antenna for the MARSIS experiment on the Mars express spacecraft[C]. Proceedings of the 36th Aerospace Mechanisms Symposium, Cleveland, 2002:183-196.

[2] Wuest W. Einige anwendungen der theorie der zylinderschale[J]. Journal of Applied Mathematics and Mechanics, 2010, 34(12):444-454.

[3] Mansfield E H. Large-deflexion torsion and flexure of initially curved strips[J]. Proceedings of the Royal Society A: Mathematical Physical & Engineer Sciences, 1973, 334(1598):279-298.

[4] Yao X F, Ma Y J, Yin Y J, et al. Design theory and dynamic mechanical characterization of the deployable composite tube hinge[J]. Science China: Physics, Mechanics and Astronomy, 2011, 54(4):633-639.

[5] Seffen K A, You Z, Pellegrino S. Folding and deployment of curved tape springs[J]. International Journal of Mechanical Sciences, 2000, 42(10):2055-2073.

第6章　折叠肋式可展开天线机构设计

6.1　折叠肋式可展开天线机构原理与运动学分析

6.1.1　天线机构的组成与工作原理

1. 天线机构组成

折叠肋式可展开天线由径向折叠肋机构、柔性索和天线反射面组成[1-4]，如图 6.1 所示；6 根径向肋在圆周方向均匀布置、呈辐射状，在中心处共同连接在中心支撑杆上。径向折叠肋机构展开后的外接圆直径决定了天线的口径，径向肋外端节点之间通过柔性索进行张紧刚化，构成稳定的索肋张拉预应力平衡结构，对天线网面进行展开和支撑。

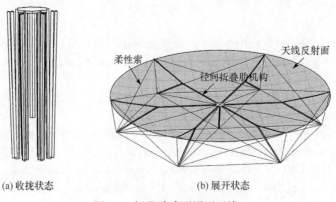

(a) 收拢状态　　　　　　　　　(b) 展开状态

图 6.1　折叠肋式可展开天线

2. 天线机构工作原理

径向折叠肋机构由主肋、上肋、下肋、中心支撑杆及铰链等组成，通过铰链可实现各段肋之间的展收运动；径向肋与中心支撑杆铰接，初始状态时收拢在中心支撑杆周围，如图 6.2 所示。通过设计带有限位及锁定功能的铰链装置使径向肋展开到位后实现锁定，从而对天线反射面起到支撑作用。

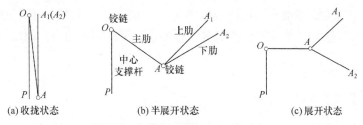

图 6.2　径向折叠肋机构展收原理

　　在径向折叠肋机构上均布 6 根相同的径向折叠肋, 每根径向折叠肋具有相同的结构形式, 如图 6.3 所示。6 根径向折叠肋在展收过程中通过联动机构实行同步运动。该机构结构简单、质量轻, 可实现较大的折展比, 能满足大口径天线机构的需求。

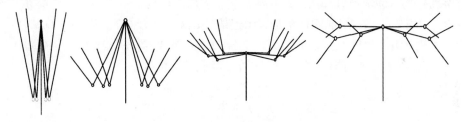

图 6.3　径向折叠肋机构展开过程

　　对于单根折叠肋, 其展开过程如下。

　　(1) 下肋与 A 铰链处是转动副连接, 扭簧驱动该转动副使下肋展到所要求的角度并锁定。

　　(2) 下肋锁定后, 为了避免机构展开过程中各构件间相互干涉和碰撞以及绳索之间相互缠绕, 6 根径向折叠肋通过单电机驱动连杆机构实现同步展开。

　　折叠肋展开驱动机构方案如图 6.4 所示, 图中虚线部分为三角链板, 通过中

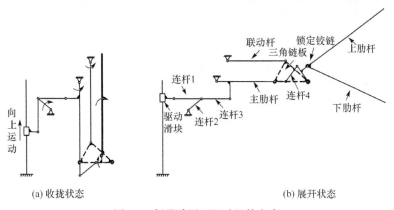

图 6.4　折叠肋展开驱动机构方案

心支撑杆上的滑块移动驱动连杆机构实现主肋的展开，同时通过连杆机构联动实现上肋的同步展开。该方案中滑块移动行程小，展开同步性好，驱动方式简单。

6.1.2 天线机构运动学分析

1. 折叠肋展开运动学分析

折叠肋式可展开天线机构是由 6 根径向折叠肋组成的，通过对单肋的运动学分析即可了解整个天线机构的位移、速度和加速度等展开运动学特性。使用矢量法对折叠肋进行运动学分析，按照机构封闭矢量构建矢量方程组，从而推导出机构各构件的转角、角速度、角加速度方程。

首先建立坐标系，然后根据矢量法，对可展开肋单元杆组建立方程进行求解。折叠肋机构运动学模型如图 6.5 所示，包含多环路机构，由中心杆、滑块 A、连杆 BC、连架杆 CO_2 组成四杆机构；由连架杆 CO_2、连杆 CD、连架杆 DEO_3 组成四杆机构；由连架杆 FO_3、连杆 FJ、连架杆 JO_4 组成四杆机构；由连架杆 GO_3、连杆 GH、连杆 HI、连杆 IJ、连架杆 JO_4 组成五杆机构。

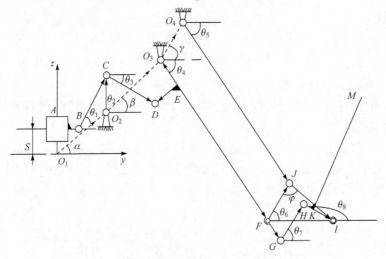

图 6.5　折叠肋机构运动学模型

建立折叠肋运动学方程：

$$\begin{cases} \vec{S} + \overrightarrow{AB} + \overrightarrow{BC} = \overrightarrow{O_1O_2} + \overrightarrow{CO_2} \\ \overrightarrow{CO_2} + \overrightarrow{CD} = \overrightarrow{O_2O_3} + \overrightarrow{EO_3} + \overrightarrow{DE} \\ \overrightarrow{FO_3} + \overrightarrow{FJ} = \overrightarrow{O_3O_4} + \overrightarrow{JO_4} \\ \overrightarrow{GO_3} + \overrightarrow{GH} + \overrightarrow{HI} = \overrightarrow{O_3O_4} + \overrightarrow{JO_4} + \overrightarrow{IJ} \end{cases} \tag{6.1}$$

当滑块 A 沿 z 轴移动距离 S 值确定后，通过方程组(6.1)便可求得角位移 $\theta_i (i = 1, 2, \cdots, 8)$ ：

$$
\begin{cases}
\theta_1 = \arcsin \dfrac{l_{CO_2}^2 - l_{BC}^2 - A^2 - B^2}{2l_{BC}\sqrt{A^2 + B^2}} - \arctan \dfrac{A}{B} \\[3mm]
\theta_2 = \arcsin \dfrac{l_{CO_2}^2 - l_{BC}^2 + A^2 + B^2}{2l_{CO_2}\sqrt{A^2 + B^2}} - \arctan \dfrac{A}{B} \\[3mm]
\theta_3 = \arcsin \dfrac{C^2 + D^2 + l_{CD}^2 - l_{O_3E}^2 - l_{DE}^2}{2l_{CD}\sqrt{C^2 + D^2}} - \arctan \dfrac{C}{D} \\[3mm]
\theta_4 = \arcsin \dfrac{l_{CD}^2 - l_{O_3E}^2 - l_{DE}^2 - C^2 - D^2}{2\sqrt{(Cl_{DE} + Dl_{O_3E})^2 + (Cl_{O_3E} - Dl_{DE})^2}} - \arctan \dfrac{Cl_{O_3E} - Dl_{DE}}{Cl_{DE} + Dl_{O_3E}} \\[3mm]
\theta_5 = \arcsin \dfrac{l_{FJ}^2 - l_{JO_4}^2 - E^2 - F^2}{2l_{JO_4}\sqrt{E^2 + F^2}} - \arctan \dfrac{E}{F} \\[3mm]
\theta_6 = \arcsin \dfrac{l_{FJ}^2 + E^2 + F^2 - l_{JO_4}^2}{2l_{FJ}\sqrt{E^2 + F^2}} - \arctan \dfrac{E}{F} \\[3mm]
\theta_7 = \arcsin \dfrac{l_{GH}^2 + G^2 + H^2 - l_{HI}^2}{2l_{GH}\sqrt{G^2 + H^2}} - \arctan \dfrac{G}{H} \\[3mm]
\theta_8 = \arcsin \dfrac{l_{HI}^2 + G^2 + H^2 - l_{GH}^2}{2l_{HI}\sqrt{G^2 + H^2}} - \arctan \dfrac{G}{H}
\end{cases} \tag{6.2}
$$

$$
\begin{cases}
A = l_{AB} - l_{O_1O_2}\cos\alpha \\
B = S - l_{O_1O_2}\sin\alpha \\
C = l_{O_2O_3}\cos\beta - l_{CO_2}\cos\theta_2 \\
D = l_{O_2O_3}\sin\beta - l_{CO_2}\sin\theta_2 \\
E = l_{O_3O_4}\cos\gamma - l_{O_3F}\cos\theta_4 \\
F = l_{O_3O_4}\sin\gamma - l_{O_3F}\sin\theta_4 \\
G = l_{FJ}\cos\theta_6 + l_{IJ}\cos(\theta_6 + \varphi + 180°) - l_{FG}\cos\theta_4 \\
H = l_{FJ}\sin\theta_6 + l_{IJ}\sin(\theta_6 + \varphi + 180°) - l_{FG}\sin\theta_4
\end{cases} \tag{6.3}
$$

式中，l_{AB}、l_{BC}、l_{CO_2}、l_{CD}、l_{O_3E}、l_{DE}、l_{O_3F}、l_{FJ}、l_{JO_4}、l_{O_3G}、l_{GH}、l_{HI}、l_{IJ}、$l_{O_1O_2}$、$l_{O_2O_3}$、$l_{O_3O_4}$、α、β、γ、φ 为折叠肋单元机构的结构参数。

通过对折叠肋运动位置的迭代，可得到肋在展开过程中各个时刻的空间运动位置，如图 6.6 所示。折叠肋机构能达到所要求的空间位置，并且顺利展开。

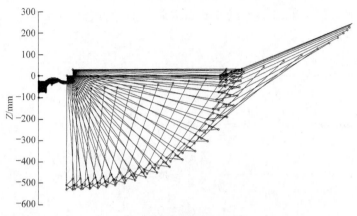

图 6.6　折叠肋展开运动轨迹

给定滑块速度为 2mm/s，滑块匀速向上移动驱动整个折叠肋展开。在展开过程中，机构各构件的角位移、角速度、角加速度曲线分别如图 6.7～图 6.9 所示。

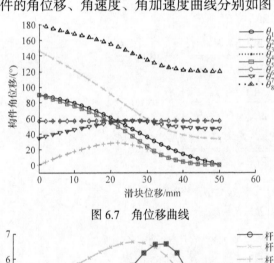

图 6.7　角位移曲线

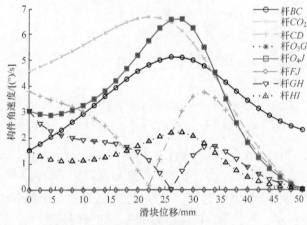

图 6.8　角速度曲线

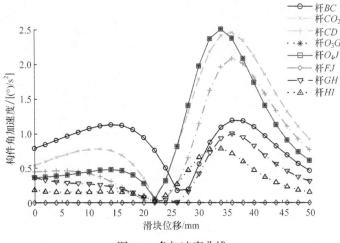

图 6.9 角加速度曲线

2. 天线机构运动学分析

折叠肋式可展开天线机构由 6 根折叠肋组成，将折叠肋中各个构件的节点坐标写成矩阵形式。由于均匀布置，每个折叠肋夹角相同，均为 $\alpha_1 = \pi/3$，通过旋转坐标变换得到节点坐标矩阵为

$$\boldsymbol{\Gamma} = \begin{bmatrix} x_O & x_{O1} & x_A & x_P \\ y_O & y_{O1} & y_A & y_P \\ z_O & z_{O1} & z_A & z_P \\ 1 & 1 & 1 & 1 \end{bmatrix} \tag{6.4}$$

$$\boldsymbol{\Gamma}_n = \mathbf{Rot}(z,(n-1)\alpha_1)\boldsymbol{\Gamma} \tag{6.5}$$

$$\mathbf{Rot}(z,(n-1)\alpha_1) = \begin{bmatrix} \cos[(n-1)\alpha_1] & -\sin[(n-1)\alpha_1] & 0 & 0 \\ \sin[(n-1)\alpha_1] & \cos[(n-1)\alpha_1] & 0 & 0 \\ 0 & 0 & 1 & 0 \\ 0 & 0 & 0 & 1 \end{bmatrix} \tag{6.6}$$

结合上述折叠肋运动学分析，便可以确定任意时刻天线机构整体展开过程的运动轨迹，如图 6.10 所示。

6.1.3 天线机构柔索布置

折叠肋式可展开天线机构展开到位后，通过滑块和铰链锁定为结构态，为提高结构刚度，可在折叠肋节点间连接柔索并张紧。因此，拉索是折叠肋式可展开天线结构刚度的重要保证。在展开过程中拉索是松弛的，拉索内没有张紧力，在天线机构完全展开后，柔索张紧构成索肋张拉稳定结构。因此，确定拉索在折叠肋式可展开天线机构中的布置形式，对结构刚化及稳定性影响很大。

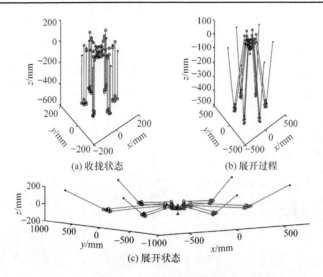

图 6.10　折叠肋式天线机构整体展开过程分析

1. 折叠肋节点坐标

折叠肋式可展开天线机构共有 19 个杆件(不包括展开机构中的连杆)，每个杆件有 2 个端点，则天线共有 20 个节点，理论上每 2 个节点之间都可以布置拉索，共可连 190 根拉索。拉索数量太多，可能会产生运动干涉、绳索缠绕等问题。在天线机构完全展开后，有些拉索对天线结构刚度增强的效果有限，这就需要分析拉索的长度变化，尽量减少拉索的数量。

要确定索单元的长度变化，必须计算连接索单元的两端点在展开过程中的距离变化。由于天线结构的对称性，只需给出一根肋中各节点的位置变化即可。

该天线各支肋绕 z 轴分别顺时针旋转 60° 和逆时针旋转 60°，就可得到相邻两支肋的空间坐标。现定义顺时针方向，相应坐标点下标为 1；逆时针方向，相应坐标点下标为 2(例如，$J \xrightarrow{\text{顺时针方向}} J_1$，$J \xrightarrow{\text{逆时针方向}} J_2$)。

相邻肋的变换矩阵分别为

$$_Z^O\boldsymbol{T} = \text{Rot}(z,60°) = \begin{bmatrix} \cos60° & -\sin60° & 0 \\ \sin60° & \cos60° & 0 \\ 0 & 0 & 1 \end{bmatrix} = \begin{bmatrix} 0.5 & -\sqrt{3}/2 & 0 \\ \sqrt{3}/2 & 0.5 & 0 \\ 0 & 0 & 1 \end{bmatrix} \tag{6.7}$$

$$_Y^O\boldsymbol{T} = \text{Rot}(z,-60°) = \begin{bmatrix} \cos(-60°) & -\sin(-60°) & 0 \\ \sin(-60°) & \cos(-60°) & 0 \\ 0 & 0 & 1 \end{bmatrix} = \begin{bmatrix} 0.5 & \sqrt{3}/2 & 0 \\ -\sqrt{3}/2 & 0.5 & 0 \\ 0 & 0 & 1 \end{bmatrix} \tag{6.8}$$

由式(6.7)和式(6.8)可知整个天线展开过程中关键坐标点的空间关键点位置变化。

2. 拉索长度变化

天线结构可能存在拉索的情况分为两类。①单根支肋内可能存在的拉索：S_{WG}、S_{WN}、S_{WM}、S_{O_4N}、S_{MN}；②相邻支肋间可能存在的拉索：S_{GG_1}、S_{GM_1}、S_{GN_1}、S_{GG_2}、S_{GM_2}、S_{GN_2}、S_{NG_1}、S_{NM_1}、S_{NN_1}、S_{NG_2}、S_{NM_2}、S_{NN_2}、S_{MG_1}、S_{MM_1}、S_{MN_1}、S_{MG_2}、S_{MM_2}、S_{MN_2}。

获得了各个关键坐标点在展开过程的坐标，利用拉索两端点间距离公式就可计算出拉索的长度并绘制出相应变化曲线。以拉索 S_{WG} 为例来说明这一过程，拉索 S_{WG} 的距离公式为

$$L_{S_{WG}} = \sqrt{(x_G - x_W)^2 + (y_G - y_W)^2 + (z_G - z_W)^2} \tag{6.9}$$

由于 θ_4 的变化，拉索 S_{WG} 的长度发生变化，绘制出拉索 S_{WG} 长度在整个展开过程中的变化曲线，如图 6.11 所示。拉索 S_{WG} 长度在折叠肋展开过程中单调增加，从初始状态长度 124.66mm 达到最大长度 724.37mm。同理，可绘制其他索单元的长度变化曲线，如图 6.12 所示。

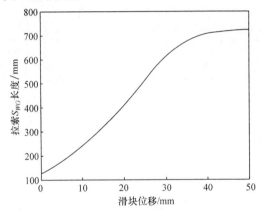

图 6.11　拉索 S_{WG} 的长度在整个展开过程中的变化曲线

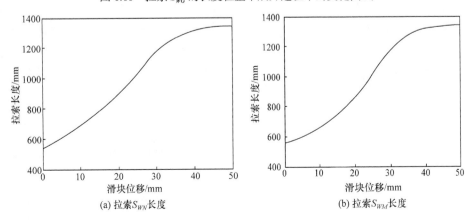

(a) 拉索 S_{WN} 长度　　　　　　　　　　(b) 拉索 S_{WM} 长度

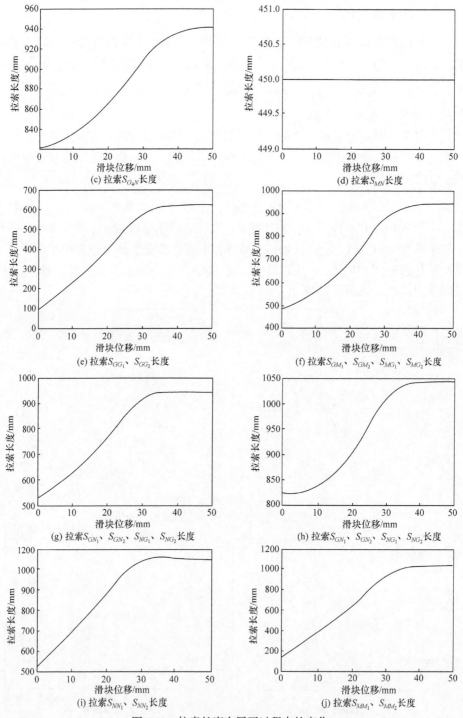

图 6.12　拉索长度在展开过程中的变化

3. 拉索的初始布置形式

为了进一步分析天线拉索的布置形式，下面按照拉索长度的变化规律将拉索分为四类。

第一类为递减型，包括始终减小的拉索和先不变后减小的拉索，由图 6.12 可知天线中不存在这样的拉索。

第二类为递增型，例如，始终增大的拉索，即拉索 S_{WG}、S_{WN}、S_{WM}、S_{O_4N}；先增大后不变的拉索，即拉索 S_{GG_1}、S_{GM_1}、S_{GN_1}、S_{GG_2}、S_{GM_2}、S_{GN_2}、S_{NG_1}、S_{NM_1}、S_{NN_1}、S_{NG_2}、S_{NM_2}、S_{NN_2}、S_{MG_1}、S_{MM_1}、S_{MN_1}、S_{MG_2}、S_{MM_2}、S_{MN_2}。

第三类为不变型，如拉索 S_{MN}。

第四类为先增大后减小型，天线中不存在这样的拉索。

为保证天线顺利展开，首先把先增大后减小型的拉索剔除；拉索 S_{WM}、S_{O_4N} 在展开过程中有可能会与折叠肋发生干涉，出于展开可靠性考虑，也将其剔除。现把所有满足对称性、不产生运动干涉、不干涉网面的拉索组成初始的拉索布置形式，整个天线机构有 72 根拉索。其形式为：在单根径向肋中，存在三类拉索；在相邻径向肋之间，存在九类拉索。因此，获得了索肋张拉式可展开天线机构的初始拉索布局形式，如图 6.13 所示。

基于 72 根拉索初始布置形式、天线支撑结构对称性及节点平衡条件，同一支肋平面内最优布置 3 根拉索，如图 6.14 所示。

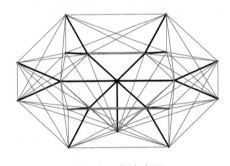

图 6.13　拉索布局

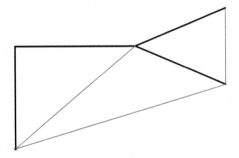

图 6.14　单肋拉索布局

相邻支肋间最少的方案有两种：一种是相同类型肋杆端点之间布置拉索，最少布置 3 根拉索；另一种是出于网面的考虑，在拉索不与网面干涉的情况下，以下肋杆端点为出发点布置拉索，最少布置 5 根拉索，如图 6.15 所示。

通过上述分析可提出两种最少拉索布置方案，即 36 根拉索、48 根拉索，如图 6.16 所示。这两种方案是在 72 根拉索基础上简化得出的。

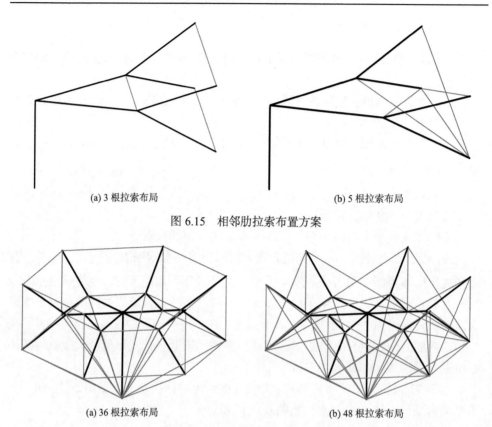

(a) 3 根拉索布局　　　　　　　　　　(b) 5 根拉索布局

图 6.15　相邻肋拉索布置方案

(a) 36 根拉索布局　　　　　　　　　　(b) 48 根拉索布局

图 6.16　天线机构拉索布置方案

6.2　折叠肋式可展开天线机构动力学分析

6.2.1　动力学建模与模态分析

本节建立折叠肋式可展开天线结构的有限元模型，肋杆连接简化为刚性连接，选用梁单元模拟肋杆，铰接点用质量单元来模拟，拉索选用只受拉不受压的杆单元进行模拟。折叠肋式可展开天线结构中的各结构参数设置：肋杆材料选用铝合金 2A12，弹性模量为 70GPa，密度为 2840kg/m³，泊松比为 0.31；拉索选用 Kevlar49 纤维，弹性模量为 131GPa，泊松比为 0.3，密度为 1450kg/m³；中心支撑杆的上端集中质量为 1.4kg，四连杆机构铰链点的质量为 0.8kg；中心支撑杆的尺寸为 100mm，主肋杆为 90mm，上肋杆和下肋杆均为 80mm，拉索直径为 5mm；拉索先施加预应力为 200N，再根据预应力、横截面积、材料弹性模量值的函数关系，可得到各索单元的初应变。根据上述参数即可构建出有限元模型。

对折叠肋式可展开天线结构进行模态分析以确定结构的固有频率和振型。分析拉索布局对天线结构固有频率的影响，考虑无拉索、36 根拉索、48 根拉索、72 根拉索布局 4 种情况，计算得到前 6 阶固有频率，如表 6.1 所示。

表 6.1　不同拉索布局的固有频率对比　　　　　　　　（单位：Hz）

拉索布局	固有频率					
	1 阶	2 阶	3 阶	4 阶	5 阶	6 阶
无拉索	0.19	0.22	0.31	0.82	0.96	1.44
36 根拉索	0.23	0.31	0.44	2.29	3.77	5.06
48 根拉索	0.25	0.34	0.46	4.03	4.59	6.42
72 根拉索	0.25	0.35	0.47	4.59	5.68	9.81

由表 6.1 可以看出，与无拉索相比，有拉索天线结构的固有频率明显提高，拉索能够显著提高折叠肋天线的刚度，尤其对于大口径天线；有拉索时，拉索的布置形式对前 3 阶固有频率影响较小。图 6.17 为 48 根拉索布局时天线结构的 6 阶模态振型。由图可知，前 6 阶各振型均为整体振型，1 阶、6 阶为整体扭转，其他为整体弯曲。

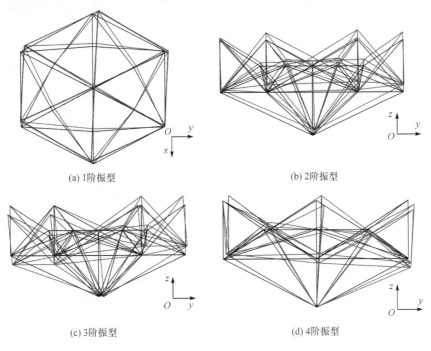

(a) 1阶振型　　　　　　　　　　　　　(b) 2阶振型

(c) 3阶振型　　　　　　　　　　　　　(d) 4阶振型

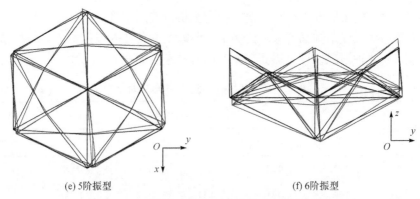

(e) 5阶振型　　　　　　　　　　　　　　　(f) 6阶振型

图 6.17　48 根拉索布局时天线结构的 6 阶模态振型

6.2.2　频率影响因素分析

　　由于折叠肋结构参数对固有频率和动力学行为的影响较大，本节主要讨论各杆件的截面尺寸和拉索张力对固有频率的影响，即以某个参数为变量，在其余参数不变的情况下观察并分析前 6 阶固有频率的变化，为天线结构的优化设计提供依据。相关折叠肋结构参数如表 6.2 所示。

表 6.2　折叠肋结构参数值

名称	中心支撑杆直径/mm	主肋杆直径/mm	上肋杆直径/mm	下肋杆直径/mm	拉索直径/mm	拉索预紧力/N
基准值	$\phi 100$	$\phi 90$	$\phi 80$	$\phi 80$	$\phi 5$	300
变化值	$\phi 80$	$\phi 70$	$\phi 60$	$\phi 60$	$\phi 3$	100
	$\phi 90$	$\phi 80$	$\phi 70$	$\phi 70$	$\phi 5$	200
	$\phi 100$	$\phi 90$	$\phi 80$	$\phi 80$	$\phi 7$	300
	$\phi 110$	$\phi 100$	$\phi 90$	$\phi 90$	$\phi 9$	400
	$\phi 120$	$\phi 110$	$\phi 100$	$\phi 100$	$\phi 11$	500

　　表 6.2 中各折叠肋结构参数对天线机构固有频率的影响如图 6.18 所示。由图可知，随着中心支撑杆直径的增大，天线桁架的各阶固有频率变化较小，最大变化率仅为 0.54%，其原因为固定约束点在天线上肋杆外端，中心支撑杆直径在此约束条件下对频率贡献较小；当主肋杆直径增大后，整个天线桁架的固有频率也随着增加；上肋杆直径与固有频率在前 6 阶表现为正相关，最大增加率达到 80.17%，增加较为明显；随着下肋杆直径的增加，固有频率缓慢下降；随着拉索直径的增加，天线机构的固有频率增加较为缓慢；拉索预紧力对固有频率的影响可以忽略。因此，主肋杆、上肋杆和拉索的直径对天线机构的固有频率影响较大，适当增大主肋杆和上肋杆的直径，选择合适的拉索直径，可提高天线机构的 1 阶固有频率。

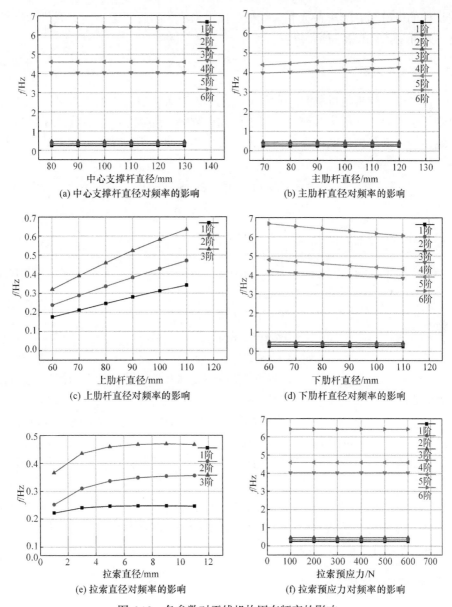

(a) 中心支撑杆直径对频率的影响

(b) 主肋杆直径对频率的影响

(c) 上肋杆直径对频率的影响

(d) 下肋杆直径对频率的影响

(e) 拉索直径对频率的影响

(f) 拉索预应力对频率的影响

图 6.18　各参数对天线机构固有频率的影响

6.3　参数优化与结构设计

轻质量、高刚度是天线机构设计的永恒目标，质量与固有频率作为天线机构的两个重要参数，两者之间存在函数关系，既相互矛盾，又相互依存。这里以天线机构的1阶固有频率最大和天线机构质量最小为目标函数，对天线机构进行优化，进而对天线机构进行结构设计。

6.3.1 优化模型建立

可展开天线机构优化是一种尺寸优化，即对天线机构中的构件进行尺寸优化以降低结构质量、提高其刚度。以1阶固有频率 f 和结构质量 m 为优化目标，以天线结构中主要构件的截面参数为设计参变量，建立天线结构优化设计的数学模型[5]：

$$\text{Find } s = [x_1 \quad x_2 \quad x_3 \quad x_4 \quad x_5]^{\text{T}}$$

$$\begin{cases} \text{Max } f(x_1, x_2, x_3, x_4, x_5) \\ \text{Min } m(x_1, x_2, x_3, x_4, x_5) \end{cases}$$

$$\begin{aligned} \text{s.t. } & 40 \leqslant x_1 \leqslant 200 \\ & 40 \leqslant x_2 \leqslant 200 \\ & 40 \leqslant x_3 \leqslant 150 \\ & 40 \leqslant x_4 \leqslant 150 \\ & 0 \leqslant x_5 \leqslant 20 \\ & 1 \leqslant t \leqslant 2 \end{aligned} \tag{6.10}$$

式中，x_1、x_2、x_3、x_4、x_5 分别代表中心支撑杆、主肋杆、上肋杆、下肋杆和拉索的直径(mm)；t 为各杆件壁厚(mm)。

对于相互之间存在矛盾的多目标优化问题，通常的做法是将各个分目标函数构造成一个评价函数，即用统一目标法将多目标优化问题转变成单目标优化问题。将结构质量作为分子，将1阶固有频率作为分母，两个分目标同等重要，即权重相同，则

$$F(x) = m / f_1 \tag{6.11}$$

当求得的 $F(x)$ 为最小时，对应的天线机构的目标函数取得了最优值，即在保证频率的情况下，达到天线结构质量最轻的目的。

6.3.2 结构参数优化

本节以18m口径天线为例，进行结构参数优化。由于优化目标的离散性，这里基于遗传算法编写 MATLAB 优化程序，进行可展开天线机构的结构参数优化计算。选取初始种群规模为30，遗传代数为300，交叉概率为0.8，变异概率为0.08。其遗传算法优化的流程如图6.19所示。

经过迭代，遗传算法收敛，得到天线机构的结构参数优化结果如表6.3所示。

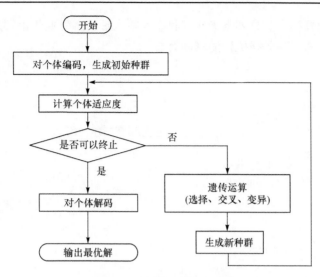

图 6.19　遗传算法优化流程

表 6.3　天线机构的结构参数优化结果　　　　　　　（单位：mm）

名称	中心支撑杆外径	主肋杆外径	上肋杆外径	下肋杆外径	壁厚	拉索直径
数值	52.9	63.9	148.8	61.1	1.1	1.8

优化得到天线结构的 1 阶固有频率为 0.83Hz，结构总质量为 58.91kg。从优化结果可以看出，上肋杆外径的最优值接近自身变化范围的最大值，下肋杆外径则接近自身变化范围的最小值，其他构件都与自身变化范围的下限较为接近，与模态分析结果吻合。

6.3.3　折叠肋机构设计

在天线机构展开过程中，首先下肋杆通过扭簧铰链展开，展开到位后锁定；然后上肋杆和下肋杆通过丝杠驱动滑块运动带动连杆机构，同时对 6 根肋进行驱动展开。折叠肋机构主要由中心支撑杆、中心轮毂、丝杠连杆机构、主肋杆、联动杆、四杆机构铰链、扭簧锁定机构、上肋杆、下肋杆和连索节点等组成。折叠肋机构的三维设计模型如图 6.20 所示。

1. 主肋展开机构

中心支撑杆、中心轮毂、丝杠连杆机构成了主肋展开机构，如图 6.21 所示。丝杠下端连接的电机驱动组件安装在中心支撑杆内部。电机带动丝杠转动，滑块螺母在丝杠的作用下沿丝杠向上滑动。滑块螺母与主肋杆之间通过四连杆机构进行连接。因此，由滑块螺母的向上移动转变为主肋杆的转动，四连杆机构本身的特性能使主肋杆实现竖直和水平两种状态，在水平状态时处于该四连杆机构的一个死点位置，对提高天线机构的刚度有益。

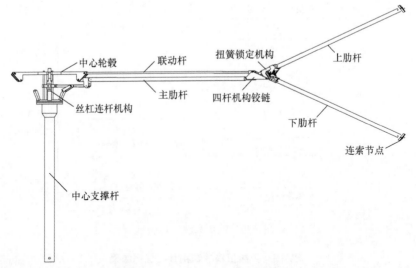

图 6.20　折叠肋机构的三维设计模型

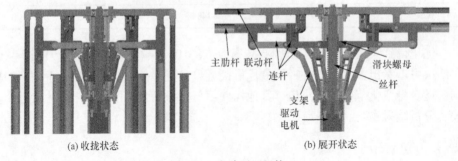

(a) 收拢状态　　　　　　　　　　(b) 展开状态

图 6.21　主肋展开机构

2. 四连杆联动机构

为了实现主肋杆和上肋杆的同步运动，这里设计了四连杆联动机构。滑块螺母在丝杠的转动下沿丝杠向上移动，驱动连杆向外推开主肋杆，由于联动杆和主肋杆构成平行四边形连杆机构，可把运动传递到四连杆铰链机构，从而使得主肋杆和上肋杆同步运动。该四连杆联动机构如图 6.22 所示。

3. 下肋杆展开铰链机构

下肋杆展开驱动选择扭簧铰链驱动，锁定方式为弹簧锁销形式，如图 6.23 所示。当下肋展开到位后，弹簧推动圆锥销运动，与下肋铰链的圆锥孔配合，完成下肋的锁定。

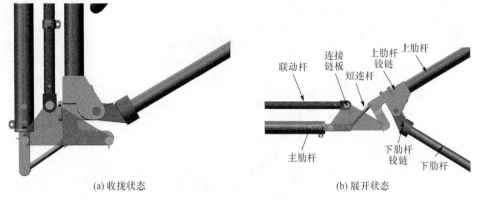

(a) 收拢状态　　　　　　　　　　(b) 展开状态

图 6.22　四连杆联动机构

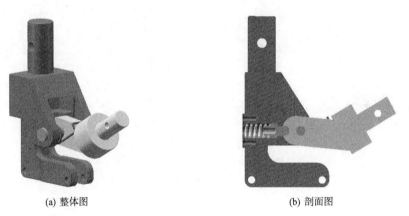

(a) 整体图　　　　　　　　　　(b) 剖面图

图 6.23　下肋杆展开铰链机构

6.4　索网设计与样机验证

6.4.1　索网拓扑成型

　　本节选取力学性能较好的三向网格作为抛物面索网的网格划分形式，并运用子区域分割法对三向网格进行生成。选取等分段数为 6，对天线的抛物面索网进行网格划分，如图 6.24 所示。

　　为了加强三向网格边界节点与支撑结构的连接，使三向网格的边界节点达到静力平衡状态，需进行边界索网的相关设计，在此提出边界索网的两个设计方案。方案一：支撑结构边界外圈引入支撑圆环，抛物面索网与支撑圆环之间通过拉索连接，如图 6.25 所示；方案二：不使用支撑圆环，边界采用全柔性拉索张拉成型，如图 6.26 所示。

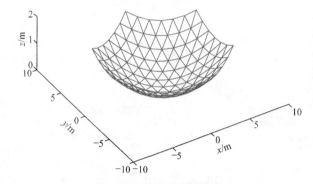

图 6.24　抛物面索网构型

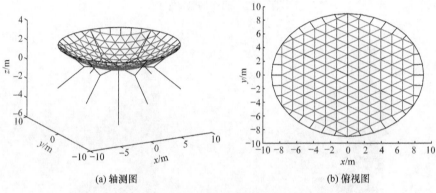

图 6.25　边界索网设计方案一

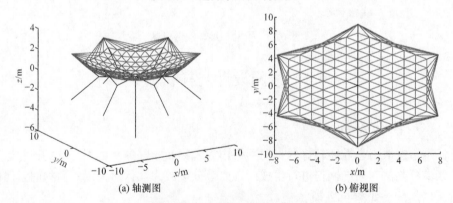

图 6.26　边界索网设计方案二

　　比较方案一与方案二可知，方案一引入了一个支撑圆环，保证了较好的索网结构刚度以及网面面积的最大化，同时其结构质量、展开性能要求也相应地得到提高；方案二中边界采用全柔性拉索张拉成型，质量轻，网面结构刚度可通过改善索网预应力水平得到提高，但网面有效面积略有下降。

抛物面索网主要通过调节索与天线机构上的后索网进行连接。调节索通常采用垂直索单元以减少索长,而调节索单元的分布又决定了后索网的形式。为了保持调节索单元的垂直形态,将抛物面上的节点垂直投影在主肋间的平面以及支肋间的平面,参照三向网格的连接方法,将两个平面中的投影点通过垂直索单元连接,构成后索网。在方案二的基础上,出于简化结构的目的,将 20 根边界拉索用悬链拉索代替,显然当施加三向网格预应力后,直线拉索将受到横向拉力,网面边界的节点会发生位移变形,呈现出"内凹"的状态。为了减少索网结构样机在施加预应力过程中的变形,这里采用赋予直线拉索初始位移变形的办法,即将直线拉索改为悬链索,最终索网结构如图 6.27 所示。

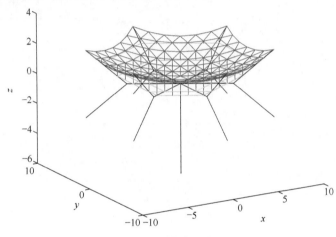

图 6.27　天线索网成型

6.4.2　样机研制与验证

1. 折叠肋式可展开天线机构样机

本节利用口径为 1.8m 的天线机构缩比样机以验证所设计的折叠肋式可展开天线机构,展开过程如图 6.28 所示。天线机构样机收拢后的直径为 0.31m,直径折展比达 5.7∶1。天线机构可以顺利实现展开并锁定,验证了天线机构设计的正确性。

2. 网面成型

天线机构样机的索网结构成型采用 1mm 的凯芙拉绳,抛物面索网呈对称分布,且单个区域也呈对称分布,如图 6.29 所示。因此对索网整体进行优化计算时,只需选取图中标出的 11 个节点对应的索单元作为优化变量即可。利用 MATLAB 数学模型进行找形分析,得到的三向索网及调节索网的索单元尺寸如表 6.4 和表 6.5 所示。

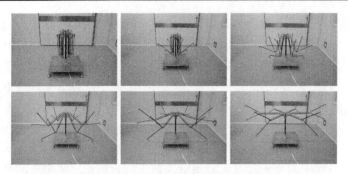

图 6.28 天线机构缩比样机展开过程

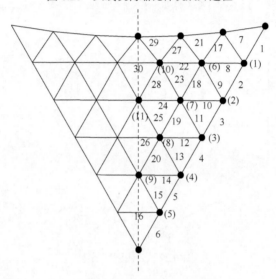

图 6.29 索单元和节点分布

表 6.4 三向索网的索单元尺寸

编号	长度/mm	编号	长度/mm	编号	长度/mm
1	159.19	11	152.76	21	138.03
2	156.20	12	119.83	22	151.21
3	155.76	13	150.66	23	150.27
4	151.91	14	151.91	24	149.95
5	150.66	15	150.27	25	150.66
6	150.03	16	155.76	26	150.03
7	132.52	17	125.11	27	150.27
8	151.91	18	151.21	28	149.95
9	122.12	19	152.76	29	150.03
10	151.21	20	154.91	30	149.95

表 6.5 调节索网的索单元尺寸

编号	长度/mm	编号	长度/mm	编号	长度/mm
1	33.02	5	54.86	9	84.01
2	75.88	6	13.59	10	3.88
3	93.72	7	61.30	11	64.57
4	69.43	8	84.01		

由于拉索总量达到了 516 根，数目较多，需要进行拉索布置规划：首先进行支撑索网的布置，然后进行三向索网的布置，最后进行调节索的布置，而悬链索的布置在所有拉索布置完成后进行，并通过悬链索内部张力使整个抛物面索网结构成型。在折叠肋式可展开天线机构样机上制作抛物面索网结构，如图 6.30 所示。

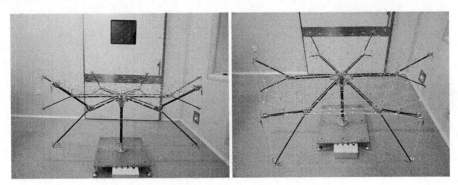

图 6.30 折叠肋式可展开天线样机抛物面索网结构

6.5 本 章 小 结

本章介绍了一种大折展比、轻量化的折叠肋式可展开天线机构，阐述了天线机构的组成与工作原理；建立了天线机构运动学分析模型，对拉索进行了布局设计与分析，并通过模态分析研究了拉索布局对天线模态频率的影响规律，分析了各杆件的截面尺寸参数对固有频率的影响；建立了天线结构参数优化模型，获得了优化参数，并对天线机构进行结构与网面设计，且通过缩比样机验证折叠肋式可展开天线机构设计的可行性。

参 考 文 献

[1] Nakamura K, Nakamura N, Ozawa S, et al. Concept design of 15m class light weight deployable antenna reflector for L-band SAR application[C]. 3rd AIAA Spacecraft Structures Conference, San Diego, 2016:701-712.

[2] Meguro A, Shintate K, Usui M, et al. In-orbit deployment characteristics of large deployable antenna reflector onboard engineering test satellite Ⅷ[J]. Acta Astronautica, 2009, 65(9-10): 1306-1316.

[3] Semler D, Tulintseff A, Sorrell R, et al. Design, integration, and deployment of the TerreStar 18-meter reflector[C]. 28th AIAA International Communications Satellite Systems Conference, Anaheim, 2010:8855-8867.

[4] Liu R W, Guo H W, Liu R Q, et al. Shape accuracy optimization for cable-rib tension deployable antenna structure with tensioned cables[J]. Acta Astronautica, 2017, 140:66-77.

[5] Liu R W, Guo H W, Zhang Q H, et al. Dynamic characteristics analysis of cable-rib tension deployable antenna[C]. ASME International Design Engineering Technical Conferences and Computers and Information in Engineering Conference, Charlotte, 2016:59218-59225.

第 7 章　双层环形桁架式可展开天线机构设计

随着天线口径需求越来越大，单层环形桁架式可展开天线机构的口径增大到一定程度时已经不能满足刚度要求，而双层环形桁架式可展开天线机构的刚度比同口径单层环形桁架式可展开天线机构有较大的增加。因此，国内外学者提出用双层环形桁架式可展开天线构型来满足对大口径天线的需求。

7.1　双层环形桁架式可展开天线机构的特点

Escrig[1]了提出了一种 Pactruss 双层桁架的概念，该结构由两层高度不等的环形可展开桁架组成，内外环由若干个径向单元连接构成双层环形可展开桁架，如图 7.1 所示。

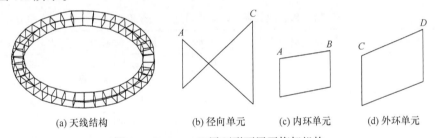

(a) 天线结构　　　(b) 径向单元　　　(c) 内环单元　　　(d) 外环单元

图 7.1　Pactruss 双层环形可展开桁架机构

Santiago 等[2]在 2011 年提出一种具有 V 形折叠杆的双层圆锥状可展开桁架的设计方法，制作出了口径为 6m 的试验样机，如图 7.2 所示。上、下弦杆分别通过弹簧驱动实现展收功能，通过同步铰链实现整个环形桁架的展收。

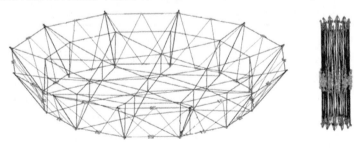

图 7.2　双层圆锥状可展开桁架机构

You 等[3]在 1997 年提出一种由双层剪式铰机构组成的环形可展开桁架，其内外环单元均为剪式铰机构，通过一个剪式铰机构实现内环和外环的连接。整个环形可展开桁架的展开过程如图 7.3 所示。

图 7.3 双层剪式铰环形可展开桁架机构的展开过程

浙江大学空间结构研究中心关富玲教授等研制了 2m 口径的双层环形桁架式可展开天线机构原理样机[4,5]。

单、双层环形桁架式可展开天线机构的基频值随口径的变化规律如表 7.1 所示。从表 7.1 中可以看出，随着天线口径的增大，单、双层天线机构的基频值迅速下降。经过对曲线变化趋势的归类分析，可将天线口径分为三个等级：小口径天线(<20m)、大口径天线(20~50m)和超大口径天线(50~100m)。

表 7.1 单、双层环形桁架式可展开天线机构基频

直径 D/m	单元个数 n/个	单元高度 h/m	单层计算基频/Hz	双层计算基频/Hz
10	20	2	0.174777	0.498733
20	40	2	0.033278	0.12073
30	60	2	0.014721	0.06236
40	80	2	0.00825	0.034543
50	100	2	0.005295	0.019497
60	120	2	0.003712	0.013265
70	140	2	0.002724	0.010542
80	160	2	0.00209	0.008033
90	180	2	0.001664	0.006276
100	200	2	0.001324	0.005021

为了对单、双层环形桁架式可展开天线机构的综合性能进行评价，建立综合评价指标：比基频(W)=基频值/质量。对于小口径天线，单层结构的 W 值远大于双层结构的 W 值，因此小口径天线适合选择单层结构作为其机构构型。对于大口径和超大口径的天线机构，单层天线机构的刚度不能满足实际使用需要的最低基频要求，且单层结构的 W 值远小于双层结构的 W 值，因此当天线口径大于 20m 时，首选双层结构作为其结构构型。

在大口径天线机构中，双层环形桁架式可展开天线具有折展比大、刚度高、构型简单、质量小且质量不随口径的增大而成比例增加等特点，是柔性反射网面理想的展开和支撑结构形式。

7.2　双层环形桁架式可展开天线机构的构建与分析

7.2.1　基于连系桁架的构建方法

如图 7.4 所示，双层环形桁架式天线机构的内外层按照单层环形桁架机构的构建方法即可构建出来，需要设计内外层连系桁架机构，将内、外两层环形桁架连接在一起，并实现内外层环形桁架的联动，故内外层桁架间的连系桁架机构是设计的关键。

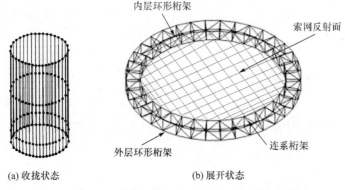

（a）收拢状态　　　　　　　　　　（b）展开状态

图 7.4　基于连系桁架的双层环形桁架式天线机构构建

连系桁架机构实现展收运动有以下三种形式。

（1）对角伸缩杆式。利用平行四边形上对角可伸缩的结构特点，依靠对角斜杆内的弹簧实现驱动。在单元收拢状态时，连接在外层套管和内层套管间的弹簧为拉伸状态。当机构解锁后，在弹簧的拉力作用下平行四边形对角收缩，整个可展开环形桁架单元实现展开。其结构简图如图 7.5 所示。

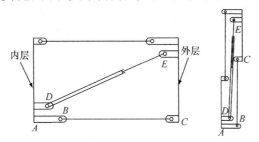

图 7.5　对角伸缩杆式连系桁架机构

(2) 对角弹性铰链式，其结构如图 7.6 所示。平行四边形单元的对角杆上节点 F 处为弹性铰链。天线解锁后，弹性铰链释放变形能，使得杆 EF 和杆 FD 转动，推动单元展开。展开后，由于弹性铰链的自锁性能，节点 F 被锁定，机构变为稳定结构。

(3) 全弹性铰链式，其结构如图 7.7 所示。平行四边形单元的角点 A、B、C、D 处为弹性铰链，由弹性铰链提供展开的驱动力。天线解锁后，弹性铰链释放变形能，使得杆 AD 和杆 BC 转动，推动单元展开。展开到位后，通过弹性铰链的自锁性能将节点 A、B、C、D 锁定，机构单元变为稳定的结构单元。

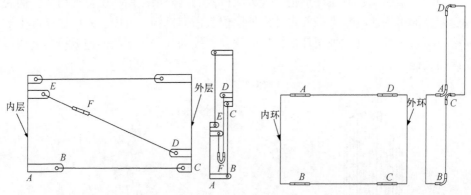

图 7.6 对角弹性铰链式连系桁架机构　　　　图 7.7 全弹性铰链式连系桁架机构

7.2.2 基于四棱柱可展开单元的构建方法

基于四棱柱可展开单元的天线机构如图 7.8 所示。将双层环形桁架机构沿径向切开，可以看到整个机构是由若干个可折叠成直线的四棱柱可展开单元经过环形阵列组成的，故可以基于四棱柱可展开单元机构环向阵列实现双层环形桁架机构的构建。

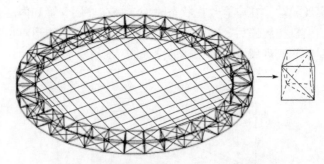

图 7.8 基于四棱柱可展开单元的天线机构

由图 7.8 可知，可折叠成直线的四棱柱单元可根据第 2 章中的构型综合方法进行设计，最后得到 32 种直线折叠型的四棱柱可展开单元构型，如表 7.2 所示[6]。

展开态构型图中的黑点表示在该杆件处插入的二度点，概念图谱中的虚线表示可折叠杆，收拢态构型图中的黑点表示机构的顶点，拓扑图中的实心黑点表示机构中的固定长度构件，空心圆点表示机构中的可变长度构件。

表 7.2　32 种直线折叠型的四棱柱可展开单元构型综合

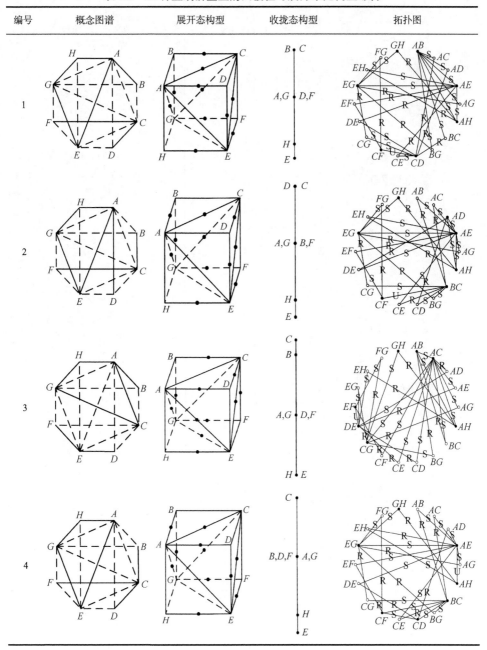

编号	概念图谱	展开态构型	收拢态构型	拓扑图
5				
6				
7				
8				

续表

编号	概念图谱	展开态构型	收拢态构型	拓扑图
9	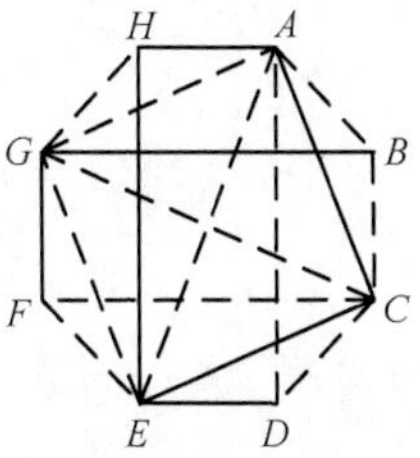	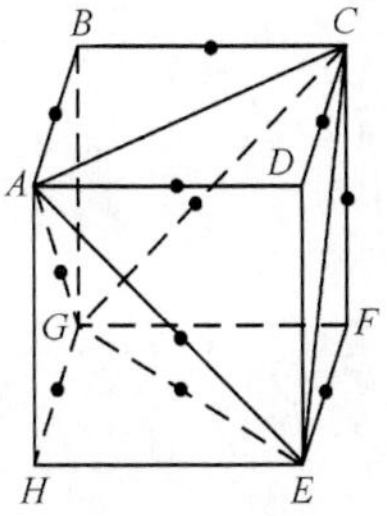	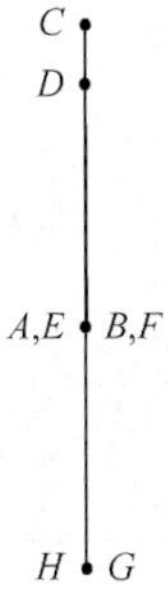	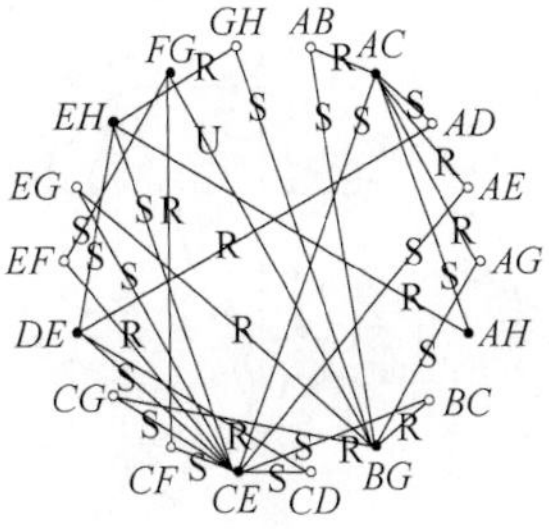
10	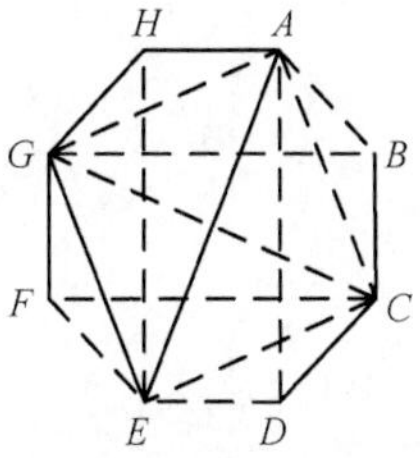	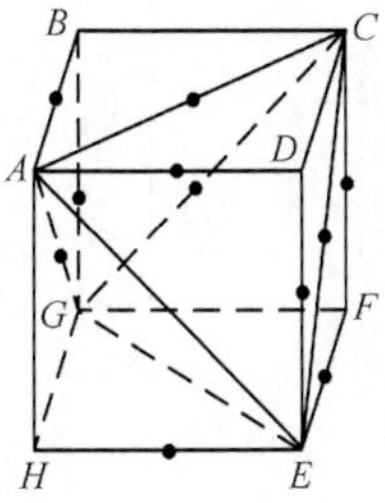	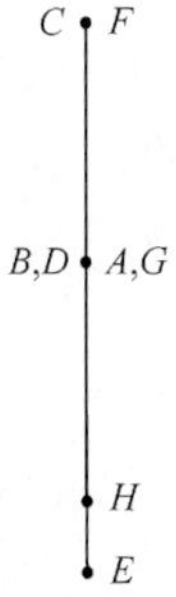	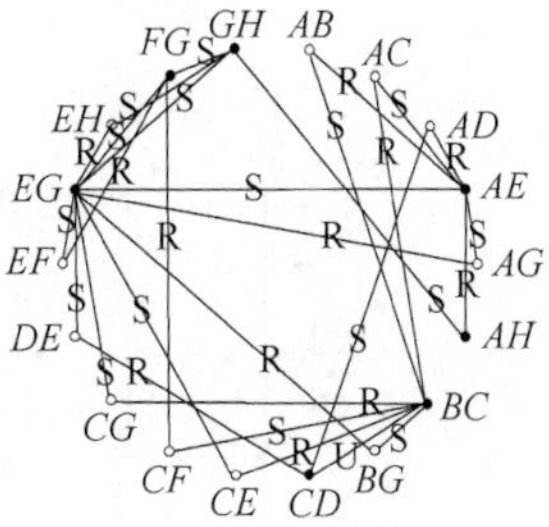
11	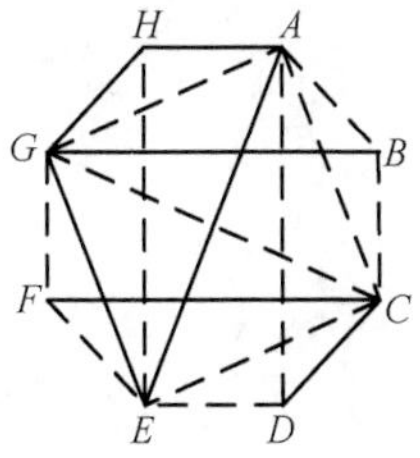	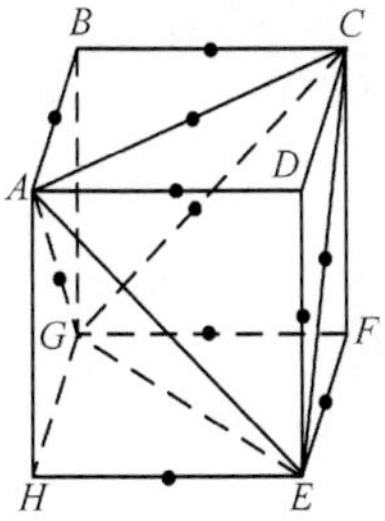	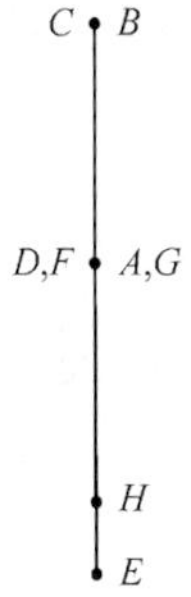	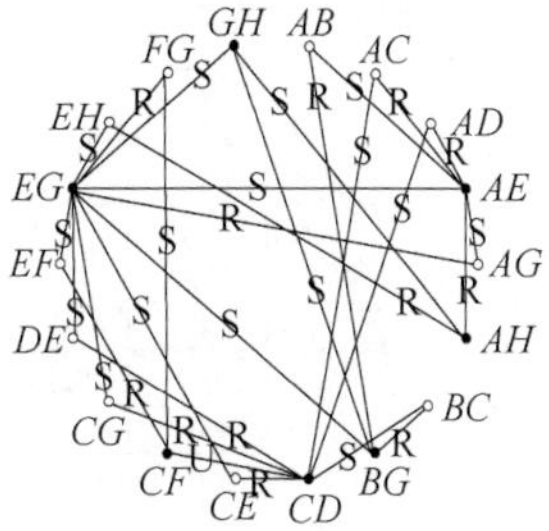
12	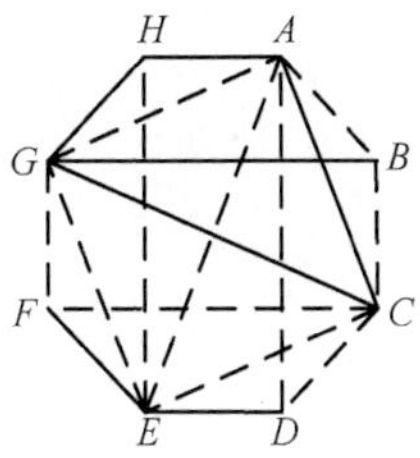	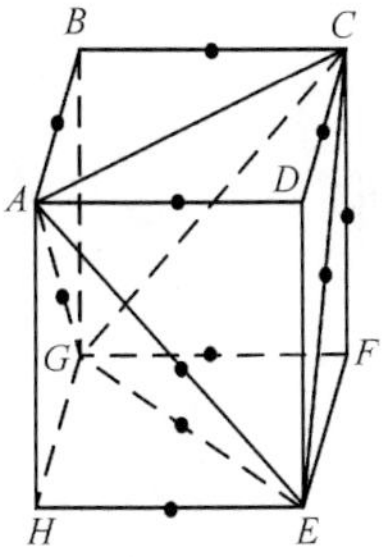	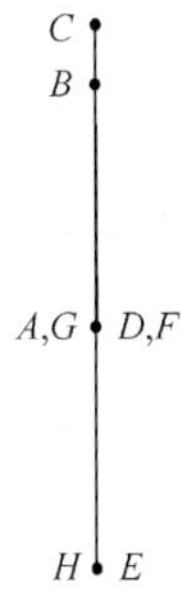	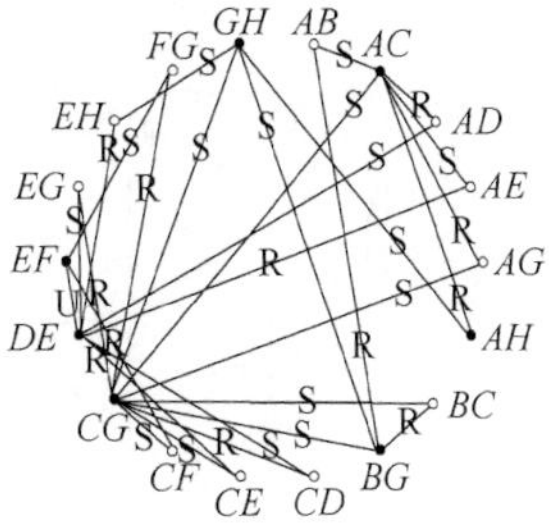

编号	概念图谱	展开态构型	收拢态构型	拓扑图
13				
14				
15				
16				

续表

编号	概念图谱	展开态构型	收拢态构型	拓扑图
17	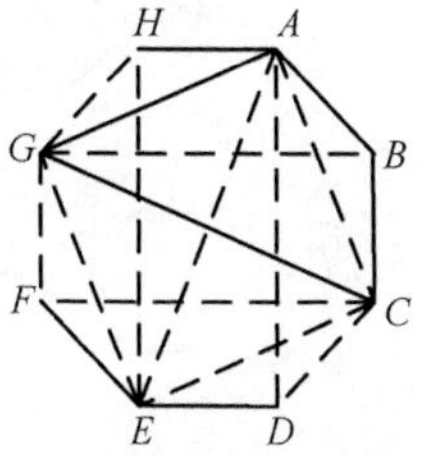	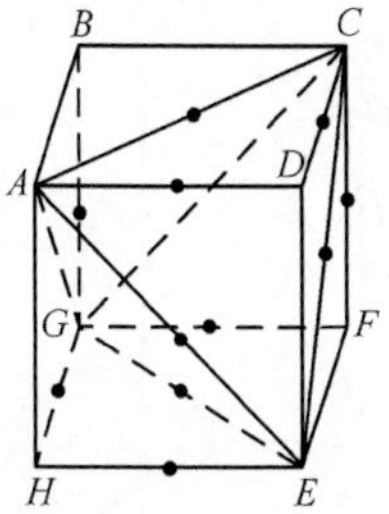	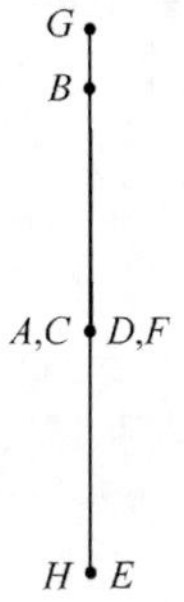	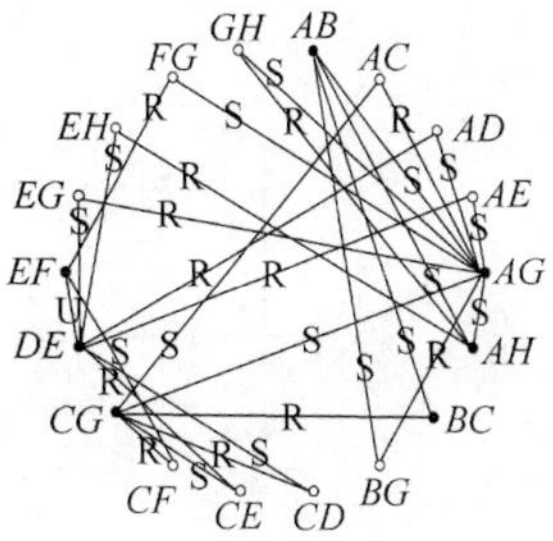
18	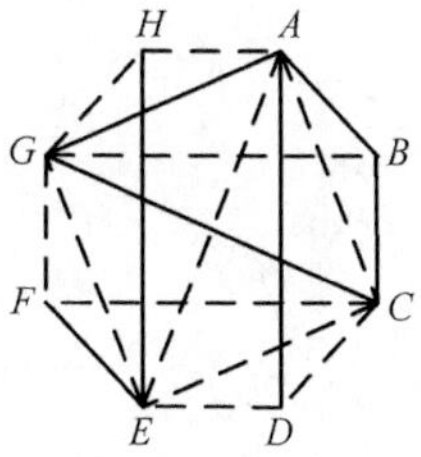	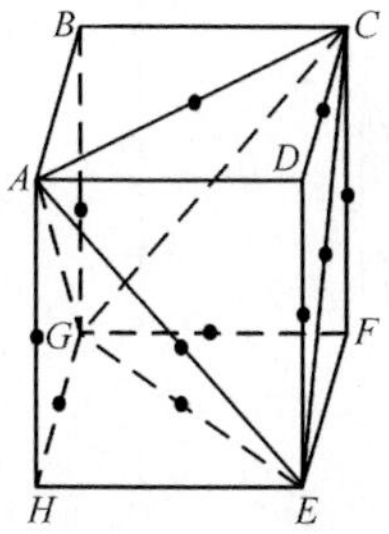	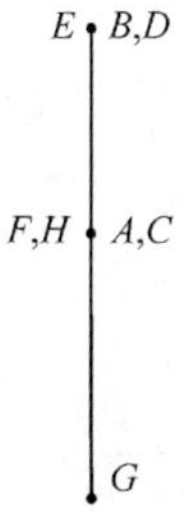	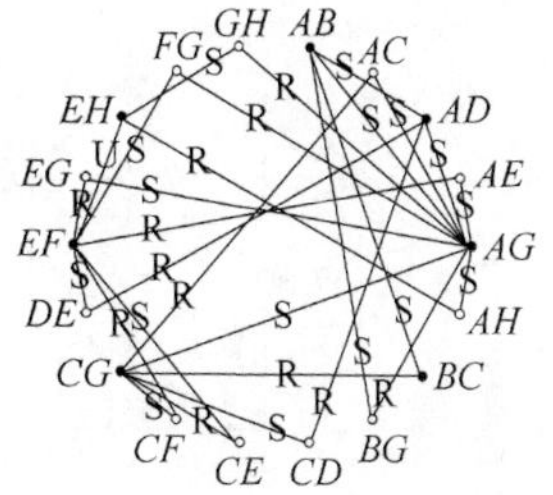
19	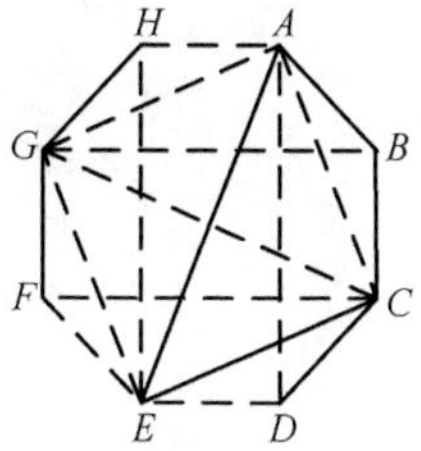	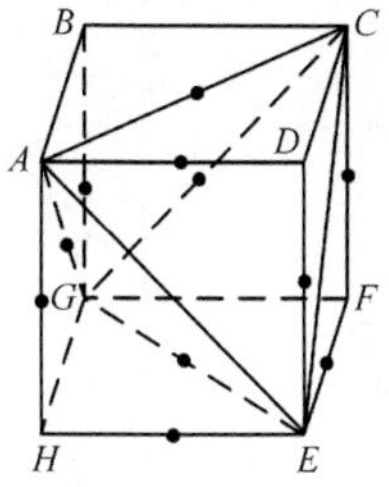	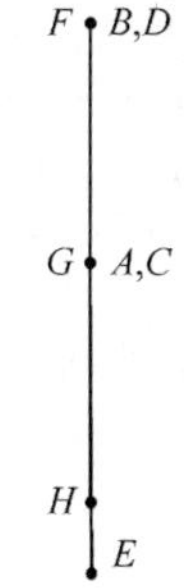	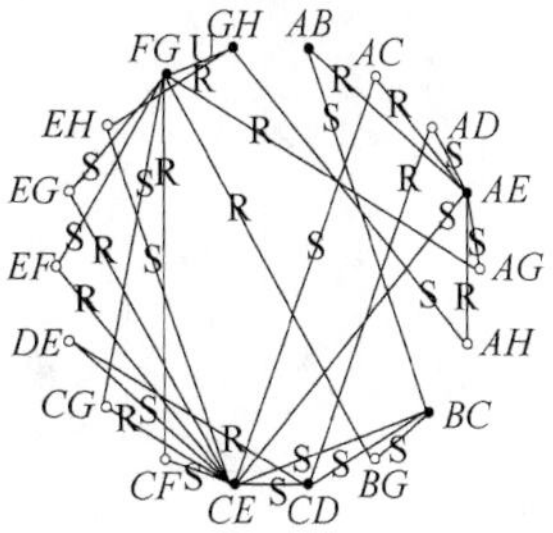
20	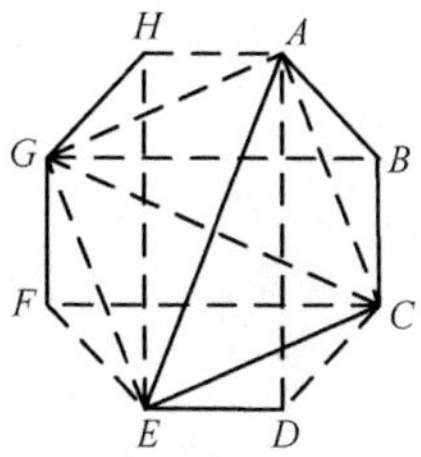	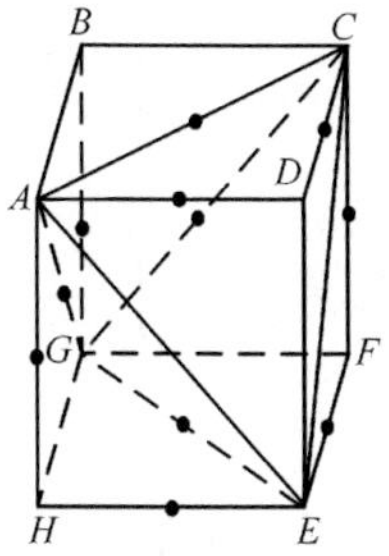	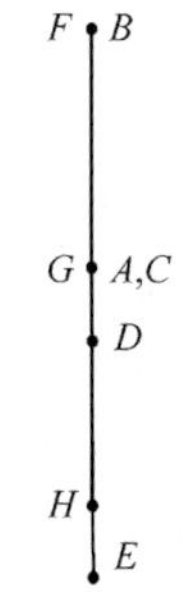	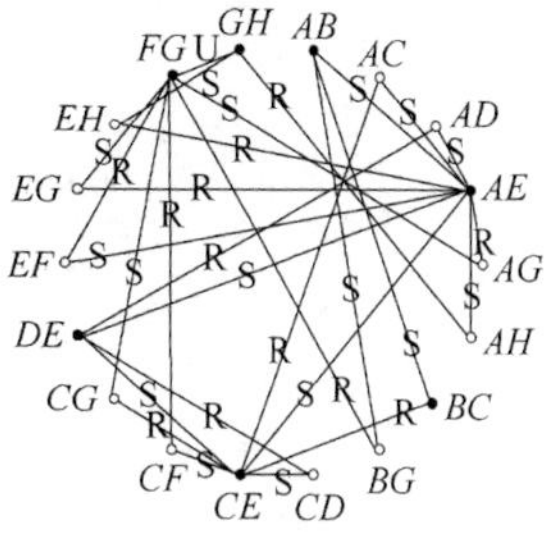

编号	概念图谱	展开态构型	收拢态构型	拓扑图
21				
22				
23				
24				

续表

编号	概念图谱	展开态构型	收拢态构型	拓扑图
25	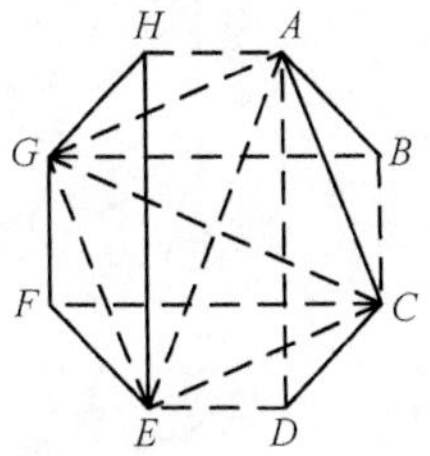	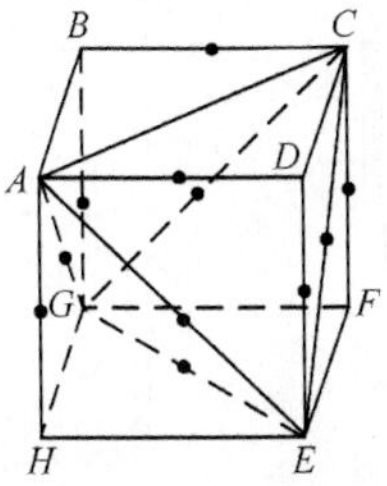	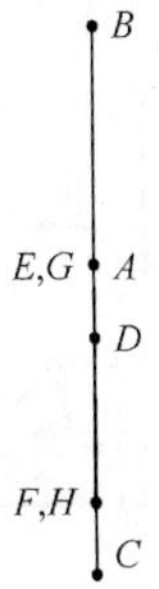	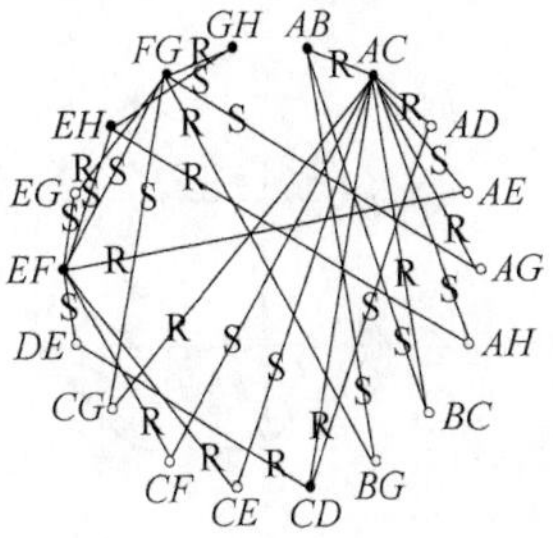
26	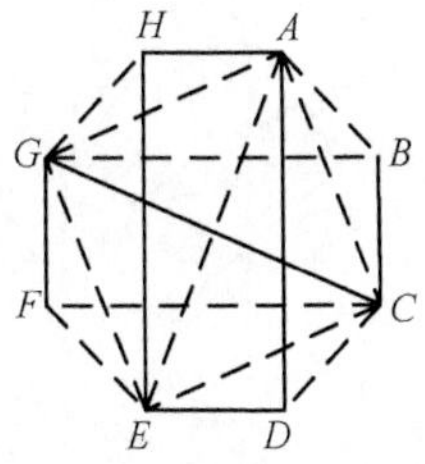	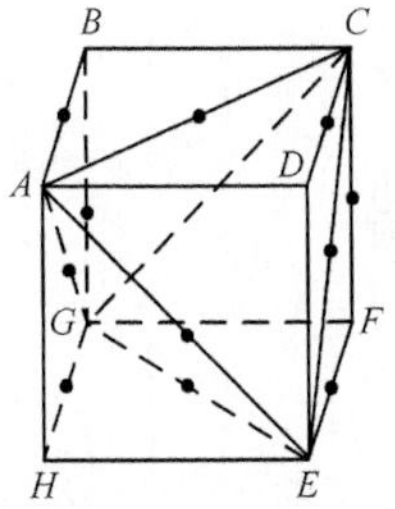	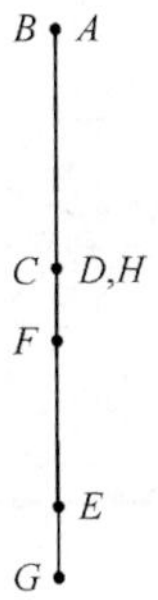	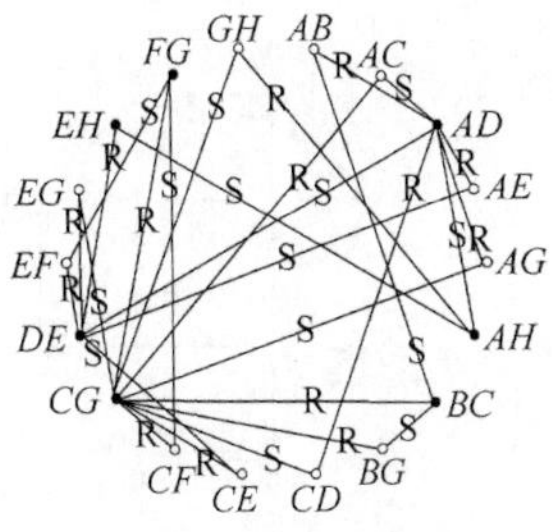
27	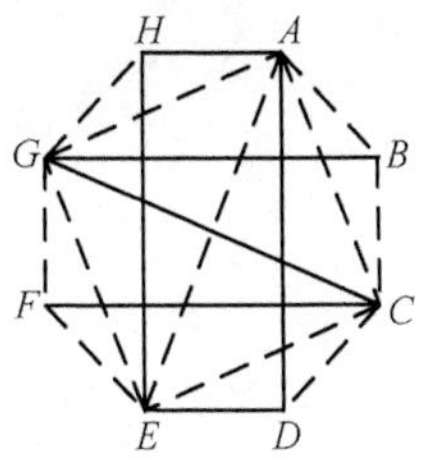	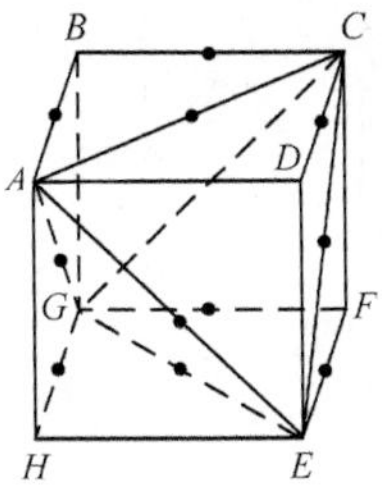	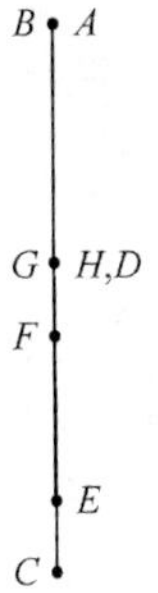	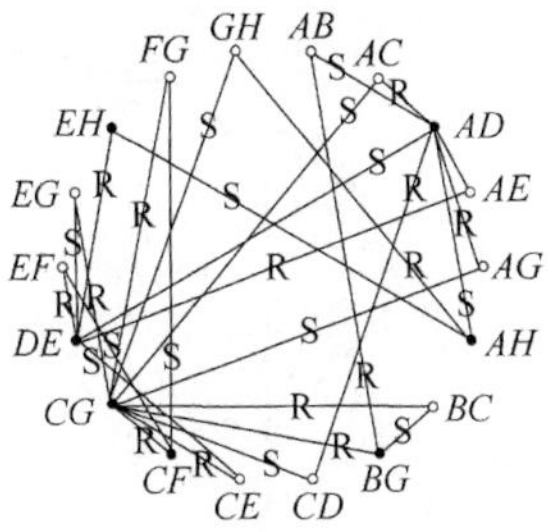
28	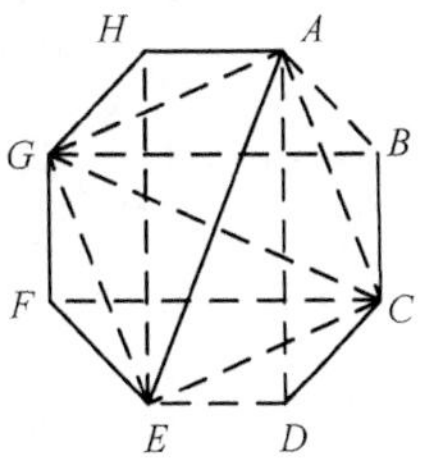	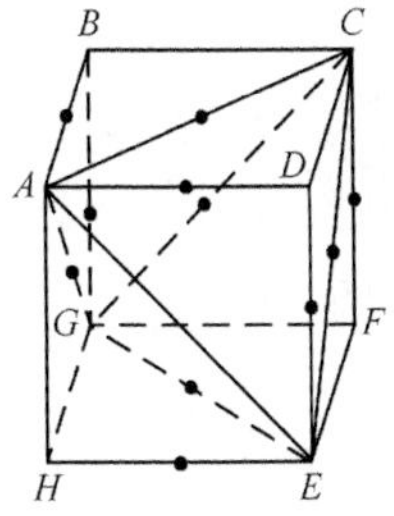	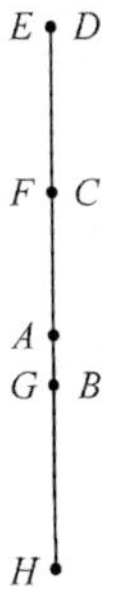	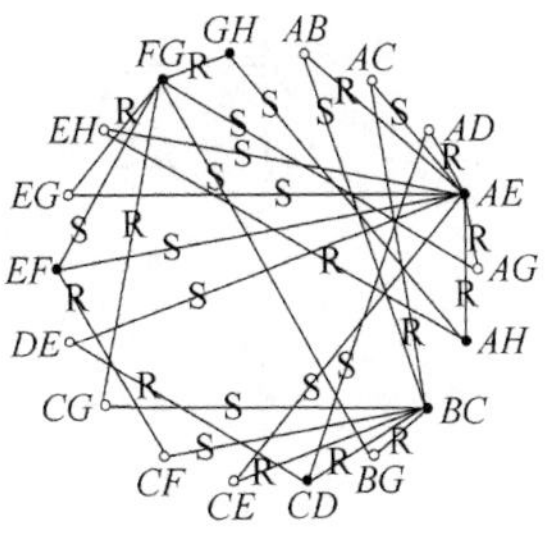

编号	概念图谱	展开态构型	收拢态构型	拓扑图
29				
30				
31				
32				

7.2.3　双层环形桁架可展开条件分析

对于双层环形桁架机构，为了实现整个机构的展开，不仅要满足内外环单元以及连系桁架单元的展开条件，还必须满足一定的几何拓扑关系。

双层环形桁架的平面拓扑图如图 7.9 所示。设天线外层、内层的半径和边数分别为 R、r、n，内外层连系桁架的长度为 $S=R-r$，外层弦杆的长度为 L，内层弦杆的长度为 l。

根据上述几何关系，内层、外层弦杆的长度可分别用内层、外层半径来表示：

$$L = 2R\sin\left(\frac{360°}{2n}\right), \quad l = 2r\sin\left(\frac{360°}{2n}\right) \tag{7.1}$$

双层环形桁架机构由若干个六面体组成，在展开的任意阶段中，六面体的每个侧面时刻保持在同一个平面内，由连系桁架组成的平行四边形的位置变化情况如图 7.10 所示。

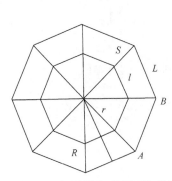

图 7.9　双层环形桁架的平面拓扑图　　　图 7.10　连系桁架组成的平行四边形变化

面 $DABC$ 由 AD、DC、CB、BA 四根杆件组成，当 B 和 C 分别运动到 B' 和 C' 时，面 $DABC$ 转化为面 $DA'B'C'$，将组成面 $DA'B'C'$ 的四根杆件定义为 $A'D$、DC'、$C'B'$、$B'A$。由于刚性杆件的假定，每根杆件在运动过程中的长度保持不变，于是可以得到

$$DA+AB=DC+BC \tag{7.2}$$

即

$$h_1 + S = h_2 + S \tag{7.3}$$

由方程(7.3)可知，要保证双层环形桁架的顺利展开，内层和外层的竖杆高度应相等。

下面对双层环形桁架机构的展开条件进行推导。如图 7.11 所示，该双层环形桁架机构的每个单元包含 8 个节点，即外环上的 N_1、N_2、N_5 和 N_6，以及内环上的 N_3、N_4、N_7 及 N_8。可展开单元随着各节点间角度的改变而实现折叠与展开。

由于刚性杆件的假定，竖杆的长度在折叠、展开过程中长度均保持不变，即 N_1 和 N_2 之间的距离保持不变。将坐标系原点建立在 N_1，可从两条不同的路径推导 N_8 的 X 坐标：① N_2—N_4—N_8；② N_2—N_6—N_8。无论从哪条路径推导，N_8 的 X 坐标为唯一值，因此从不同路径推导的 N_8 的 X 坐标值必相等，由此可以得到为保证该单元机构顺利展开需满足的几何条件。

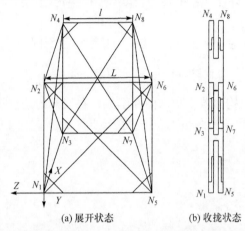

(a) 展开状态　　　　　　(b) 收拢状态

图 7.11　可展开单元的展开状态和收拢状态示意图

7.3　基于连系桁架的可展开天线机构设计

7.3.1　内外层环形桁架机构设计

内外层环形桁架单元结构如图 7.12 所示。一个可展开单元包括两根纵向平行设置的相同的支撑杆和四根相同的弦杆。上下弦杆均通过铰链连接形成 V 形杆，整个机构利用双曲柄滑块机构实现基本单元间的联动，从而实现环形桁架机构的同步展开。

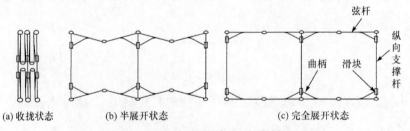

(a) 收拢状态　　　(b) 半展开状态　　　　　(c) 完全展开状态

图 7.12　内外层环形桁架单元结构

基本单元的驱动如图 7.13 所示。机构弦杆之间的转动关节 A、B、C、D 处分别采用弹性铰链连接，弹性铰链可实现展收运动、驱动与锁定功能。两条绳索交叉布置，其一端与绳索位移补偿弹簧相连，另一端与电机驱动端相连。通过两条释放索的释放速度控制机构展开速度，避免展开末端冲击过大，实现整个机构的平稳展开。各单元杆件的运动同步性由双滑块曲柄机构来保证，滑块压紧弹簧可避免展开过程中释放索松弛。绳索位移补偿弹簧在机构展开锁定后，可以通过补偿绳索伸长的位移避免绳索松弛。当机构完全展开后，上下弦杆之间的关节实现锁定，同时电机反转，对绳索施加一定的预紧力，从而提高整个桁架结构的刚度。

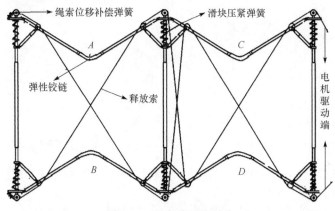

图 7.13　基本单元的驱动

　　将若干可展开单元通过环形阵列相连便构成了单层环形桁架式可展开天线机构。基本单元及单层环形桁架可展开天线机构原理样机如图 7.14 所示。

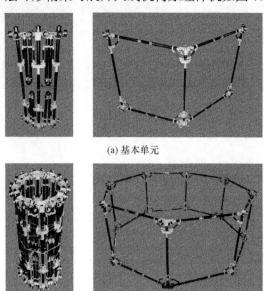

(a) 基本单元

(b) 单层环形桁架式可展开天线机构

图 7.14　基本单元及单层环形桁架可展开天线机构原理样机

7.3.2 可展开天线机构设计

在内外层环形桁架之间通过连系桁架机构实现两者之间的连接和同步运动，由连系桁架机构和内外环形桁架组成的天线机构单元如图 7.15 所示。大型双层环形桁架式可展开天线机构如图 7.16 所示。

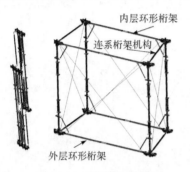

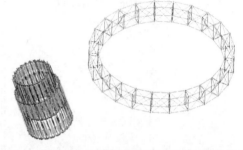

图 7.15　天线机构单元　　　　图 7.16　大型双层环形桁架式可展开天线机构

通过双层环形桁架式可展开天线单元机构样机的研制验证了双层天线的可展性，如图 7.17 所示。

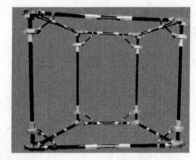

(a) 收拢状态　　　　　　　　(b) 展开状态

图 7.17　双层环形桁架式可展开天线单元机构样机

7.4　双层环形桁架式可展开天线机构等效动力学建模

本节基于能量等效原理建立双层环形桁架式天线机构连续体等效模型，并将等效模型计算结果与有限元仿真结果进行对比分析。对双层天线机构进行连续体模型等效的关键是建立两者之间的材料特性和几何特性的等效关系。根据双层环形桁架式天线机构的周期性结构特点，建立双层天线机构连续体等效模型，如图 7.18 所示。为真实地模拟含弹性铰链的内外层横杆和连系桁架杆在实际工况下的受力情况，可运用有限元模型计算得到内外层横杆和连系桁架杆的 x、y、z

三个方向的弯曲刚度、惯性矩，利用梁单元建立等效模型来等效内外层横杆和连系桁架杆。

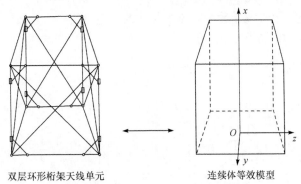

双层环形桁架天线单元　　　　　连续体等效模型

图 7.18　双层天线机构连续体等效模型

7.4.1　双层环形桁架单元应变能与动能计算

1. 单元应变能计算

从构成双层环形桁架的重复可展开单元中分离出一个基本可展开单元。按照右手定则，建立原点位于周期可展开单元中心的直角坐标系 $O\text{-}xyz$，如图 7.19 所示。

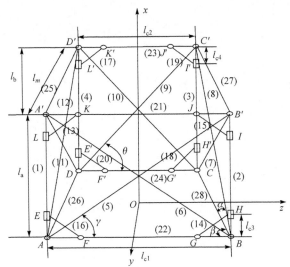

图 7.19　可展开单元坐标系

根据桁架单元等效动力学建模方法可以得到各组件的应变能为

$$U_{\varepsilon}^{(k)} = \frac{1}{2} E^{(k)} A^{(k)} l^{(k)} (\varepsilon^{(k)})^2 \tag{7.4}$$

式中，$E^{(k)}$ 为双层环形天线单元中第 k 个元件的材料弹性模量；$A^{(k)}$ 为双层环形天线单元中第 k 个元件的横截面面积；$l^{(k)}$ 为双层环形天线单元中第 k 个元件的长度；$\varepsilon^{(k)}$ 为双层环形天线单元中第 k 个元件的主应变。

因此，天线单元的总应变能为

$$
\begin{aligned}
U_\varepsilon &= \sum_M U_\varepsilon^{(k)} = \frac{1}{2}\sum_M E^{(k)}A^{(k)}l^{(k)}(\varepsilon^{(k)})^2 \\
&= \frac{1}{2}\times\frac{1}{2}E_1 A_1 l_1 \sum_{k=1}^{4}(\varepsilon^{(k)})^2 + \frac{1}{2}E_{d'}A_{d'}l_{d1'}\sum_{k=5}^{6}(\varepsilon^{(k)})^2 + \frac{1}{2}E_{d'}A_{d'}l_{d2'}\sum_{k=9}^{10}(\varepsilon^{(k)})^2 \\
&\quad + \frac{1}{2}\times\frac{1}{2}E_{d'}A_{d'}l_{d3'}\sum_{k=7,8,11,12}(\varepsilon^{(k)})^2 + \frac{1}{2}E_{m'}A_{m'}l_{m1'}\sum_{k=13}^{16}(\varepsilon^{(k)})^2 + \frac{1}{2}E_{m'}A_{m'}l_{m2'}\sum_{k=17}^{20}(\varepsilon^{(k)})^2 \\
&\quad + \frac{1}{2}E_{n'}A_{n'}l_{n1'}\sum_{k=21}^{22}(\varepsilon^{(k)})^2 + \frac{1}{2}E_{n'}A_{n'}l_{n2'}\sum_{k=23}^{24}(\varepsilon^{(k)})^2 + \frac{1}{2}\times\frac{1}{2}E_{f'}A_{f'}l_{f'}\sum_{k=25}^{28}(\varepsilon^{(k)})^2
\end{aligned}
\tag{7.5}
$$

式中，下标1、d′、m′、n′ 和 f′ 分别对应纵杆、斜拉索、曲柄连杆、横杆和中央连接杆件；d1′、d2′ 和 d3′ 为外层斜拉索、内层斜拉索和中央连接单元平面内的斜拉索，m1′ 和 m2′ 为外层和内层曲柄连杆，n1′ 和 n2′ 为外层和内层横杆。

纵杆、中央连接单元平面内的斜拉索和中央连系杆件为相邻两个周期单元所共用，故其应变能在计算时取原值的 1/2。

双层环形天线单元的应变能最终可以表示为关于双层环形天线单元中心轴线应变的形式：

$$
\begin{aligned}
U_\varepsilon &= \sum_{\text{members}} U_\varepsilon^{(k)} = \frac{1}{2}\sum_{\text{members}} E^{(k)}A^{(k)}l^{(k)}(\varepsilon^{(k)})^2 \\
&= \frac{1}{2}C_{11}(\varepsilon_x^0)^2 + \frac{1}{2}C_{22}(\gamma_{xz}^0)^2 + \frac{1}{2}C_{33}(\gamma_{xy}^0)^2 + \frac{1}{2}C_{44}(\kappa_x^0)^2 + \frac{1}{2}C_{55}(\kappa_y^0)^2 \\
&\quad + \frac{1}{2}C_{66}(\kappa_z^0)^2 + \frac{1}{2}C_{15}\varepsilon_x^0\kappa_y^0 + \frac{1}{2}C_{24}\gamma_{xz}^0\kappa_x^0
\end{aligned}
\tag{7.6}
$$

式中

$$
C_{11} = 2\left(E_1 A_1 l_1 + E_{d'}A_{d'}l_{d1'}\sin^4\gamma + E_{d'}A_{d'}l_{d2'}\sin^4\theta + E_{d'}A_{d'}l_{d3'}\sin^4\alpha + \frac{1}{4}E_{m'}A_{m'}l_{m1'} + \frac{1}{4}E_{m'}A_{m'}l_{m2'}\right)
$$

$$
\begin{aligned}
C_{22} = 2\Big(&E_{d'}A_{d'}l_{d1'}\sin^2\gamma\cos^2\gamma + E_{d'}A_{d'}l_{d2'}\sin^2\theta\cos^2\theta + \frac{1}{4}E_{m'}A_{m'}l_{m1'} \\
&+ \frac{1}{4}E_{m'}A_{m'}l_{m2'} + E_{d'}A_{d'}l_{d3'}\sin^2\alpha\cos^2\beta\Big)
\end{aligned}
$$

$$
C_{33} = 2(E_{d'}A_{d'}l_{d3'}\sin^2\alpha\cos^2\alpha\sin^2\beta)
$$

$$
\begin{aligned}
C_{44} = 2\Big(&\frac{1}{4}E_{d'}A_{d'}l_{d1'}\sin^2\gamma\cos^2\gamma l_b^2 + \frac{1}{4}E_{d'}A_{d'}l_{d2'}\sin^2\theta\cos^2\theta l_b^2 \\
&+ \frac{1}{4}E_{d'}A_{d'}l_{d3'}\sin^2\alpha\cos^2\alpha\sin^2\beta l_d^2 + \frac{1}{16}E_{m'}A_{m'}l_{m1'}l_b^2 + \frac{1}{16}E_{m'}A_{m'}l_{m2'}l_b^2\Big)
\end{aligned}
$$

$$C_{55} = 2\left(\frac{1}{8}E_1A_1l_1(l_{c1}^2 + l_{c2}^2) + \frac{1}{4}E_{d'}A_{d'}l_{d1'}\sin^4\gamma l_b^2 + \frac{1}{4}E_{d'}A_{d'}l_{d2'}\sin^4\theta l_b^2 + \frac{1}{16}E_{m'}A_{m'}l_{m1'}l_b^2\right.$$
$$\left. + \frac{1}{16}E_{m'}A_{m'}l_{m2'}l_b^2\right)$$

$$C_{66} = 2\left(\frac{1}{4}E_1A_1l_1l_b^2 + \frac{1}{4}E_{d'}A_{d'}l_{d3'}\sin^4\alpha l_b^2 + \frac{1}{16}E_{m'}A_{m'}l_{m1'}l_e^2 + \frac{1}{16}E_{m'}A_{m'}l_{m2'}l_f^2\right)$$

$$C_{15} = 2\left(-E_{d'}A_{d'}l_{d1'}\sin^4\gamma l_b - E_{d'}A_{d'}l_{d2'}\sin^4\theta l_b - \frac{1}{4}E_{m'}A_{m'}l_{m1'}l_b + \frac{1}{4}E_{m'}A_{m'}l_{m2'}l_b\right)$$

$$C_{24} = 2\left(E_{d'}A_{d'}l_{d1'}\sin^2\gamma\cos^2\gamma + E_{d'}A_{d'}l_{d2'}\sin^2\theta\cos^2\theta + \frac{1}{4}E_{m'}A_{m'}l_{m1'}l_b\right.$$
$$\left. - \frac{1}{4}E_{m'}A_{m'}l_{m2'}l_b - E_{d'}A_{d'}l_{d3'}\sin\alpha\cos\beta l_d\right)$$

2. 单元动能计算

刚体运动为动能中的主要部分，因此计算周期单元的动能时可忽略位移中的应变项，则双层环形天线单元中杆单元及斜拉索单元的动能可以表示为

$$K^{(k)} = \frac{1}{6}\omega^2\rho^{(k)}A^{(k)}l^{(k)}(u^iu^i + u^iu^j + u^ju^j + v^iv^i + v^iv^j + v^jv^j + w^iw^i + w^iw^j + w^jw^j) \quad (7.7)$$

式中，u^i、v^i、w^i、u^j、v^j、w^j 为第 k 个元件两端节点的位移；ω 为双层环形天线单元的振动圆频率；$\rho^{(k)}$ 为第 k 个元件的材料密度。

双层环形天线单元中角块质量或滑块质量的动能为

$$K^{(m)} = \frac{1}{2}\omega^2 m^{(m)}(u^{(m)}u^{(m)} + v^{(m)}v^{(m)} + w^{(m)}w^{(m)}) \quad (7.8)$$

式中，$u^{(m)}$、$v^{(m)}$、$w^{(m)}$ 为角块或滑块节点的位移；$m^{(m)}$ 为角块质量或滑块质量。

因此，双层环形天线单元的总动能为

$$K = \sum_{\text{members}}(K^{(k)} + K^{(m)}) \quad (7.9)$$

计算得到

$$K = \frac{1}{2}B_1\omega^2(u^0u^0 + v^0v^0 + w^0w^0) + \frac{1}{2}B_2\omega^2(\phi_x\phi_x + \phi_y\phi_y)$$
$$+ \frac{1}{2}B_3\omega^2(\phi_x\phi_x + \phi_z\phi_z) + \frac{1}{2}B_4\omega^2(w^0\phi_x - u^0\phi_z) \quad (7.10)$$

式中，u^0、v^0、w^0 分别为 $y = z = 0$ 处单元的位移；ϕ_x、ϕ_y、ϕ_z 分别为 x、y、z 三个方向的转角；

$$B_1 = 2(\rho_1A_1l_1 + \rho_{b1}A_{b1}l_{b1} + \rho_{b2}A_{b2}l_{b2} + \rho_{b3}A_{b3}l_{b3}$$
$$+ \rho_{d1}A_{d1}l_{d1} + \rho_{d2}A_{d2}l_{d2} + 2\rho_{m1}A_{m1}l_{m1} + 2\rho_{m2}A_{m2}l_{m2} + 2m_1 + 2m_2)$$

$$B_2 = 2\left(\frac{l_{c1}}{2}\right)^2 \left(\frac{1}{3}\rho_{b1}A_{b1}l_{b1} + \frac{1}{3}\rho_{b2}A_{b2}l_{b2} + \frac{1}{2}\rho_1 A_1 l_1 + \frac{1}{3}\rho_{d3}A_{d3}l_{d3} + \frac{1}{3}\rho_{d1}A_{d1}l_{d1} + \frac{2}{3}\rho_{m1}A_{m1}l_{m1}\right.$$

$$+ m_1 + m_2\Big) + 2\left(\frac{l_{c2}}{2}\right)^2 \left(\frac{1}{3}\rho_{b1}A_{b1}l_{b1} + \frac{1}{3}\rho_{b2}A_{b2}l_{b2} + \frac{1}{2}\rho_1 A_1 l_1 + \frac{1}{3}\rho_{d3}A_{d3}l_{d3} + \frac{1}{3}\rho_{d2}A_{d2}l_{d2}\right.$$

$$+ \frac{2}{3}\rho_{m2}A_{m2}l_{m2} + m_1 + m_2\Big) + 2\left(\frac{l_{c1}}{2}\frac{l_{c2}}{2}\right)\left(\frac{1}{3}\rho_{b1}A_{b1}l_{b1} + \frac{1}{3}\rho_{d3}A_{d3}l_{d3}\right)$$

$$B_3 = 2\left(\frac{l_b}{2}\right)^2 \left(\frac{1}{3}\rho_{b1}A_{b1}l_{b1} + \rho_{b2}A_{b2}l_{b2} + \rho_{b3}A_{b3}l_{b3} + \rho_1 A_1 l_1 \right.$$

$$+ \frac{1}{3}\rho_{d3}A_{d3}l_{d3} + \rho_{d1}A_{d1}l_{d1} + \rho_{d2}A_{d2}l_{d2} + 2\rho_{m1}A_{m1}l_{m1} + 2\rho_{m2}A_{m2}l_{m2} + 2m_1 + 2m_2\Big)$$

$$B_4 = 2\frac{l_b}{2}(2\rho_{b2}A_{b2}l_{b2} - 2\rho_{b3}A_{b3}l_{b3} + 2\rho_{d1}A_{d1}l_{d1} - 2\rho_{d2}A_{d2}l_{d2})$$

7.4.2　连续体应变能及动能计算

1. 连续体应变能

从周期单元总的应变能的表达式可以看出，其中存在拉伸与横向弯曲以及扭转与剪切的耦合项。因此，周期单元的等效需要采用各向异性梁模型。各向异性梁的应变能为

$$U_\varepsilon = \frac{1}{2}\int_l \boldsymbol{\Gamma}^{\mathrm{T}}\boldsymbol{D}\boldsymbol{\Gamma}\mathrm{d}x \tag{7.11}$$

式中，$\boldsymbol{\Gamma}$ 为梁中性轴上的应变向量，为

$$\boldsymbol{\Gamma} = \begin{bmatrix} \varepsilon_{x0} & \gamma_{xz0} & \gamma_{xy0} & \kappa_{x0} & \kappa_{y0} & \kappa_{z0} \end{bmatrix}^{\mathrm{T}} \tag{7.12}$$

$\boldsymbol{D}$ 为弹性矩阵，为

$$\boldsymbol{D} = \begin{bmatrix} EA' & \eta_{12} & \eta_{13} & \eta_{14} & \eta_{15} & \eta_{16} \\ & GA'_z & \eta_{23} & \eta_{24} & \eta_{25} & \eta_{26} \\ & & GA'_y & \eta_{34} & \eta_{35} & \eta_{36} \\ & & & GJ' & \eta_{45} & \eta_{46} \\ & & & & EI'_y & \eta_{56} \\ & & & & & EI'_z \end{bmatrix} \tag{7.13}$$

$\boldsymbol{\Gamma}$ 中元素 ε_{x0}、γ_{xz0}、γ_{xy0}、κ_{x0}、κ_{y0}、κ_{z0} 为梁中性轴上的应变和曲率。在周期单元的位移展开式中已经忽略了应变的导数项，认为周期单元内部的应变为常量，故认定等效梁单元模型的应变也为常量，等于周期单元中心处的应变。弹性矩阵 $\boldsymbol{D}$ 中的元素 EA'、GA'_z、GA'_y、GJ'、EI'_z 和 EI'_y 分别为空间等效梁模型的拉伸、剪切、扭转和弯曲刚度；$\eta_{ij}(i,j=1,2,\cdots,5,i\neq j)$ 为各刚度的耦合项系数。

2. 连续体动能表达

根据位移线性关系，忽略与 ε_y^0、ε_z^0、γ_{yz}^0 有关的位移中的应变项，与双层环形天线单元高度相同的各向异性连续体等效模型的动能为[7,8]

$$K_c = \frac{1}{2}l_1\omega^2[m_{11}(u^0u^0 + v^0v^0 + w^0w^0) + 2m_{12}(-u^0\phi_z + w^0\phi_x) + 2m_{13}(u^0\phi_y - v^0\phi_x)$$
$$- 2m_{23}\phi_y\phi_z + m_{22}(\phi_x\phi_x + \phi_y\phi_y) + m_{33}(\phi_x\phi_x + \phi_z\phi_z)] \tag{7.14}$$

式中，m_{11}、m_{12}、m_{13}、m_{22}、m_{23}、m_{33} 为梁单元动能等效系数；ω 为梁单元的振动圆频率。

在计算单元的动能时已经忽略了应变项，即认为单元内部的速度为常量，因此认为等效梁模型的速度在单元长度内也为常量，等于单元中心处的速度。

7.4.3　天线单元连续体等效模型建立

1. 等效模型刚度矩阵推导

令等效梁模型的长度为周期单元纵杆的长度 l_1，可以得到双层环形天线单元连续体等效模型的等效刚度矩阵为 $EA' = \dfrac{C_{11}}{l_1}$、$GA_z' = \dfrac{C_{22}}{l_1}$、$GA_y' = \dfrac{C_{33}}{l_1}$、$GJ' = \dfrac{C_{44}}{l_1}$、$EI_y' = \dfrac{C_{55}}{l_1}$、$EI_z' = \dfrac{C_{66}}{l_1}$、$\eta_{15} = \dfrac{C_{15}}{2l_1}$ 和 $\eta_{24} = \dfrac{C_{24}}{2l_1}$，$\eta_{ij}(i,j=1,2,\cdots,5,i\neq j)$ 的其余项取值为 0。

2. 等效模型质量矩阵推导

双层环形天线单元连续体等效模型的等效质量参数为 $m_{11} = \dfrac{B_1}{l_1}$、$m_{22} = \dfrac{B_2}{l_1}$、$m_{33} = \dfrac{B_3}{l_1}$ 和 $m_{12} = \dfrac{B_4}{2l_1}$，$m_{ij}(i,j=1,2,\cdots,6,i\neq j)$ 的其余项取值为 0。

得到等效模型的刚度和质量矩阵即完成了双层环形天线单元连续体等效模型的建立。按照原结构的几何构型，将等效的空间梁拼接成环形结构，就完成了整个双层环形天线连续体等效模型的建立。

7.4.4　等效动力学模型验证

1. 单元梁等效模型验证

1) 等效模型计算结果

以口径为 20m 的双层环形天线为例，运用以上等效方法计算天线的刚度和质量参数。天线的结构件材料和结构参数分别如表 7.3 和表 7.4 所示。

表 7.3　天线结构件材料

结构件	横杆	纵杆	角块	滑块	斜拉索
材料	铝合金	铝合金	铝合金	铝合金	凯芙拉

表 7.4　天线单元结构参数

参数名称	数值	参数名称	数值
杆件内、外径/mm	40/38	角度 γ /(°)	46.752
中央连杆长度/mm	1296.4	角度 θ /(°)	49.555
外层横杆长度/mm	2704.1	角度 α /(°)	64.984
内层横杆长度/mm	2366.4	角度 β /(°)	82.512
l_{c3} /mm	476.5	杆的弹性模量 E_1 /GPa	70
l_{c4} /mm	476.5	斜拉索的弹性模量 E_d /GPa	500
纵杆长度/mm	2776	杆的密度 ρ_1（ ρ_{b1}、 ρ_{b2}、 ρ_{b3}）/(kg/m³)	2700
曲柄连杆长度/mm	673.8	斜拉索的密度 ρ_{d1}（ ρ_{d2}、 ρ_{d3}）/(kg/m³)	1570
拉索直径/mm	2		

　　天线机构中角点质量 $m_1 = 0.1\text{kg}$ ，滑块质量 $m_2 = 0.1\text{kg}$ 。将环形桁架单元的参数分别代入单元等效刚度表达式与等效质量参数表达式，得到环形桁架单元刚度参数如表 7.5 所示，质量参数如表 7.6 所示。

表 7.5　环形桁架单元刚度参数

弯曲刚度 EI_z' /(N·m²)	弯曲刚度 EI_y' /(N·m²)	扭转刚度 GJ' /(N·m)	剪切刚度 GA_z' /N	剪切刚度 GA_y' /N	轴向刚度 EA' /N	刚度耦合系数 η_{15}	刚度耦合系数 η_{24}
8.0×10^6	2.9×10^7	1.5×10^6	2.9×10^6	0.2×10^6	2.1×10^7	-0.7×10^6	0.2×10^6

表 7.6　环形桁架单元质量参数

单元线密度 m_{11} /(kg/m)	转动惯量系数 m_{22} /(kg·m)	转动惯量系数 m_{33} /(kg·m)	惯性耦合系数 m_{12}
3.296	3.235	1.286	0.0543

2) 试验验证

　　将环形桁架单元结构采用 ANSYS 软件进行建模分析和模态分析试验，分别求得天线单元机构的前 2 阶自由模态频率值，通过对试验值与等效模型计算值及单元有限元仿真结果进行比较分析，验证上述理论分析的正确性。

双层环形桁架式可展开天线机构单元模态试验测试系统如图 7.20 所示。在待测单元机构的四个角点处用柔性软绳垂直将其悬吊在组合式微重力补偿试验台架上，通过力锤施加激励，利用加速度传感器测量被测点的响应，并将测量信号通过多通道振动测试分析系统输入模态分析软件中进行分析，从而获得单层天线机构的模态。模态分析软件采用 LMS 的 Test.lab 软件，加速度传感器采用 PCB 公司的三轴压电加速度传感器。

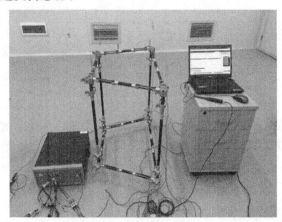

图 7.20　双层环形桁架式可展开天线机构单元模态试验测试系统

采用三种方法得到的天线单元机构前 2 阶的振型图如图 7.21 和图 7.22 所示。

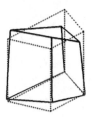

(a) 模态测试结果　　　　　(b) 等效梁单元结果　　　　　(c) 有限元仿真结果

图 7.21　天线单元机构 1 阶模态振型

(a) 模态测试结果　　　　　(b) 等效梁单元结果　　　　　(c) 有限元仿真结果

图 7.22　天线单元机构 2 阶模态振型

天线单元机构等效梁模型、有限元及试验求得的双层单元机构的前 2 阶模态的固有频率值如表 7.7 所示。

表 7.7　天线单元机构前 2 阶模态的固有频率　　　　　　　　（单位：Hz）

模态阶次	等效梁模型计算频率	有限元仿真频率	试验频率
1	43.358	47.454	40.113
2	54.396	51.658	42.845

定义相对误差为

$$\Delta f = \frac{\left| f_i^e - f_i^o \right|}{f_i^o} \times 100\% \tag{7.15}$$

式中，f_i^e 和 f_i^o 分别为等效连续体模型和有限元软件计算得出的 i 阶固有频率。

从表 7.7 中可以得到，相对于有限元计算结果，模型的 1 阶模态频率的相对误差为 8.63%，2 阶模态频率的相对误差为 6.30%，总体相差不大，证明了本书等效模型的正确性。等效梁模型计算和有限元仿真得出的固有频率值普遍比试验值大，这是因为单元样机的装配与锁定后铰链间的间隙削弱了各向刚度，使得其固有频率降低。

2. 天线机构等效模型验证

图 7.16 所示为由 24 个天线单元机构环形阵列而构成的口径为 20m 的双层环形天线机构。将前面建立的等效梁单元按照几何拓扑关系进行环形阵列，相邻单元之间采用绑定约束，从而完成可展开天线机构的动力学等效模型的建立。

等效后的三维环形结构采用自编的考虑剪切变形及材料各向异性的有限元程序计算分析。对环形桁架结构和等效连续体模型分别进行自由模态分析，得到环形桁架结构的振型如图 7.23 所示。

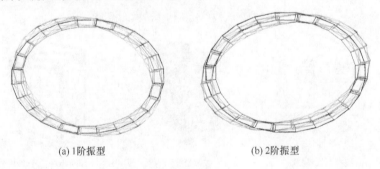

(a) 1 阶振型　　　　　　　　　　　　　　(b) 2 阶振型

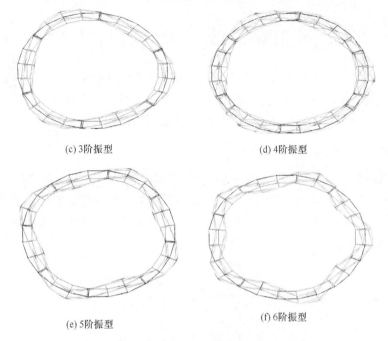

(c) 3阶振型　　　　　　　　　　　　　(d) 4阶振型

(e) 5阶振型　　　　　　　　　　　　　(f) 6阶振型

图 7.23　环形桁架结构的振型

从图 7.23 中可以看出，环形桁架结构的 1 阶和 4 阶为扭转模态，2 阶、3 阶、5 阶和 6 阶为弯曲模态。对比环形可展开天线机构和等效连续体模型的固有频率，可见采用等效连续体模型可以获得天线机构的各阶模态，对应前 6 阶模态的固有频率最大误差为 4.96%；等效连续体模型高阶模态的精度要优于低阶模态，得到的弯曲模态的固有频率值比原结构略低，而扭转模态的固有频率比原结构略高。因此，等效模型能够较为准确地获得环形桁架结构的各阶模态振型所对应的固有频率。

表 7.8 为等效连续体模型前 6 阶固有频率与有限元模型的对比情况。

表 7.8　两种模型的固有频率对比

阶次	双层环形天线频率/Hz	等效结构频率/Hz	相对误差/%
1	0.9508	0.9036	4.96
2	0.9714	0.9516	2.04
3	1.6852	1.6495	2.12
4	2.5852	2.5363	1.89
5	2.5227	2.4707	2.06
6	3.3398	3.2717	2.04

7.5　双层环形桁架式可展开天线机构动力学特性分析

本节以口径为 20m 的双层环形桁架式天线机构为例进行分析。首先对单元节点受力进行分析，然后对双层环形桁架进行模态分析，最后对其基频的影响因素进行灵敏度分析，得出提高机构展开后状态基频的设计方案。

7.5.1　双层环形桁架节点受力分析

双层环形桁架式可展开天线机构的单元构架受力情况如图 7.24 所示。为提高机构的刚度，需在对角斜拉索上施加一定的预紧力。预紧力的取值对于结构刚度及结构稳定性至关重要，因此可建立双层环形桁架式可展开天线机构单元的静力学分析模型来求取预紧力的取值范围。

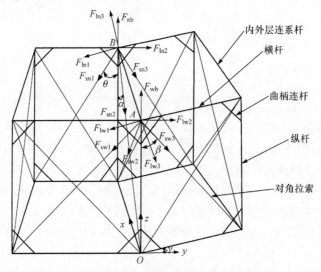

图 7.24　单元构架受力图

整个结构是索杆桁架式自稳定静力平衡结构，拉索预紧力与杆件压力相互平衡，A、B 两个节点的受力情况如图 7.24 所示。

利用节点法分析各杆件的受力情况，A 点处 x、y、z 方向的合力为

$$\begin{cases} \sum F_x = -F_{lw3} + F_{sw2}\sin\alpha - F_{lw1}\sin\dfrac{180°}{n} - F_{lw2}\sin\dfrac{180°}{n} \\ \qquad + F_{sw1}\sin\beta\sin\dfrac{180°}{n} + F_{sw3}\sin\beta\sin\dfrac{180°}{n} = 0 \\ \sum F_y = F_{lw2}\cos\dfrac{180°}{n} - F_{lw1}\cos\dfrac{180°}{n} - F_{sw1}\sin\beta\cos\dfrac{180°}{n} + F_{sw3}\sin\beta\cos\dfrac{180°}{n} = 0 \\ \sum F_z = F_{wb} - F_{sw1}\cos\beta - F_{sw3}\cos\beta - F_{sw2}\cos\alpha = 0 \end{cases} \tag{7.16}$$

B 点处 x、y、z 方向的合力为

$$\begin{cases} \sum F_x = F_{\text{ln}3} - F_{\text{sn}2}\sin\theta - F_{\text{ln}1}\sin\dfrac{180°}{n} - F_{\text{ln}2}\sin\dfrac{180°}{n} + F_{\text{sn}1}\sin\theta\sin\dfrac{180°}{n} \\ \qquad + F_{\text{sn}3}\sin\theta\sin\dfrac{180°}{n} = 0 \\ \sum F_y = F_{\text{ln}2}\cos\dfrac{180°}{n} - F_{\text{ln}1}\cos\dfrac{180°}{n} - F_{\text{sn}1}\sin\theta\cos\dfrac{180°}{n} + F_{\text{sn}3}\sin\theta\cos\dfrac{180°}{n} = 0 \\ \sum F_z = F_{\text{nb}} - F_{\text{sn}1}\cos\theta - F_{\text{sn}3}\cos\theta - F_{\text{sn}2}\cos\alpha = 0 \end{cases} \tag{7.17}$$

设对角斜拉索的拉力为

$$F_{\text{sw}1} = F_{\text{sw}2} = F_{\text{sw}3} = F_{\text{sn}1} = F_{\text{sn}2} = F_{\text{sn}3} = F_s \tag{7.18}$$

由于各横杆受力相同，则有 $F_{\text{lw}1} = F_{\text{lw}2} = F_{\text{lw}}$，$F_{\text{ln}1} = F_{\text{ln}2} = F_{\text{ln}}$，$F_{\text{lw}3} = F_1$。

双层环形桁架式可展开天线机构单元的外层、内层纵杆的压力分别为

$$F_{\text{wb}} = F_s(2\cos\beta + \cos\alpha) \tag{7.19}$$

$$F_{\text{nb}} = F_s(2\cos\theta + \cos\alpha) \tag{7.20}$$

由图 7.24 可知，外层横杆和内层横杆的受力形式完全相同，为了方便后续计算，假设外层横杆受力与内层横杆受力之间的关系为

$$F_{\text{lw}} = k \cdot F_{\text{ln}} \tag{7.21}$$

则外层横杆、内层横杆和连系桁架杆的受力分别为

$$F_{\text{lw}} = F_s \frac{k\left[2\sin\dfrac{180°}{n}(\sin\beta + \sin\theta) + \sin\alpha - \sin\theta\right]}{2(1+k)\sin\dfrac{180°}{n}} \tag{7.22}$$

$$F_{\text{ln}} = F_s \frac{\left[2\sin\dfrac{180°}{n}(\sin\beta + \sin\theta) + \sin\alpha - \sin\theta\right]}{2(1+k)\sin\dfrac{180°}{n}} \tag{7.23}$$

$$F_1 = F_s \left\{ \frac{\left[2\sin\dfrac{180°}{n}(\sin\beta + \sin\theta) + \sin\alpha - \sin\theta\right]}{1+k} + \sin\theta - 2\sin\theta\sin\dfrac{180°}{n} \right\} \tag{7.24}$$

双层环形桁架中的所有杆件均受压力，杆件的约束形式为两端铰支，长度因数 $\mu = 1$。为防止杆件失稳，应有 $F_{\text{wb}} < F_{\text{wb cr}}$、$F_{\text{nb}} < F_{\text{nb cr}}$、$F_{\text{lw}} < F_{\text{lw cr}}$、$F_{\text{ln}} < F_{\text{ln cr}}$、$F_1 < F_{\text{1cr}}$，$F_{\text{nb cr}}$、$F_{\text{wb cr}}$、$F_{\text{ln cr}}$、$F_{\text{lw cr}}$、$F_{\text{1cr}}$ 分别为内外层纵杆、内外层横杆和连系桁架杆的失稳临界力。因此，对角斜拉索预紧力的取值范围为

$$0 < F_s < \mathrm{Min} \left(\begin{array}{c} \dfrac{\pi^2 E_1 I_1}{2l_1^2 \left[\dfrac{2\sin\dfrac{180°}{n}(\sin\beta + \sin\theta) + \sin\alpha - \sin\theta}{1+k} + \sin\theta - 2\sin\theta\sin\dfrac{180°}{n} \right]} \\[3em] \dfrac{\pi^2 E_{wb} I_{wb}}{2l_{wb}^2 (2\cos\beta + \cos\alpha)} \\[2em] \dfrac{\pi^2 E_{nb} I_{nb}}{2l_{nb}^2 (2\cos\theta + \cos\alpha)} \\[2em] \dfrac{\pi^2 E_{lw} I_{lw}}{2l_{lw}^2 \dfrac{k\left[2\sin\dfrac{180°}{n}(\sin\beta + \sin\theta) + \sin\alpha - \sin\theta \right]}{2(1+k)\sin\dfrac{180°}{n}}} \\[3em] \dfrac{\pi^2 E_{ln} I_{ln}}{F_s \dfrac{2\sin\dfrac{180°}{n}(\sin\beta + \sin\theta) + \sin\alpha - \sin\theta}{2(1+k)\sin\dfrac{180°}{n}}} \end{array} \right.$$

$$(7.25)$$

式中，$E_{wb}I_{wb}$ 为外层纵杆的抗弯刚度；$E_{nb}I_{nb}$ 为内层纵杆的抗弯刚度；$E_{lw}I_{lw}$ 为外层横杆的抗弯刚度；$E_{ln}I_{ln}$ 为内层横杆的抗弯刚度；E_1I_1 为连系桁架杆的抗弯刚度；l_{wb} 为外层纵杆的长度；l_{nb} 为内层纵杆的长度；l_{lw} 为外层横杆的长度；l_{ln} 为内层横杆的长度；l_1 为连系桁架杆的长度。

7.5.2　双层环形桁架固有频率影响因素分析

基于天线机构有限元模型，通过改变模型的结构和材料参数分析双层环形桁架频率影响因素及整个机构固有频率对结构参数的敏感程度。含索双层天线结构的前 4 阶振型分别为面内不对称收缩、面外弯曲、一阶扭转和面内对称收缩，可以很好地表征双层天线结构的面内和面外刚度，因此只对前 4 阶的模态进行计算与分析。

1. 纵杆参数对固有频率的影响

纵杆参数包括纵杆直径及纵杆材料参数。图 7.25 和图 7.26 分别为通过有限元仿真分析得到的纵杆直径及纵杆材料对双层天线结构前 4 阶固有频率的影响。从图 7.25 可以看出，双层天线结构的 1 阶固有频率随着纵杆直径的增大而增加，而

2 阶、3 阶、4 阶固有频率随着纵杆直径的增大而减少，且各阶模态振型对应的固有频率增幅均在 10% 以内。其中，2 阶和 3 阶固有频率的增幅在 2% 以内，1 阶固有频率增幅最大，为 10.63%。

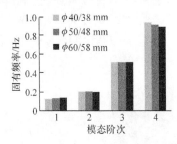
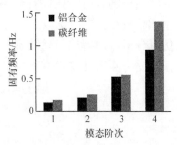

图 7.25　纵杆直径对固有频率的影响　　图 7.26　纵杆材料对固有频率的影响

从图 7.26 中可以看出，碳纤维材料与铝合金相比具有高弹性模量，密度低，因此双层天线结构的弯曲、扭转各阶固有频率均增大，前 4 阶固有频率分别增加 32.75%、25.80%、6.8% 和 45.53%。

2. 内外层横杆直径对固有频率的影响

内外层横杆直径对固有频率的影响如图 7.27 所示，可见双层天线结构的各阶弯曲固有频率和扭转固有频率随着横杆直径的增大而增加。横杆截面面积变化对 1 阶和 2 阶固有频率影响较小，横杆直径从 40mm 增加到 60mm 时，对应的固有频率变化在 15% 以内。内外层横杆材料分别为铝合金、碳纤维时的双层环形桁架式天线结构的固有频率变化规律与纵杆的情况一致。

3. 连系桁架杆直径对固有频率的影响

连系桁架杆直径对固有频率的影响如图 7.28 所示，可见双层天线结构的各阶弯曲固有频率和扭转固有频率随着连系桁架杆直径的增大而增加，对应的固有频率变化在 9% 以内。连系桁架杆材料分别为铝合金、碳纤维时的双层环形桁架式可展开天线机构的固有频率变化规律与纵杆的情况一致。

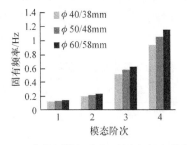
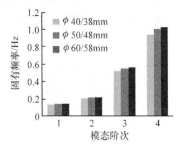

图 7.27　内外层横杆直径对固有频率的影响　　图 7.28　连系桁架杆直径对固有频率的影响

4. 索截面积对固有频率的影响

计算得到索截面积对固有频率的影响如图 7.29 所示。随着索截面积的增加，双层天线结构的各阶弯曲固有频率和各阶扭转固有频率不断增大，1 阶和 4 阶固有频率增幅较小，在 3% 以内，而 2 阶和 3 阶固有频率增幅较大，在 20% 左右。通过仿真分析可以得出，随着索预紧力的增加，双层天线结构的各阶弯曲频率和各阶扭转固有频率几乎没有变化。

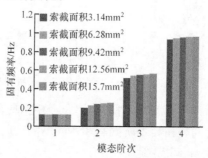

图 7.29　索截面积对固有频率的影响

7.5.3　影响因素灵敏度分析

为了便于分析各个结构参数对天线结构各阶固有频率的影响，本节就天线结构的各个参数对整个结构的固有频率进行灵敏度分析。双层天线机构固有频率 f_i 对参数 x_i 的灵敏度可以表示为

$$\eta(f_i / x_j) = \lim_{\Delta x_j \to 0} \frac{\Delta f_i / f_i}{\Delta x_j / x_j}, \quad x_j \neq 0, f_i \neq 0 \tag{7.26}$$

式中，f_i 为双层天线机构的第 i 阶固有频率；x_j 为双层天线机构的某一结构参数；Δx_j 为双层天线机构的某一结构参数的变化量；Δf_i 为结构参数变化 Δx_j 引起的双层天线机构的 i 阶固有频率变化量。

通过上述方法计算出结构参数摄动 50% 引起双层天线结构四种模态振型所对应的固有频率变化的灵敏度，如表 7.9 所示。表中，灵敏度为负值表示结构的固有频率随结构参数的增加而减小，为正值表示结构的固有频率随结构参数的增加而增加。

表 7.9　结构参数摄动 50% 引起双层天线结构固有频率变化的灵敏度

结构参数	面内不对称收缩振型	面外弯曲振型	1 阶扭转振型	面内对称收缩振型
纵杆直径	0.213	−0.041	−0.013	−0.100
横杆直径	0.237	0.309	0.417	0.447

续表

结构参数	面内不对称收缩振型	面外弯曲振型	1 阶扭转振型	面内对称收缩振型
连系桁架杆直径	0.156	0.049	0.132	0.178
索截面积	0.031	0.496	0.203	0.060
索拉力	2.033×10^{-3}	1.958×10^{-3}	1.914×10^{-4}	1.696×10^{-4}

从表 7.9 可以看出,天线结构面内不对称收缩振型对应的固有频率对横杆直径最为敏感,对索拉力不敏感。索截面积对天线结构的面外弯曲振型对应的固有频率影响最大。横杆直径对结构的 1 阶扭转固有频率影响较大。横杆直径对结构的面内对称收缩固有频率影响较大。纵杆直径变化计算得到的面外弯曲振型、1 阶扭转振型及面内对称收缩振型所对应的固有频率灵敏度为负值,即天线结构随着纵杆直径的增加而减小。

综上所述,提高四种模态振型所对应的固有频率的有效措施为增加横杆直径和索截面积,增加连系桁架杆直径。

7.6　本 章 小 结

本章提出了基于连系桁架与基于四棱柱可展开单元的两种构建双层环形可展开天线机构的方案,设计了一种由弹性铰链驱动的曲柄滑块式基本可展开单元及由其组成的双层环形可展开天线机构,实现了超大口径可展开天线机构的轻量化、高刚度、无源驱动设计,为大型可展开天线机构设计奠定了基础。

参 考 文 献

[1] Escrig F. Expandable space structures[J]. International Journal of Space Structures, 1985, 1(2): 79-91.

[2] Santiago P J, Such T M. Innovative deployable reflector design[C]. Proceedings of the 33rd ESA Antenna Workshop on Challenges for Space Antenna Systems, Noordwijk, 2011:18-21.

[3] You Z, Pellegrino S. Cable-stiffened pantographic deployable structures part 2: mesh reflector[J]. AIAA Journal, 1997, 35(8):1348-1355.

[4] Dai L, Guan F L, Guest J K. Structural optimization and model fabrication of a double-ring deployable antenna truss[J]. Acta Astronautica, 2014, 94(2):843-851.

[5] Xu Y, Guan F L, Chen J J, et al. Structural design and static analysis of a double-ring deployable truss for mesh antennas[J]. Acta Astronautica, 2012, 81(2): 545-554.

[6] Shi C, Guo H W, Li M, et al. Conceptual configuration synthesis of line-foldable type quadrangular prismatic deployable unit based on graph theory[J]. Mechanism and Machine Theory, 2018, 121:563-582.

[7] Renton J D. Elastic Beams and Frames[M]. Cambridge: Woodhead Publishing, 2002.

[8] Guo H W, Shi C, Li M, et al. Design and dynamic equivalent modeling of double-layer hoop deployable antenna[J]. International Journal of Aerospace Engineering, 2018, 2018(4):1-15.

第 8 章　基于 Bennett 单元的可展开天线机构设计

对于一个模块化可展开机构，要实现折展性能良好的目标，首先要选择折展性能良好的基础单元。本章以折展性能较优的 Bennett 机构替代构型为基础单元，采用过渡单元法，构建折展性能良好的机构网络；对机构网络的自由度进行分析，证明组网方式的可行性；对组网时的参数进行分析，得到机构网络的形面类型；利用构造出的机构网络，拟合出可展开天线机构。

8.1　Bennett 机构及其替代构型

8.1.1　Bennett 机构

Bennett 机构是一个空间单闭环过约束机构，仅有 4 个转动副，相邻两转动副既不平行也不相交，如图 8.1 所示。

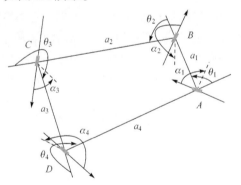

图 8.1　Bennett 机构

Bennett 机构作为一个过约束机构，其自由度不满足 Grübler-Kutzbach 公式，需要满足如下几何约束条件才能具有 1 个自由度：

$$\begin{cases} a_1 = a_3 = a, \ a_2 = a_4 = b \\ \alpha_1 = \alpha_3 = \alpha, \ \alpha_2 = \alpha_4 = \beta \\ R_i = 0, \quad i = 1, 2, 3, 4 \\ \dfrac{a}{\sin \alpha} = \dfrac{b}{\sin \beta} \end{cases} \tag{8.1}$$

式中，$\alpha_i(i=1,2,3,4)$ 为杆 i 的扭转角；$a_i(i=1,2,3,4)$ 为杆 i 的杆长；R_i 为连杆 i 的偏距。

Bennett 机构的关节角 $\theta_i(i=1,2,3,4)$ 之间具有如下关系[1]：

$$\begin{cases} \theta_1+\theta_3=2\pi,\ \theta_2+\theta_4=2\pi \\ \tan\dfrac{\theta_1}{2}\tan\dfrac{\theta_2}{2}=\dfrac{\sin\dfrac{\beta+\alpha}{2}}{\sin\dfrac{\beta-\alpha}{2}} \end{cases} \tag{8.2}$$

定义 $\theta_1=\theta$，$\theta_2=\varphi$，对于 Bennett 机构，可得[2]

$$\begin{cases} AC=\sqrt{a^2+b^2+2ab\cos\varphi} \\ BD=\sqrt{a^2+b^2+2ab\cos\theta} \end{cases} \tag{8.3}$$

定义 $AC=2l$，$BD=2m$，则 Bennett 机构具有如下运动螺旋方程[3]：

$$m(\$_A-\$_C)=l(\$_B-\$_D) \tag{8.4}$$

8.1.2　Bennett 机构替代构型

1. 等边 Bennett 机构

一般形式的 Bennett 机构的折展性能并不理想，它不能展开成平面四边形，收拢后是一个长度为 $a+b$ 的杆束。理想的展开状态应该是一个平面四边形，收拢状态为一单根杆长度的杆束。要得到这种构型，Bennett 机构必须满足特定的参数条件。等边 Bennett 机构即可满足这个条件，四杆的杆长相等，对角的转动副轴线相交，$\alpha+\beta=\pi$，如图 8.2 所示。

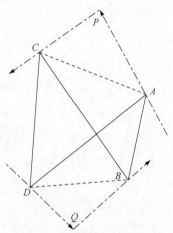

图 8.2　等边 Bennett 机构

定义 $a = b = l$，$\theta_1 = \theta$，$\theta_2 = \varphi$，可得

$$\tan\frac{\theta}{2}\tan\frac{\varphi}{2} = \frac{1}{\cos\alpha} \tag{8.5}$$

$$AC = |AC| = |AB + BC| = \sqrt{2l^2(1+\cos\varphi)} \tag{8.6}$$

$$BD = |BD| = |BC + CD| = \sqrt{2l^2(1+\cos\theta)} \tag{8.7}$$

2. Bennett 机构替代构型的数学模型

适用于空间可展开机构的单闭环机构要求能够实现完全的收拢和展开，在这方面，Chen 和 You 通过对等边 Bennett 机构的构型进行改造，使得机构实际的连杆与转轴不垂直，得到了 Bennett 机构的替代构型[2,4]。替代构型的展开状态是一个平面四边形，收拢时 4 根杆重合成一束，因此实现了 Bennett 机构的完全展开和收拢。等边 Bennett 机构的替代构型如图 8.3 所示。

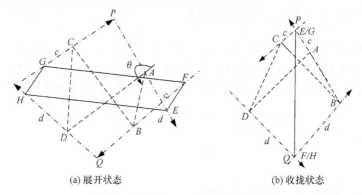

(a) 展开状态　　　　　　　　(b) 收拢状态

图 8.3　等边 Bennett 机构的替代构型

其中，$ABCD$ 是理论构型(虚线表示)，$EFGH$ 是替代构型(实线表示)，点画线表示轴线方向。在理论构型中，转动副与连杆垂直；在替代构型中，转动副与连杆不垂直，有一个恒定的偏置量 c 和 d：

$$\begin{cases} AE = CG = c = l\sqrt{\dfrac{(1+\cos\varphi_{\mathrm{f}})(1-\cos\theta_{\mathrm{f}})}{-2(\cos\varphi_{\mathrm{f}}+\cos\theta_{\mathrm{f}})}} \\[3mm] BF = DH = d = l\sqrt{\dfrac{(1-\cos\varphi_{\mathrm{f}})(1+\cos\theta_{\mathrm{f}})}{-2(\cos\varphi_{\mathrm{f}}+\cos\theta_{\mathrm{f}})}} \end{cases} \tag{8.8}$$

式中，θ_{f} 为机构在收拢状态下的转角；φ_{f} 为机构在收拢状态下的扭转角。

转角在机构的展开状态和收拢状态之间有如下关系：

$$-\tan^2\alpha\tan\frac{\theta_{\mathrm{d}}}{2}\tan\frac{\theta_{\mathrm{f}}}{2} = \sec^2\frac{\theta_{\mathrm{d}}}{2}\sec^2\frac{\theta_{\mathrm{f}}}{2} + \tan^2\varphi \tag{8.9}$$

式中，θ_{d} 为机构在展开状态下的转角。

在式(8.9)中，扭转角 φ 需满足 $\arccos\dfrac{1}{3} \leqslant \varphi \leqslant \pi - \arccos\dfrac{1}{3}$。

在等边 Bennett 机构中，存在如下关系：

$$\begin{cases} \cos\angle APC = \dfrac{2(1+\cos\varphi)}{1-\cos\theta} - 1 \\[3mm] \cos\angle BQD = \dfrac{2(1+\cos\theta)}{1-\cos\varphi} - 1 \end{cases} \tag{8.10}$$

$$EF = FG = GH = HE = L = \sqrt{l^2 + c^2 + d^2 + 2cd\cos\alpha} \tag{8.11}$$

$$\begin{cases} EG = \sqrt{4(c+PC)^2 \dfrac{-\cos\theta - \cos\varphi}{1-\cos\theta}} \\[3mm] FH = \sqrt{4(d+QB)^2 \dfrac{-\cos\theta - \cos\varphi}{1-\cos\varphi}} \end{cases} \tag{8.12}$$

3. Bennett 机构替代构型的几何模型

Bennett 机构的替代构型不仅在数学模型中能够完全展开和收拢，在实际的几何模型中也能实现这个特性。图 8.4 所示为满足 Bennett 机构替代构型参数的几何模型。几何模型的连杆截面都是正方形，图 8.5 显示了连杆的截面。

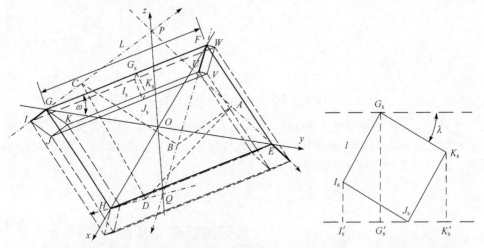

图 8.4　等边 Bennett 机构替代构型的几何模型　　　图 8.5　几何模型连杆截面

在图 8.4 中，粗实线表示转动副，实线表示等边 Bennett 机构替代构型的几何模型，虚线表示 Bennett 机构的理论构型。L 表示连杆 FG 的杆长。在图 8.5 中，l 表示正方形截面的边长。L、λ、ω 可以从替代构型的数学模型参数中导出，具体为

$$\tan \omega = \frac{FH}{EG} \tag{8.13}$$

$$L = EF = FG = GH = HE \tag{8.14}$$

对于参数 λ, 它是面 FGU 和 xOy 的夹角, 可以表示为两个平面法向量的夹角。定义 $\angle FQP = \xi$, 可得 λ 的值为

$$\cos \lambda = \frac{EG \sin \xi}{2L} \tag{8.15}$$

对于连杆 FG, 有

$$GI = l \sqrt{\frac{\sin^2 \lambda}{\sin^2 \omega} + \cos^2 \lambda} \tag{8.16}$$

$$FU = l \sqrt{\frac{\cos^2 \lambda}{\cos^2 \omega} + \sin^2 \lambda} \tag{8.17}$$

8.2 Bennett 机构模块化组网

针对空间单闭环机构的特点, 可通过构造过渡单元来进行空间单闭环机构组网。首先选择一种基础单元, 在基础单元间构造新的、较小的过渡单元, 通过这个过渡单元来协调基础单元间的运动, 从而将多个基础单元构成一个机构网络。通过基于螺旋理论的自由度分析方法对构建的空间单闭环机构网络进行分析, 证明组网方式的可行性。

8.2.1 过渡单元法

用过渡单元法构造的机构网络如图 8.6 所示, 其中的各个闭环表示相同的空间单闭环机构。为了显示方便, 将立体的空间单闭环机构投影为平面。虽然空间单闭环机构运动轨迹复杂, 但由机构的运动方程可知, 对于同一种机构, 当连杆杆长成比例变化时, 机构的转角关系保持不变。因此, 可以考虑在一个机构网络中, 基础单元都采用参数相同的机构, 在机构间构造过渡单元。除了机构中连杆的杆长成比例缩小外, 过渡单元的类型、参数都与基础单元相同。图 8.6 中, 虚线表示的是过渡单元, 过渡单元与基础单元间构成了一个新的环路。在基础单元运动时, 各个基础单元通过过渡单元来传递运动。

应用过渡单元法的具体组网构造方式如图 8.7 所示。

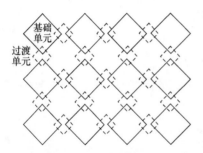

图 8.6 过渡单元法构造的机构网络

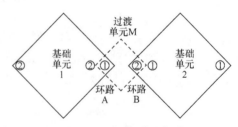

图 8.7 组网构造示意图

过渡单元 M 和基础单元 1、2 间构成的环路 A、B 也是机构，即一个除了杆长成比例缩小外其余参数都相同的机构。当基础单元 1 运动时，基础单元中角①和角②处的角度有一个对应关系，即满足机构的回路方程。当基础单元 1 中的角①变化时，环路 A 中的角②也随之变化，且与基础单元 1 中角②的角度相同。这样，过渡单元 M 中的角②变化，角①也随之变化，且与基础单元 1 中角①的角度相同。同理，过渡单元 M 将这种角度变化传递给环路 B 中的角②，环路 B 再传递给基础单元 2，这样基础单元 2 与基础单元 1 中的角①保持同步，两者运动协调一致。采用过渡单元法，可得到自由度不变的机构网络。在基础单元间添加新的机构回路的方式称为过渡单元构造方式 I。

图 8.8 过渡单元构造方式 II

也可以采用其他方式来协调基础单元间的运动。直接在两个基础单元间构造一个过渡单元。新的过渡单元的连杆来自两个基础单元，只在基础单元的叠加部分添加了新的转动副，构成一个新的机构环路，如图 8.8 所示。定义这种构造方式为过渡单元构造方式 II。

当采用过渡单元构造方式 II 构造过渡单元时，机构网络中存在两种类型的机构，过渡单元和基础单元的类型不同。定义基础单元的类型为 X，过渡单元的类型为 Y，在 X 和 Y 中，角①和角②间的映射关系分别为

$$\begin{cases} \theta_1 = f_X(\theta_2) \\ \theta_1 = f_Y(\theta_2) \end{cases} \tag{8.18}$$

虽然类型不同，映射关系 f_X 和 f_Y 却相同，这样，当基础单元 1 运动时，过渡单元 N 的角②和基础单元 1 的角②同步。过渡单元 N 的角②和基础单元 2 的角②是同一个角，将运动传递给基础单元 2 的角①。通过过渡单元 N 的传递，基础单元 1 和基础单元 2 的运动达到同步。

8.2.2　机构网络构建

　　由于单个机构单元的尺寸有限，为了满足可展开天线机构大尺度的要求，需要将多个机构单元组合起来，构建出一个多模块机构网络。根据过渡单元法，采用等边 Bennett 机构替代构型作为基础单元，通过在基础单元间构建新的过渡单元来组成一个机构网络。Bennett 机构的替代构型中，面 PAC 与面 QBD 互相垂直，PQ 垂直于面 $EFGH$，即转动副 $\boldsymbol{s}_A$、$\boldsymbol{s}_C$ 与转动副 $\boldsymbol{s}_C$、$\boldsymbol{s}_D$ 处于互相垂直的平面上。构建新的过渡 Bennett 机构单元，虚线表示 Bennett 机构的替代构型，粗实线表示转动副，且转动副 $\boldsymbol{s}_1$、$\boldsymbol{s}_3$ 与平面 QBD 垂直，$\boldsymbol{s}_2$、$\boldsymbol{s}_4$ 与平面 PAC 垂直。因为 Bennett 机构替代构型 $EFGH$ 是面对称机构，分别关于平面 PAC 和平面 QBD 对称，所以可以在对角 E、G 和 F、H 处分别采用图 8.9(a)、(b)中的构造方法构造参数一致的转动副，并将对应的转动副合并起来，构成一个完整的 Bennett 机构。

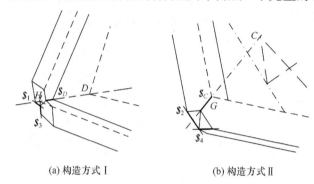

(a) 构造方式 I　　　　　　　　(b) 构造方式 II

图 8.9　过渡 Bennett 机构单元的构造形式

构造的过渡 Bennett 机构单元如图 8.10 所示。

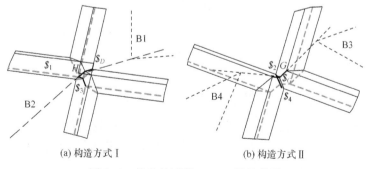

(a) 构造方式 I　　　　　　　　(b) 构造方式 II

图 8.10　构造的过渡 Bennett 机构单元

　　图 8.10(a)中构造 Bennett 机构时，转动副 $\boldsymbol{s}_1$、$\boldsymbol{s}_3$ 与平面 PAC 平行，构造后连接的两个基础单元 B1 和 B2 互相平行，粗实线表示的转动副构成一个 Bennett 机构。图 8.10(b)的构造方法与此类似，$\boldsymbol{s}_2$、$\boldsymbol{s}_4$ 与平面 QBD 平行，基础单元 B3 和

B4 平行。等边 Bennett 机构仅需满足平面 *PAC* 和平面 *QBD* 相垂直即可。在构造过渡 Bennett 机构时，图 8.9(a)中的转动副 $\boldsymbol{S}_1$、$\boldsymbol{S}_3$ 构成的平面与平面 *PAC* 也可以构成一个夹角，如图 8.11 所示。两个基础单元连接时，单元间也可以不平行，有一个夹角，如图 8.12 所示。

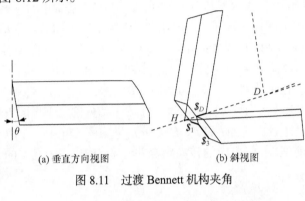

(a) 垂直方向视图　　　　　　　　(b) 斜视图

图 8.11　过渡 Bennett 机构夹角

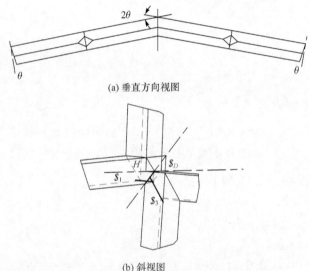

图 8.12　单元连接形成夹角

　　以 Bennett 机构替代构型为基础单元，采用过渡单元法，可以构造出一个模块化机构网络。为了简化分析，以一个菱形来表示机构 *EFGH*，构成的机构网络示意图如图 8.13 所示。

　　若基础单元连接，单元间相互平行，无夹角，则机构网络展开状态为平面。虚线表示 Bennett 机构的替代构型，这个平面机构网络的收拢状态为杆束，如图 8.14 所示。

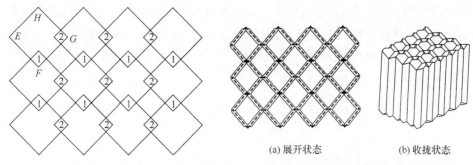

图 8.13　Bennett 机构替代构型构成的机构　　　图 8.14　Bennett 机构替代构型构成的
网络示意图　　　　　　　　　　　平面机构网络

(a) 展开状态　　　　　　　(b) 收拢状态

若单元间不平行，且有夹角，则可构造出曲面的机构网络，如图 8.15 所示。

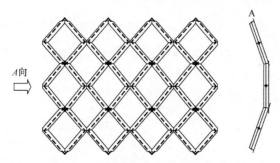

图 8.15　Bennett 机构替代构型构成的曲面机构网络

8.2.3　机构网络自由度分析

采用过渡单元法构造出一个机构网络后，需要证明这种构造方式是可行的，即这个机构网络是可以运动的。对于可展开机构，由于驱动控制的需要，希望它的自由度为 1。本节提出以螺旋理论为基础的单闭环机构网络自由度分析方法，从理论上解决了空间单闭环机构组网时的可行性证明问题。

基于螺旋理论的空间单闭环机构网络自由度分析包括以下步骤。

(1) 求出机构网络中各种类型单元的运动螺旋方程，包括基础单元、过渡单元以及叠加后构成的新单元。

(2) 根据过渡单元的构造方式，求出各单元的运动螺旋方程间的关系。

(3) 建立机构网络的约束拓扑图，进而求出机构网络的约束矩阵。

(4) 机构网络约束矩阵的零空间秩即机构网络的自由度。

1. 组网方式

下面以曲面形状机构网络为例，对机构网络中单元的参数进行分析，从而得到机构网络的自由度。其他形面机构网络的自由度证明过程与此类似,不再赘述。选出一个4模块的机构网络,它的展开状态和收拢状态分别如图8.16(a)、(b)所示,因为机构网络中单元间的连接方式重复,如果证明了4模块机构网络能够运动,那么就可证明多模块机构网络也是可以运动的。

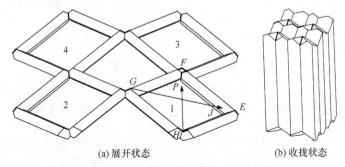

(a) 展开状态　　　　　　　　　(b) 收拢状态

图 8.16　基于 Bennett 机构替代构型的曲面机构网络

在如图 8.16(a)所示的机构网络中,定义两个互相垂直的方向 P 和 J,其中,P 方向的单元是平行的,J 方向的单元上具有一定的夹角,单元间的夹角大小为∠1,具体的连接方法如图 8.17 和图 8.18 所示。

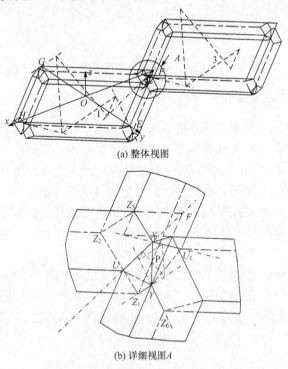

(a) 整体视图

(b) 详细视图 A

图 8.17　机构网络中方向 P 的连接方法

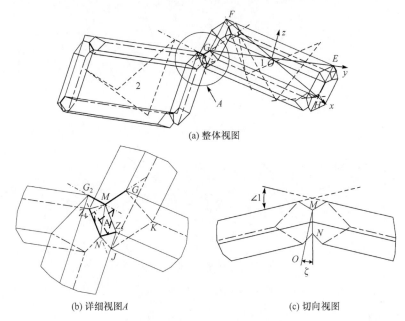

(a) 整体视图

(b) 详细视图 A　　　　　　　　(c) 切向视图

图 8.18　机构网络中方向 J 的连接方法

在图 8.17 中，单元 1 和单元 3 互相平行，通过 YZ_1 和 YZ_6 处的铰链相连。点 X 是 FU 的中点。XU、XU_1 和 YZ_1、YZ_6 处的 4 个铰链构成了一个新的 Bennett 机构 P，XY 就是新的 Bennett 机构的替代构型。从图 8.17 可知，当单元 1 处于展开状态时，新机构 P 的替代构型处于收拢状态。

图 8.18 中，单元 1 和单元 2 有一个夹角 $\angle 1$，通过 NZ_4 和 NZ_5 处的铰链相连。MG、MG_2 和 NZ_4、NZ_5 处的 4 个铰链构成了一个新的 Bennett 机构 A，MN 就是新 Bennett 机构的替代构型。当单元 1 处于展开状态时，新机构 A 的替代构型处于收拢状态。$\angle 1$ 和 ζ 间存在如下关系：

$$\angle 1 = 2\zeta \tag{8.19}$$

根据图 8.17 和图 8.18，可得机构网络中 Bennett 机构数学模型间的连接关系，单元平行方向的连接关系如图 8.19(a) 所示，单元成夹角方向的连接关系如图 8.19(b) 所示。

结合图 8.17 和图 8.18 可知，轴 $\boldsymbol{\$}_{1,\mathrm{P}}$ 即铰链 YZ_6，轴 $\boldsymbol{\$}_{3,\mathrm{P}}$ 即铰链 YZ_1。在图 8.17 中，存在 $YZ_6 /\!/ AE$、$YZ_1 /\!/ GC$，由此可得单元 1 和单元 P 间存在以下关系：

$$\begin{cases} B_1 B_{\mathrm{P}} = D_3 D_{\mathrm{P}} = e_1 \\ \boldsymbol{\$}_{1,1} /\!/ \boldsymbol{\$}_{1,\mathrm{P}} \\ \boldsymbol{\$}_{3,1} /\!/ \boldsymbol{\$}_{3,\mathrm{P}} \end{cases} \tag{8.20}$$

式中，$\boldsymbol{\$}_{j,i}$ （$j=1,2,3,4;\ i=1,2,3,4,\mathrm{A},\mathrm{B},\mathrm{P},\mathrm{Q}$）为单元 i 中的转轴 j 的螺旋。

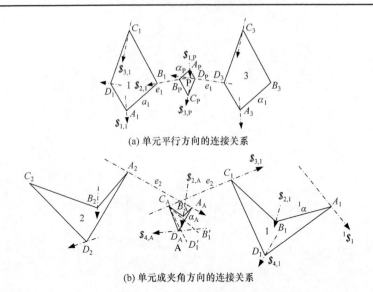

(a) 单元平行方向的连接关系

(b) 单元成夹角方向的连接关系

图 8.19　机构网络连接关系

由此可得

$$\begin{cases} A_1B_1//A_PB_P \\ B_1C_1//B_PC_P \\ {}^P\alpha = 2\pi - {}^1\alpha \end{cases} \tag{8.21}$$

式中，${}^1\alpha$ 为单元 1 中的扭转角。

A_1B_1 和 A_PB_P 由杆 EF 决定，B_1C_1 和 B_PC_P 由杆 FG 决定，由此可得

$$\angle A_1B_1C_1 = \angle A_PB_PC_P \tag{8.22}$$

在 Bennett 机构中，有

$$ {}^1\theta_2 = \pi + \angle A_1B_1C_1 \tag{8.23}$$

$$ {}^P\theta_2 = \pi + \angle A_PB_PC_P \tag{8.24}$$

式中，${}^i\theta_2 (i=1,P)$ 为单元 i 中的转角 θ_2。

因此可得

$$\begin{aligned} {}^1\theta_1 &= {}^P\theta_1 \\ {}^1\theta_2 &= {}^P\theta_2 \end{aligned} \tag{8.25}$$

当角 θ_d 和 θ_f 互换时，式(8.25)依然成立。单元 1 和单元 P 符合这种情况，单元 1 的角 θ_d 也是单元 P 的角 θ_f。

上述推导表明单元 1 和单元 P 中的所有转动变量都相等。采用同样的推导方法，可得单元 3 和单元 P 中的转动变量也都相等，因此单元 1 和单元 3 的转动变

量是相等的。当 Bennett 机构通过如图 8.17 所示的方式连接后，在 P 方向的所有单元的转动变量都相等。

在如图 8.19(b)所示的单元连接关系中，对于单元的替代构型，当单元 1 展开时，单元 A 处于收拢状态；当单元 1 收拢时，单元 A 处于不完全展开状态。根据单元 A 的构造方式，轴 $\boldsymbol{S}_{2,A}$ 即铰链 NZ_4，轴 $\boldsymbol{S}_{4,A}$ 即铰链 NZ_5。单元 1 和单元 A 间的扭转角不相等，${}^1\alpha \neq {}^A\alpha$。$B_AC_A$ 和 B_1C_1 由单元 1 的杆 FG 决定，C_AD_A 和 C_1D_1 由单元 1 的杆 GH 决定，$C_AD_1' /\!/ C_1D_1$，$C_AB_1' /\!/ C_1B_1$。单元 1 和单元 A 间存在以下关系：

$$\begin{cases} \angle D_AC_AD_1' = \angle B_AC_AB_1' = \beta \\ \angle B_AC_AD_A = \angle B_1C_1D_1 + 2\beta \\ C_1C_A = A_2A_A = e_2 \end{cases} \tag{8.26}$$

$$ {}^1\theta_3 = \pi - \angle B_1C_1D_1 \tag{8.27}$$

$$ {}^A\theta_3 = \pi - \angle B_AC_AD_A \tag{8.28}$$

可得

$$ {}^A\theta_3 = {}^1\theta_3 - 2\beta \tag{8.29}$$

$$ {}^A\theta_1 = {}^1\theta_1 + 2\beta \tag{8.30}$$

$$ {}^A\theta_1 = {}^2\theta_1 + 2\beta \tag{8.31}$$

因此，在单元 1 和单元 2 间存在如下关系：

$$ {}^1\theta_1 = {}^2\theta_1 \tag{8.32}$$

单元 1 和单元 2 的扭转角相等，因此在机构网络中，单元 1 和单元 2 的各个转动变量也相等。这个相等关系对处于 J 方向的所有基础单元都存在。

2. 机构网络拓扑约束图

为了便于理解，将图 8.17(b)中的机构网络表示为二维平面的形式，如图 8.20 所示。在图中，每一个菱形表示一个 Bennett 机构，线条表示一个杆，空心圆圈表示一个转动副，黑色三角形相连的两条线段表示同一个实际连杆。

对于如图 8.20 所示的机构网络，采用螺旋理论求解这个机构网络的自由度。将图 8.20 中所有的转动副都表示为螺旋，构成的螺旋系零空间的秩即机构网络的自由度。分析时，首先得到图 8.20 中机构网络的拓扑约束图；然后分析网络中各运动副间的关系，构建机构网络的运动螺旋方程，对由运动螺旋方程得到的螺旋约束矩阵进行分析，求出矩阵的秩；最后得到机构网络的自由度。

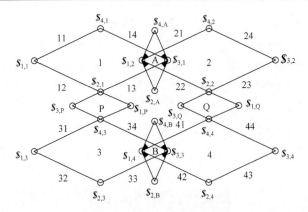

图 8.20　局部机构网络示意图

在图 8.20 中，ji 表示单元 i 的连杆 j，$\pmb{S}_{j,i}$ 表示单元 i 的转动副 j，其中 $i, j =$ 1,2,3,4。转动副 $\pmb{S}_{2,1}$ 将杆 12、13 连接，连接部分在杆的中部；转动副 $\pmb{S}_{3,1}$ 将杆 13、14 相连，折线 13、14 是为了表达单元连接时图 8.20 中的空间关系。单元 1、2、3、4 表示 4 个 Bennett 机构替代构型的实际模型，单元 1 和 3、单元 2 和 4 平行，通过单元 P、Q 相连；单元 1 和 2、单元 3 和 4 成一定夹角，通过单元 A、B 相连。根据机构网络的构造方法，可知单元 1、2、3、4 的参数一致，单元 A、B 和单元 P、Q 的参数也分别一致。

图 8.21 所示为局部机构网络的拓扑约束图。

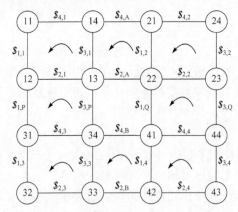

图 8.21　局部机构网络的拓扑约束图

3. 机构网络自由度的证明

对于 Bennett 机构，定义 $AC=2m$，$BD=2n$，则机构存在以下螺旋方程：

$$n(\pmb{\$}_A - \pmb{\$}_C) = m(\pmb{\$}_B - \pmb{\$}_D) \tag{8.33}$$

式中，$\pmb{\$}_i(i = A,B,C,D)$ 为 Bennett 机构中转轴 A、B、C、D 的螺旋。

定义图 8.20 中的单元 1、2、3、4 为单元类型 Ⅰ，单元 A、B 为单元类型 Ⅱ，单元 P、Q 为单元类型 Ⅲ。对于单元类型 i，定义

$$^iAC = 2m_i, \quad ^iBD = 2n_i \tag{8.34}$$

式中，^iAC、^iBD 为对角线 AC、BD 在单元类型 i 中的长度。

对于单元类型 Ⅰ，存在

$$n_{\mathrm{I}}(^{\mathrm{I}}\pmb{\$}_A - ^{\mathrm{I}}\pmb{\$}_C) = m_{\mathrm{I}}(^{\mathrm{I}}\pmb{\$}_B - ^{\mathrm{I}}\pmb{\$}_D) \tag{8.35}$$

式中，$^i\pmb{\$}_j(j = A,B,C,D;\ i = \mathrm{I},\mathrm{II},\mathrm{III})$ 为单元类型 i 中转轴 j 的螺旋表示。

因此，有

$$\begin{cases} m_{\mathrm{I}} = \dfrac{1}{2}\sqrt{2l_{\mathrm{I}}^{\,2}(1 + \cos {}^{\mathrm{I}}\varphi)} \\[3mm] n_{\mathrm{I}} = \dfrac{1}{2}\sqrt{2l_{\mathrm{I}}^{\,2}(1 + \cos {}^{\mathrm{I}}\theta)} \end{cases} \tag{8.36}$$

式中，l_i 为单元 i 的杆长；$^i\theta$、$^i\varphi$ 为转角 θ、φ 在单元类型 i 中的表示。

对于单元类型 Ⅱ，存在

$$n_{\mathrm{II}}(^{\mathrm{II}}\pmb{\$}_A - ^{\mathrm{II}}\pmb{\$}_C) = m_{\mathrm{II}}(^{\mathrm{II}}\pmb{\$}_B - ^{\mathrm{II}}\pmb{\$}_D) \tag{8.37}$$

式中

$$\begin{cases} m_{\mathrm{II}} = \dfrac{1}{2}\sqrt{2l_{\mathrm{II}}^{\,2}(1 + \cos {}^{\mathrm{II}}\varphi)} \\[3mm] n_{\mathrm{II}} = \dfrac{1}{2}\sqrt{2l_{\mathrm{II}}^{\,2}(1 + \cos {}^{\mathrm{II}}\theta)} \end{cases} \tag{8.38}$$

对于单元类型 Ⅲ，存在

$$n_{\mathrm{III}}(^{\mathrm{III}}\pmb{\$}_A - ^{\mathrm{III}}\pmb{\$}_C) = m_{\mathrm{III}}(^{\mathrm{III}}\pmb{\$}_B - ^{\mathrm{III}}\pmb{\$}_D) \tag{8.39}$$

式中

$$\begin{cases} m_{\mathrm{III}} = \dfrac{1}{2}\sqrt{2l_{\mathrm{III}}^{\,2}(1 + \cos {}^{\mathrm{III}}\varphi)} \\[3mm] n_{\mathrm{III}} = \dfrac{1}{2}\sqrt{2l_{\mathrm{III}}^{\,2}(1 + \cos {}^{\mathrm{III}}\theta)} \end{cases} \tag{8.40}$$

可得

$$\frac{{}^{\text{III}}\boldsymbol{\$}_A - {}^{\text{III}}\boldsymbol{\$}_C}{{}^{\text{III}}\boldsymbol{\$}_B - {}^{\text{III}}\boldsymbol{\$}_D} = \frac{m_{\text{III}}}{n_{\text{III}}} = \sqrt{\frac{1 + \cos {}^{\text{III}}\varphi}{1 + \cos {}^{\text{III}}\theta}}$$

$$= \sqrt{\frac{1 + \cos {}^{\text{I}}\varphi}{1 + \cos {}^{\text{I}}\theta}} = \frac{m_{\text{I}}}{n_{\text{I}}} \tag{8.41}$$

于是有

$$n_{\text{I}}({}^{\text{III}}\boldsymbol{\$}_A - {}^{\text{III}}\boldsymbol{\$}_C) = m_{\text{I}}({}^{\text{III}}\boldsymbol{\$}_B - {}^{\text{III}}\boldsymbol{\$}_D) \tag{8.42}$$

根据以上推导过程，可知在图 8.20 中的机构网络存在以下关系：

$$\begin{cases} n_{\text{I}}(\boldsymbol{\$}_{1,1} - \boldsymbol{\$}_{3,1}) = m_{\text{I}}(\boldsymbol{\$}_{2,1} - \boldsymbol{\$}_{4,1}) \\ n_{\text{II}}(\boldsymbol{\$}_{1,2} - \boldsymbol{\$}_{3,1}) = m_{\text{II}}(\boldsymbol{\$}_{2,A} - \boldsymbol{\$}_{4,A}) \\ n_{\text{I}}(\boldsymbol{\$}_{1,2} - \boldsymbol{\$}_{3,2}) = m_{\text{I}}(\boldsymbol{\$}_{2,2} - \boldsymbol{\$}_{4,2}) \\ n_{\text{I}}(\boldsymbol{\$}_{1,P} - \boldsymbol{\$}_{3,P}) = m_{\text{I}}(\boldsymbol{\$}_{2,1} - \boldsymbol{\$}_{4,3}) \\ n_{\text{I}}(\boldsymbol{\$}_{1,Q} - \boldsymbol{\$}_{3,Q}) = m_{\text{I}}(\boldsymbol{\$}_{2,2} - \boldsymbol{\$}_{4,4}) \\ n_{\text{I}}(\boldsymbol{\$}_{1,3} - \boldsymbol{\$}_{3,3}) = m_{\text{I}}(\boldsymbol{\$}_{2,3} - \boldsymbol{\$}_{4,3}) \\ n_{\text{II}}(\boldsymbol{\$}_{1,4} - \boldsymbol{\$}_{3,3}) = m_{\text{II}}(\boldsymbol{\$}_{2,B} - \boldsymbol{\$}_{4,B}) \\ n_{\text{I}}(\boldsymbol{\$}_{1,4} - \boldsymbol{\$}_{3,4}) = m_{\text{I}}(\boldsymbol{\$}_{2,4} - \boldsymbol{\$}_{4,4}) \end{cases} \tag{8.43}$$

图 8.21 中的拓扑约束图包括 8 个 Bennett 机构，每个 Bennett 机构运动螺旋的和都为 0，因此存在如下方程：

$$\begin{cases} \omega_{11}\boldsymbol{\$}_{1,1} + \omega_{21}\boldsymbol{\$}_{2,1} + \omega_{31}\boldsymbol{\$}_{3,1} + \omega_{41}\boldsymbol{\$}_{4,1} = \boldsymbol{0} \\ \omega_{12}\boldsymbol{\$}_{1,2} + \omega_{2A}\boldsymbol{\$}_{2,A} - \omega_{31}\boldsymbol{\$}_{3,1} + \omega_{4A}\boldsymbol{\$}_{4,A} = \boldsymbol{0} \\ -\omega_{12}\boldsymbol{\$}_{1,2} + \omega_{22}\boldsymbol{\$}_{2,2} + \omega_{32}\boldsymbol{\$}_{3,2} + \omega_{42}\boldsymbol{\$}_{4,2} = \boldsymbol{0} \\ \omega_{1P}\boldsymbol{\$}_{1,P} - \omega_{21}\boldsymbol{\$}_{2,1} + \omega_{3P}\boldsymbol{\$}_{3,P} + \omega_{43}\boldsymbol{\$}_{4,3} = \boldsymbol{0} \\ \omega_{13}\boldsymbol{\$}_{1,3} + \omega_{23}\boldsymbol{\$}_{2,3} + \omega_{33}\boldsymbol{\$}_{3,3} - \omega_{43}\boldsymbol{\$}_{4,3} = \boldsymbol{0} \\ \omega_{1Q}\boldsymbol{\$}_{1,Q} - \omega_{22}\boldsymbol{\$}_{2,2} + \omega_{3Q}\boldsymbol{\$}_{3,Q} + \omega_{44}\boldsymbol{\$}_{4,4} = \boldsymbol{0} \\ \omega_{14}\boldsymbol{\$}_{1,4} + \omega_{24}\boldsymbol{\$}_{2,4} + \omega_{34}\boldsymbol{\$}_{3,4} - \omega_{44}\boldsymbol{\$}_{4,4} = \boldsymbol{0} \\ -\omega_{14}\boldsymbol{\$}_{1,4} + \omega_{2B}\boldsymbol{\$}_{2,B} - \omega_{33}\boldsymbol{\$}_{3,3} + \omega_{4B}\boldsymbol{\$}_{4,B} = \boldsymbol{0} \end{cases} \tag{8.44}$$

式中，ω_{ji} 为单元 i 中转轴 j 的角速度，$j = 1, 2, 3, 4$，$i = 1, 2, 3, 4, \text{A}, \text{B}, \text{P}, \text{Q}$。

方程(8.44)可以用矩阵表示，即

$$\boldsymbol{M}_{\text{C}}\boldsymbol{\omega} = \boldsymbol{0} \tag{8.45}$$

式中，角速度矩阵 $\boldsymbol{\omega} = [\omega_{11} \quad \omega_{21} \quad \omega_{31} \quad \cdots \quad \omega_{4\text{B}}]^{\text{T}}$，约束矩阵 $\boldsymbol{M}_{\text{C}} = [\boldsymbol{M}_1 \quad \boldsymbol{M}_2 \quad \boldsymbol{M}_3 \quad \boldsymbol{M}_4 \quad \boldsymbol{M}_5 \quad \boldsymbol{M}_6 \quad \boldsymbol{M}_7 \quad \boldsymbol{M}_8]$，且

$$M_1 = \begin{bmatrix} \$_{1,1} & \$_{2,1} & \$_{3,1} & \$_{4,1} \\ 0 & 0 & -\$_{3,1} & 0 \\ 0 & 0 & 0 & 0 \\ 0 & -\$_{2,1} & 0 & 0 \\ 0 & 0 & 0 & 0 \\ 0 & 0 & 0 & 0 \\ 0 & 0 & 0 & 0 \\ 0 & 0 & 0 & 0 \end{bmatrix}, \quad M_2 = \begin{bmatrix} 0 & 0 \\ \$_{2,A} & \$_{4,A} \\ 0 & 0 \\ 0 & 0 \\ 0 & 0 \\ 0 & 0 \\ 0 & 0 \\ 0 & 0 \end{bmatrix}, \quad M_3 = \begin{bmatrix} 0 & 0 & 0 & 0 \\ \$_{1,2} & 0 & 0 & 0 \\ -\$_{1,2} & \$_{2,2} & \$_{3,2} & \$_{4,2} \\ 0 & 0 & 0 & 0 \\ 0 & -\$_{2,2} & 0 & 0 \\ 0 & 0 & 0 & 0 \\ 0 & 0 & 0 & 0 \\ 0 & 0 & 0 & 0 \end{bmatrix}$$

$$M_4 = \begin{bmatrix} 0 & 0 \\ 0 & 0 \\ 0 & 0 \\ \$_{1,P} & \$_{3,P} \\ 0 & 0 \\ 0 & 0 \\ 0 & 0 \\ 0 & 0 \end{bmatrix}, \quad M_5 = \begin{bmatrix} 0 & 0 & 0 & 0 \\ 0 & 0 & 0 & 0 \\ 0 & 0 & 0 & 0 \\ 0 & 0 & 0 & \$_{4,3} \\ \$_{1,3} & \$_{2,3} & \$_{3,3} & -\$_{4,3} \\ 0 & 0 & 0 & 0 \\ 0 & 0 & 0 & 0 \\ 0 & 0 & -\$_{3,3} & 0 \end{bmatrix}, \quad M_6 = \begin{bmatrix} 0 & 0 \\ 0 & 0 \\ 0 & 0 \\ 0 & 0 \\ 0 & 0 \\ 0 & 0 \\ \$_{1,Q} & \$_{3,Q} \\ 0 & 0 \end{bmatrix}$$

$$M_7 = \begin{bmatrix} 0 & 0 & 0 & 0 \\ 0 & 0 & 0 & 0 \\ 0 & 0 & 0 & 0 \\ 0 & 0 & 0 & 0 \\ 0 & 0 & 0 & 0 \\ 0 & 0 & 0 & \$_{4,4} \\ \$_{1,4} & \$_{2,4} & \$_{3,4} & -\$_{4,4} \\ -\$_{1,4} & 0 & 0 & 0 \end{bmatrix}, \quad M_8 = \begin{bmatrix} 0 & 0 \\ 0 & 0 \\ 0 & 0 \\ 0 & 0 \\ 0 & 0 \\ 0 & 0 \\ 0 & 0 \\ \$_{2,B} & \$_{4,B} \end{bmatrix}$$

约束矩阵 M_C 是一个 48×24 的矩阵，ω 是一个 1×24 的矩阵。约束矩阵 M_C 零空间的秩就是机构网络的自由度，即

$$m = \text{nullity}(M_C) = n_L - \text{rank}(M_C) \tag{8.46}$$

式中，m 为机构网络的自由度；n_L 为约束矩阵 M_C 的列数。

由于矩阵的线性列变换不影响矩阵的列秩，可以对约束矩阵 M_C 进行线性列变换，通过化简得到矩阵的列秩为 23，机构网络的自由度为 1，因此证明机构组网方式是可行的。

综上，过渡单元法的组网流程如图 8.22 所示。

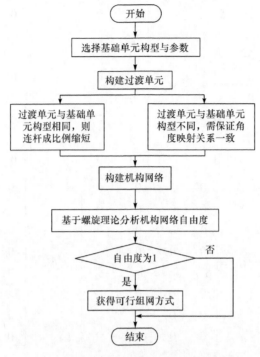

图 8.22　过渡单元法的组网流程

8.3　基于 Bennett 单元的抛物柱面天线机构设计

8.3.1　机构网络的展开和收拢状态

基于 Bennett 机构替代构型的机构网络，其几何模型能够实现完全收拢并展开成预定的外形。当 $m×n$ 个单元构成一个抛物柱面网络时，其收拢、展开状态如图 8.23 所示。

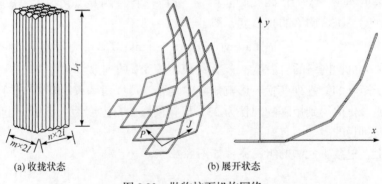

(a) 收拢状态　　　　　(b) 展开状态

图 8.23　抛物柱面机构网络

收拢体积是可展开机构的一个重要评价指标。对于一个可展开机构，在实现预定展开外形的前提下，要求它的收拢体积越小越好。

机构网络的收拢状态为一个长方体，体积表示为

$$V = m \times n \times 4 \times (l \times l \times L_f) \tag{8.47}$$

式中，V 为机构网络的收拢体积；L_f 为收拢后的高度。

如图 8.24 所示，平面 MNZ_4 的投影为 $M'Z_4'$，平面 $XYZ_1Z_2Z_3$ 的投影为 $X'Z_2'$，在 FG 方向上的投影 M' 和 X' 即高度，可得

$$
\begin{aligned}
L_f &= L - FX'\sin\omega + GM'\cos\omega \\
&= L - \frac{1}{2}FU'\sin\omega + \frac{1}{2}GI'\cos\omega \\
&= L - \frac{1}{2}l\left(\frac{\cos\lambda\sin\omega}{\cos\omega} + \frac{\sin\lambda\cos\omega}{\sin\omega}\right)
\end{aligned}
\tag{8.48}
$$

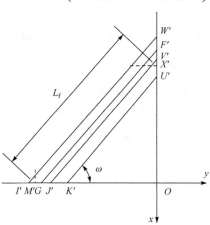

图 8.24　连杆 FG 在 xOy 面上的投影

机构网络的收拢体积与单元数目、横截面边长 l 和杆长 L 成正比。机构网络的展开状态包络是一个满足抛物柱面网络参数要求的板壳，板壳的厚度为 G_sG_s'，由此可知

$$G_sG_s' = l(\sin\lambda + \cos\lambda) \tag{8.49}$$

式中，λ 为连杆截面与水平线的夹角。

8.3.2　抛物柱面拟合过程

由 Bennett 机构替代构型构成的机构网络是一个具有一定厚度的板壳，可利用机构网络的内层来拟合天线的反射面。在拟合过程中，要考虑机构网络的厚度。

图 8.25(a)显示了 Bennett 机构替代构型的完整几何模型，图 8.25(b)显示了几何模型在机构网络中的状态。对于几何模型，四边形 $EFGH$ 位于机构网络的外层，

四边形 JVST 位于机构网络的内层。可采用四边形 JVST 来拟合抛物柱面,利用对角线 VT 来拟合抛物柱面直母线,用对角线 JS 来拟合抛物柱面的准线。

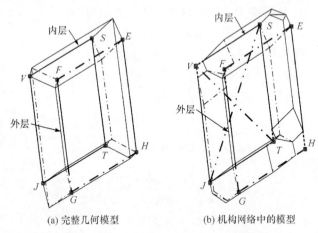

(a) 完整几何模型　　　　　　(b) 机构网络中的模型

图 8.25　Bennett 机构替代构型的几何模型

对于图 8.25 中的几何模型,存在

$$\begin{cases} EG = 2L\cos\omega \\ FH = 2L\sin\omega \end{cases} \tag{8.50}$$

图 8.26 所示为要拟合的抛物柱面,其纵截面如图 8.27 所示,其中 E'、G' 是抛物线的端点。

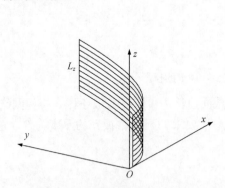

图 8.26　天线抛物柱面示意图

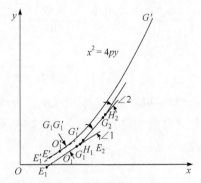

图 8.27　天线抛物柱面纵截面

在设计抛物柱面天线时,首先需要根据天线的尺寸参数、安装环境选择天线的基础单元参数,然后根据天线的尺寸参数计算单元间连接部分的参数,从而得到天线几何模型的各个参数。拟合的具体过程如下。

(1) 根据抛物柱面的参数、天线收拢后的体积,选定基础单元的参数,包括 L、λ、ω、l。

(2) 在抛物线上选择一点 O_1' 和线段 $E_1'G_1'$，选择合适的参数使得 O_1' 为 $E_1'G_1'$ 的中点，$E_1'O_1' = E_1O_1' = \frac{1}{2}EG$，$E_1'G_1'$ 与抛物线相切。

(3) 平移 $E_1'G_1'$ 到 E_1G_1，其中 $O_1O_1' = G_1G_1'$。

(4) 在线段 E_1G_1 上选择一个点 H_1 和一个线段 E_2G_2，以 H_1 点为基点旋转 E_2G_2，使得 E_2G_2 与抛物线的距离为 G_sG_s'，其中 $G_1H_1 = E_2H_1$，$E_iG_i = EG$，i=1,2。即可得到单元 1 和单元 2 间的夹角 $\angle 1$。

(5) 按照步骤(4)，得到 $\angle 2, \angle 3, \cdots, \angle(n-1)$，直到第 n 个单元，最后一个单元满足 $y_{Gn} > y_{G'}$。

(6) 在抛物柱面天线的单元平行方向，即方向 P，其单元的数目由此方向的长度决定。取长度为 L_z，则 $m \cdot FH + (m-1) \cdot H_3F_1 \geqslant L_z$。

经过以上步骤的计算，可得到这个抛物柱面天线的所有参数。

8.3.3 抛物柱面天线模型

取抛物柱面天线的参数 $L_z = 750\text{mm}$，抛物线的方程为 $x^2 = 4py$，其中 $p = 300\text{m}$，抛物线的端点为 $E'(245,50)$、$G'(1249,1300)$。根据 8.3.2 节提出的拟合过程，在步骤(1)中，取基础单元的参数为 $L = 250\text{mm}$、$\lambda = 40°$、$\omega = 50°$、$l = 35\text{mm}$。经过步骤(2)~步骤(6)的计算，求得机构网络的参数为 $m = 2$、$n = 5$、$\angle 1 = 15.47°$、$\angle 2 = 61°$、$\angle 3 = 6.24°$、$\angle 4 = 2.27°$。

根据得到的设计参数制作一个模型，如图 8.28 所示。

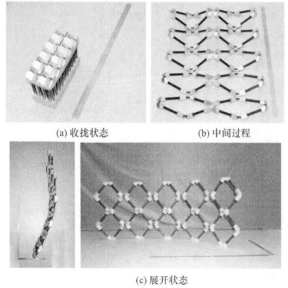

(a) 收拢状态   (b) 中间过程

(c) 展开状态

图 8.28 抛物柱面天线模型

8.4　基于 Bennett 单元的双层天线机构设计

对于大尺度的卫星可展开天线，不仅要具有高刚度，还要具有质量轻、驱动控制简单可靠等特点。双层机构网络相对于单层机构网络，在重量增加有限的情况下，可以大大提高可展开天线的刚度和基频。本节以 Bennett 机构替代构型组成的单层机构网络为基础，设计一个索网桁架复合的双层天线机构。

8.4.1　复合机构设计

构建索网桁架复合的双层网络的关键是构建层间立柱，立柱与机构网络曲面相垂直，通过立柱将两层网络的运动联系起来，同时保持机构网络的单自由度特性。设计由 Bennett 机构与对称平面四杆机构构成的复合机构，以此复合机构为立柱，构建索网桁架复合的双层网络。

等边 Bennett 机构替代构型的运动过程如图 8.29 所示。短画线表示 Bennett 机构的理论构型，连杆表示 Bennett 机构的替代构型。等边 Bennett 机构是一个面对称机构，分别关于面 APC 和面 BQD 对称，$PQ \perp AC$，$PQ \perp BD$。定义直线 m 经过点 P 且垂直于面 APC，直线 n 经过点 Q 且垂直于面 BQD。轴 A 和 C 相对于直线 m 有一个旋转运动，轴 B 和 D 相对于直线 n 也有一个旋转运动。忽略 Bennett 机构中的连杆，可以将轴 A、C 和直线 m 看成一条以直线 m 为虚拟转轴，轴 A、C 为虚拟连杆的铰链，轴 B、D 和直线 n 也可照此处理。

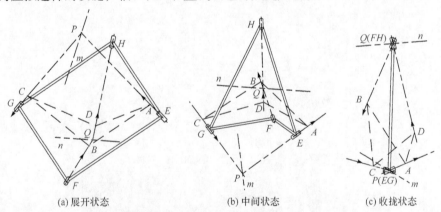

(a) 展开状态　　　　　　(b) 中间状态　　　　　　(c) 收拢状态

图 8.29　等边 Bennett 机构替代构型的运动过程

利用等边 Bennett 机构的这个特性，可以将平面四杆机构和 Bennett 机构组合起来，构成一个复合机构，如图 8.30 所示。连杆 JS、KS 位于平面 APC 上，和虚拟铰链 APC 一起构成了一个对称平面四杆机构 $KSJF$。需保证 $KP = JP$，KP 和 JP 关于面 BQD 对称。

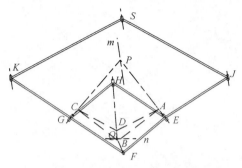

图 8.30 等边 Bennett 机构与平面四杆机构构成的复合机构

在 Bennett 机构运动时,四杆机构的轴 $\boldsymbol{S}_S$ 相对于虚拟轴 $\boldsymbol{S}_M$ 在直线 PQ 上运动。将复合结构应用于单层机构网络的节点处,具体构型如图 8.31 所示。

对于双层机构网络,层间立柱要具有一定的高度,且立柱要垂直于曲面,因此在图 8.31 所示复合机构的基础上,在四杆机构上构造一个同步机构,如图 8.32 所示。

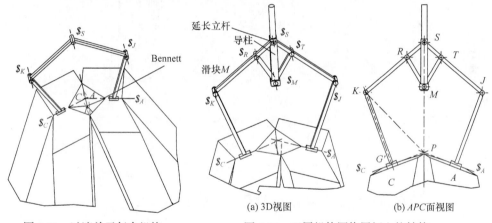

图 8.31 过渡单元复合机构

(a) 3D视图   (b) APC 面视图

图 8.32 双层机构网络层间立柱结构

8.4.2 可展开双层机构网络构建

以设计的复合机构作为层间立柱,构建双层机构网络。下面首先以平面机构网络为基础面来构建双层机构网络,然后以曲面机构网络为基础面构建双层机构网络。

以图 8.33(a) 中的平面机构网络为基础面,将复合机构应用于由构造方式 I 构造的过渡 Bennett 机构单元处,得到具有立柱的平面机构网络,如图 8.33 所示。

图 8.33 所示的机构网络,从收拢到展开过程中,单元 1、单元 2、…、单元 6 一直保持平行,立柱 Z_1、Z_2、…、Z_9 也一直保持平行。利用这个特性,可以将两个参数相同的含层间立柱的平面机构网络面对面叠加起来,构成一个双层桁架式 Bennett 机构网络,如图 8.34 所示。

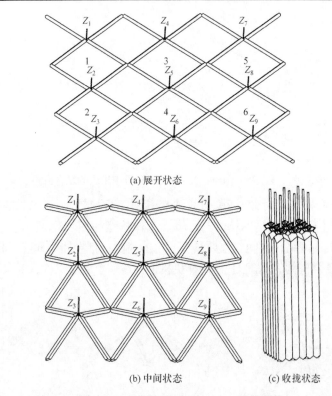

(a) 展开状态

(b) 中间状态　　　　　　(c) 收拢状态

图 8.33　含立柱的平面 Bennett 机构网络

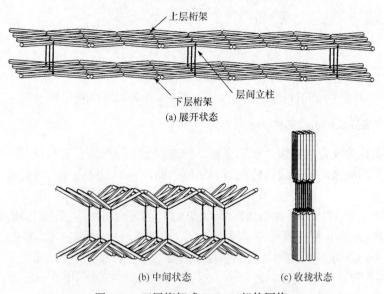

(a) 展开状态

(b) 中间状态　　　　　　(c) 收拢状态

图 8.34　双层桁架式 Bennett 机构网络

双层桁架式 Bennett 机构网络刚度高，收拢特性好，可以作为各种空间可展开机构的背架。但它也有不足之处，如质量重、展开形面为平面、不能适应空间设备多种形面的需求等。

要克服双层桁架式 Bennett 机构网络的缺点，可构建索网桁架复合的双层网络。因为层间立柱在运动过程中始终与复合机构中 Bennett 机构的中心线 PQ 平行，与对角线 AC、BD 垂直，所以本节以延长立柱为节点，在立柱间连接绳索，构建一个索网结构，从而构成一个索网桁架复合的双层平面机构网络，如图 8.35 所示，其中虚线表示索网。除了图中所示的索网连接方案，也可以按照其他方式来连接索网，索网连接方案的不同对机构网络的刚度有影响。由复合机构的构建过程可知，不同单元间的复合机构，运动相互独立，即层间立柱 Z_1、Z_2、$\cdots$、Z_6 中，延长立杆都垂直于自己所在的基底 Bennett 机构的对角线，杆长对运动没有影响，因此可以通过调节图 8.35 中层间立柱的延长立杆杆长，使得索网面能够拟合不同的形面，从而构建出多种多样的双层平面机构网络。桁架层的机构网络可以取圆柱面、抛物柱面等柱状形面，在此基础上，通过调节延长立杆的杆长，拟合不同的形面。

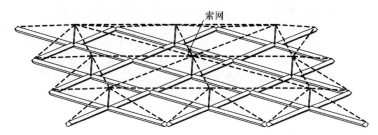

图 8.35　索网桁架复合双层平面机构网络

8.4.3　索网桁架机构形面拟合

双层桁架式机构网络的展开外形限定为平面，而索网桁架复合双层机构网络的外形可以通过调节层间立柱的高度拟合出各种形面。拟合方式有以下两种。

一种拟合方式是以桁架层为拟合层，索网层只用来增加机构网络的刚度。此时，机构网络拟合的形面受制于 Bennett 机构组成桁架的类型。除了平面外，还可以拟合各种柱面，包括圆柱面和抛物柱面等，拟合的形面如图 8.36 和图 8.37 所示。

另一种拟合方式是采用索网层作为拟合层。因为层间立柱的高度可以自由选取，所以机构网络能够自由拟合各种外形的曲面，如球面、抛物面和抛物柱面等。图 8.38 和图 8.39 分别是索网层拟合的球面和抛物面。

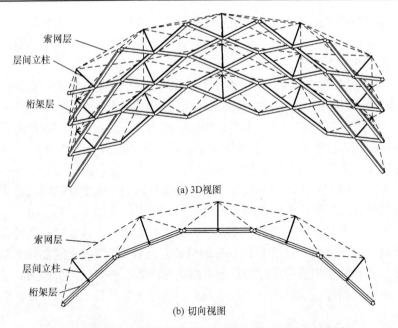

(a) 3D视图

(b) 切向视图

图 8.36　索网桁架复合双层机构网络拟合圆柱面(桁架层拟合)

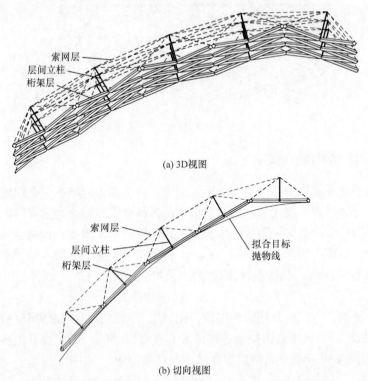

(a) 3D视图

(b) 切向视图

图 8.37　索网桁架复合双层机构网络拟合抛物柱面(桁架层拟合)

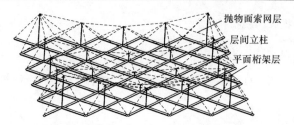

图 8.38　索网桁架复合双层机构网络拟合球面(索网层拟合，平面桁架)

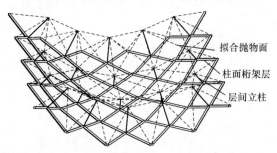

图 8.39　索网桁架复合双层机构网络拟合抛物面(索网层拟合，柱面桁架)

设计可展开机构时，首先要根据机构的工作需求，确定可展开机构的形面尺寸、精度；然后根据与之连接的卫星主体、工作环境等确定可展开机构的刚度、基频、展开及收拢尺寸；明确了这些参数后，最后进入可展开机构本体的设计。

利用索网桁架机构网络拟合可展开天线，具体的过程如图 8.40 所示。

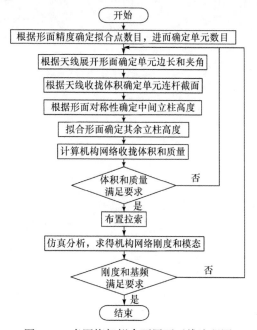

图 8.40　索网桁架拟合可展开天线流程图

8.4.4 可展开抛物面天线机构设计

1. 抛物面天线机构拟合

抛物面天线如图8.41所示,可知天线反射面由抛物线段AB绕x轴旋转扫描而成。

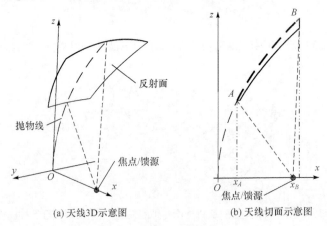

(a) 天线3D示意图　　　　(b) 天线切面示意图

图 8.41　抛物面天线示意图

采用双层机构网络拟合这个反射面,为了简化设计并使机构网络具有较高的折叠比,桁架层选为圆柱面,采用索网层拟合抛物面。具体拟合方式如图 8.42 所示。

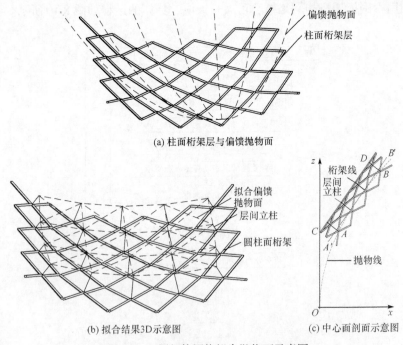

(a) 柱面桁架层与偏馈抛物面

(b) 拟合结果3D示意图　　　(c) 中心面剖面示意图

图 8.42　双层机构网络拟合抛物面示意图

在图 8.42(c) 中，AB 是要拟合的抛物面的母线，位于抛物面的中心处，直线 $A'B'$ 与曲线 AB 的中点相切，柱面桁架层对称中心线 CD 与 $A'B'$ 相平行。取抛物线的方程为 $z^2 = 11040x$，抛物线焦距 $f = 2760\text{mm}$，A 点坐标为 $(-324.3,\ 0,\ 586.4)$，B 点坐标为 $(210.8,\ 0,\ 2555.2)$。取机构网络中桁架层的 Bennett 机构参数为 $L = 450\text{mm}$、$\omega = 55°$、$l = 51\text{mm}$、$\lambda = 50°$，单元间夹角 $\angle 1 = 10°$。机构网络中共有 20 个单元、20 个层间立柱，立柱的编号如图 8.43 所示。

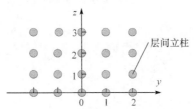

图 8.43　机构网络中的立柱编号

在图 8.43 中，列 $z=0$ 表示机构网络中 z 值较小的一列，层间立柱的高度关于列 z 左右对称。根据反射抛物面和机构网络的参数，可得图 8.42 中层间立柱的高度参数，如表 8.1 所示。由于参数左右对称，这里只给出一边的参数。

表 8.1　层间立柱中延长立杆的高度参数　　　　　　　　（单位：mm）

z＼y	0	1	2
0	308.5	287.7	223.9
1	229.3	207.8	141.9
2	229.0	206.8	138.8
3	300.8	278.0	208.2

在上述参数的基础上设计了一个双层机构网络，其展开、收拢状态如图 8.44 所示。

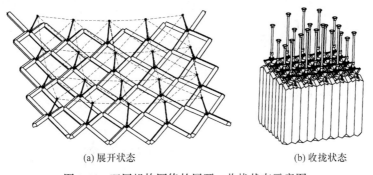

(a) 展开状态　　　　　　　　　　　　　(b) 收拢状态

图 8.44　双层机构网络的展开、收拢状态示意图

2. 双层机构网络的设计与力学性能分析

1) 机构网络中的桁架层机构设计

设计的双层机构网络，桁架层中连杆的作用包括提供转动副的支撑连接、抵抗外部受力等。机构网络中的复合机构设计如图 8.45 所示。桁架层及层间立柱结构设计如图 8.46 所示。

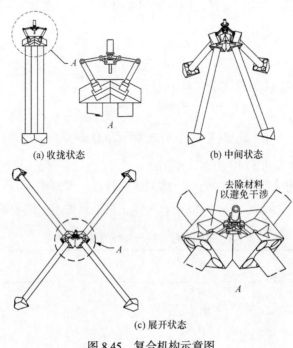

(a) 收拢状态 (b) 中间状态

(c) 展开状态

图 8.45　复合机构示意图

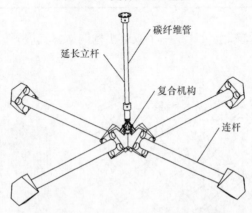

图 8.46　桁架层及层间立柱机构示意图

2) 机构网络中的索网层网络设计

机构网络除了要拟合特定形状外，还要具有一定的刚度和强度，以抵抗外界的受力和扰动。索网层拟合了抛物面外形的天线，并和桁架层、层间立柱共同构成一个双层的机构网络，如图 8.47 所示。为了提高机构网络的刚度，除了平面拉索和边索，还可以进一步增加新的斜向拉索。

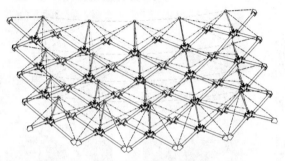

图 8.47　双层机构网络中斜向拉索示意图

3) 机构网络模态分析

采用有限元分析软件 ANSYS 对可展开天线进行模态分析。图 8.48 所示为含平面拉索和边索的双层抛物面天线有限元模型。为了分析双层抛物面天线中索网的作用，分别对天线在不同构型下的固有频率进行仿真，得到不同构型下天线的前 3 阶固有频率，如表 8.2 所示。

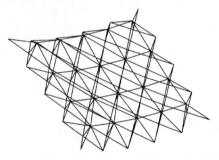

图 8.48　含平面拉索和边索的双层抛物面天线有限元模型

表 8.2　双层抛物面天线不同构型下的前 3 阶固有频率　　　　　（单位：Hz）

构型	1 阶频率	2 阶频率	3 阶频率
桁架	16.681	21.955	35.478
桁架+平面拉索+边索	21.670	39.778	58.639
桁架+平面拉索+边索+斜向索	22.737	41.684	59.994

从表 8.2 可以看出，从单层增加到双层，天线的固有频率增加，而增加拉索

可提高可展开天线的固有频率。

8.4.5 样机研制与试验

图 8.49 所示为一个双层可展开天线单元的样机，可展开机构的收拢、展开状态如图 8.50 所示。

(a) 收拢状态　　　(b) 中间状态　　　　　　　(c) 展开状态

图 8.49　双层可展开天线单元样机

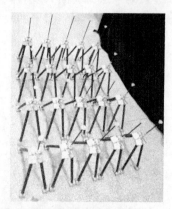

(a) 收拢状态　　　　　　　(b) 中间状态

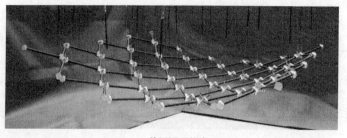

(c) 单层展开状态

(d) 双层展开状态

图 8.50　双层可展开天线机构的收拢、展开状态

采用非接触测量的摄影法对天线机构的精度进行测量，如图 8.51 所示。

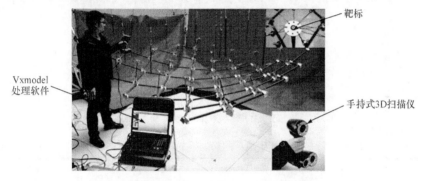

图 8.51　可展开天线机构精度测量(摄影法)

根据测量结果建立如图 8.52 所示的测量坐标系。根据测量坐标系和抛物面坐标系间的关系，将测量数据转换到抛物面坐标系中，得到形面均方根误差 $\delta_{\mathrm{RMS}} = 4.91\mathrm{mm}$。

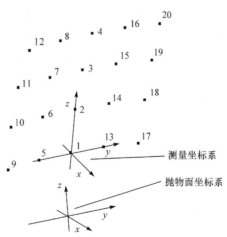

图 8.52　天线机构测量点坐标

图 8.53 所示为可展开天线机构自由模态试验测试系统。试验系统包括零重力悬挂系统、力锤、加速度传感器、多通道振动测试分析系统、计算机等。将处于展开状态的天线锁定后，通过弹簧悬吊在框架上，模拟自由边界条件。通过力锤对展开状态的天线机构施加激励，采用加速度传感器收集被测点的信号，将信号通过多通道振动测试分析系统传入计算机进行分析，得到可展开天线的前 3 阶固有频率，测量结果如表 8.3 所示。

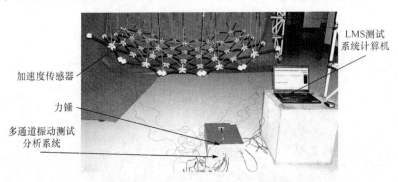

图 8.53　可展开天线机构自由模态试验测试系统

表 8.3　双层可展开天线不同构型下的前 3 阶试验固有频率　　（单位：Hz）

构型	1 阶频率	2 阶频率	3 阶频率
桁架	10.055	17.336	27.747
桁架+平面拉索+边索	14.280	30.251	47.387
桁架+平面拉索+边索+斜向索	16.715	37.789	57.816

试验得到的固有频率低于仿真得到的固有频率，这是因为样机展开后构件间存在间隙，削弱了天线的刚度，降低了其固有频率。增加拉索后天线的固有频率降低得相对较小，这是因为拉索预紧后消除了构件间的间隙，拉索越多，试验得到的频率越接近仿真频率。试验表明，双层构型能提高可展开天线的固有频率，拉索在双层可展开天线中起着提高刚度、消除间隙的作用。

8.5　本　章　小　结

本章提出了一种由 Bennett 单元构建大型天线机构网络的设计方法，并基于螺旋理论证明了这种组网设计方法的可行性。基于 Bennett 单元可以设计出平面、抛物柱面和抛物面等形面的天线机构，并可通过复合机构及索网结合的方法提高天线机构的刚度。

参 考 文 献

[1] Baker J E. The Bennett, Goldberg and Myard linkages—in perspective[J]. Mechanism and Machine Theory, 1979, 14(4):239-253.

[2] Chen Y, You Z. Square deployable frames for space applications part 1: theory[J]. Proceedings of the Institution of Mechanical Engineers, Part G, 2006, 220(4):347-354.

[3] Huang Z, Xia P. The mobility analyses of some classical mechanism and recent parallel robots[C]. ASME International Design Engineering Technical Conferences and Computers and Information in Engineering Conference, Philadelphia, 2006:977-983.

[4] Chen Y, You Z. Square deployable frames for space applications part 2: Realization[J]. Proceedings of the Institution of Mechanical Engineers, Part G, 2007, 221(1):37-45.

第9章 模块化构架式可展开天线机构设计

9.1 新型模块化天线机构方案设计

9.1.1 可展开肋单元

构架式可展开天线中的基本单元为可展开肋单元[1]，如图 9.1 所示。可展开肋单元主要由中心杆、驱动弹簧、滑块、支撑杆、上弦杆、下弦杆、斜腹杆和外杆组成。金属网面由张力索固定于上弦杆上，改变张力索的长度可以调节金属网面的精度。滑块在弹簧力的作用下沿中心杆向上运动，驱动机构展开。

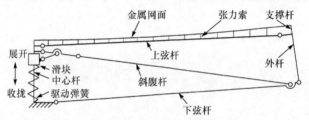

图 9.1 可展开肋单元

已有的模块化构架式可展开天线机构是将可展开肋单元绕中心杆圆周方向阵列，通过 6 个可展开肋单元构成六棱台可展开模块，通过圆周布置的斜拉索进行张紧以提高整个模块的结构刚度。将天线金属网面通过张力索与模块构架相连便构成了一个可展开天线模块，如图 9.2 所示。将不同数量的模块连接在一起便构成了不同口径的模块化构架式可展开天线(modular deployable truss antenna, MDTA)，如图 9.3 所示。

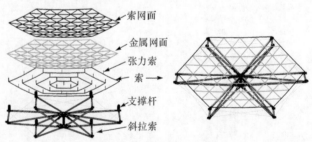

图 9.2 可展开天线模块

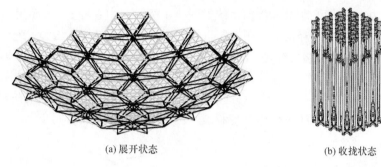

(a) 展开状态　　　　　　　　　　　　　(b) 收拢状态

图 9.3　模块化构架式可展开天线

9.1.2　构型创新设计与分析

1. 构型创新设计

本节综合构架式可展开天线和环形桁架式可展开天线的优点，提出一种新型的模块化构架式可展开天线(new modular deployable truss antenna, NMDTA)机构构型：通过对图 9.1 中的可展开肋单元进行组合，即相邻可展开单元共用中心杆或竖直杆，得到如图 9.4 所示的二肋可展开单元和三肋可展开单元；对二肋可展开单元和三肋可展开单元进一步进行组合，可以构造出由若干个可展开模块组成的构架式可展开天线机构。图 9.5 所示为三模块的空间可展开天线机构。

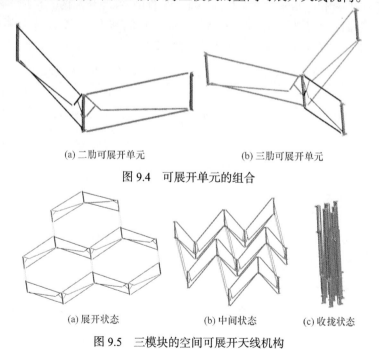

(a) 二肋可展开单元　　　　　　　　　　(b) 三肋可展开单元

图 9.4　可展开单元的组合

(a) 展开状态　　　　　　(b) 中间状态　　　　　(c) 收拢状态

图 9.5　三模块的空间可展开天线机构

天线机构的展开驱动与控速系统如图 9.6 所示。中心杆上的弹簧用于驱动机构展开，电机绳索缓释机构用于控制机构的展开速度。具体方法为：绳 A 的一端与电机相连，而另一端与滑块 1 的一端相连；绳 B 的一端与滑块 1 的另一端相连，而另一端与滑块 2 的一端相连；绳 C 的一端与滑块的另一端相连，以此类推，直到所有的滑块都被连接上。图中虚线表示绳索的布置方式，它们都依附在杆件上。在展开过程中，该系统不仅能够控制展开速度，还保证了展开同步性。

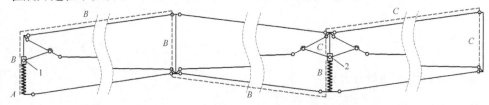

图 9.6　天线机构的展开驱动与控速系统

2. 比较分析

运用相同的可展开肋单元构成 NMDTA 和 MDTA 可展开机构，二者的比较如表 9.1 所示。以三模块可展开机构的 NMDTA 和 MDTA 为例，它们的展开口径同为 4m，分别由 15 个和 18 个可展开单元构成，NMDTA 可展开机构的质量比MDTA 可展开机构的质量轻 19.67%；通过对二者进行有限元建模与仿真分析，发现 MDTA 可展开机构的 1 阶固有频率比 NMDTA 可展开机构的 1 阶固有频率高21.21%。而随着可展开单元数量的增加，质量降低率变大，1 阶固有频率降低率变小，这说明 NMDTA 可展开机构的综合性能较好。

表 9.1　NMDTA 可展开机构与 MDTA 可展开机构的比较

口径 /m	NMDTA	MDTA	可展开单元数量/个		质量降低率/%	1 阶固有频率/Hz		1 阶固有频率降低率/%
			NMDTA	MDTA		NMDTA	MDTA	
4			15	18	19.67	2.850	3.617	21.21
8			30	42	28.57	1.293	2.490	48.07
8.72			41	60	31.67	1.046	1.152	9.20

续表

口径 /m	NMDTA	MDTA	可展开单元数量/个		质量降低率/%	1 阶固有频率/Hz		1 阶固有频率降低率/%
			NMDTA	MDTA		NMDTA	MDTA	
11.14			55	84	34.52	0.809	0.845	4.26

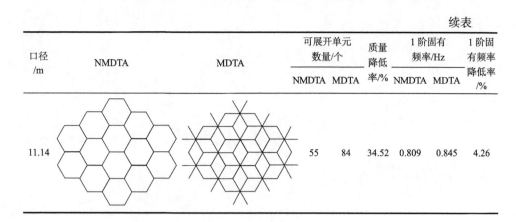

9.2　天线机构尺度设计与建模

9.2.1　天线抛物面的拟合方法

为了减小调节支撑杆总长度，同时保证可展开机构具有几何对称性，要求可展开机构上的各关键点(可展开机构内各可展开单元上弦杆的两端点)都落在同一个球面上，利用最小二乘法求取目标抛物面的拟合球面并令其拟合误差最小。

已知抛物面方程为

$$x^2 + y^2 = 4pz \tag{9.1}$$

式中，p 为抛物面的焦距。

已知截取上述抛物面的圆柱方程为

$$x^2 + (y - b_c)^2 \leqslant r_c^2 \tag{9.2}$$

式中，$(0, b_c)$ 为圆柱在 xOy 平面上的中心；r_c 为圆柱的半径。

圆柱截取抛物面后得到目标抛物面，如图 9.7 所示。

设拟合球面的方程为

$$(x - a)^2 + (y - b)^2 + (z - c)^2 = R^2 \tag{9.3}$$

式中，(a, b, c) 为拟合球面的球心坐标；R 为拟合球面的半径。

目标抛物面上的点到球面中心的距离 r_i 为

$$r_i^2 = (x_i - a)^2 + (y_i - b)^2 + (z_i - c)^2 \tag{9.4}$$

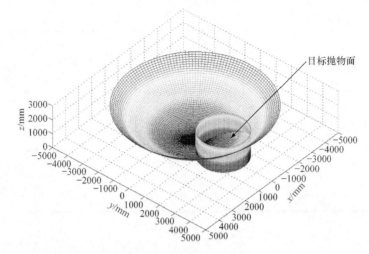

图 9.7　目标天线抛物面

式中，(x_i, y_i, z_i) 为目标抛物面上的点。

利用最小二乘法求取上述拟合球面方程：

$$\delta^2 = \sum_{i=1}^{n} (r_i^2 - R^2)^2 = \sum_{i=1}^{n} (x_i^2 + y_i^2 + z_i^2 - 2ax_i - 2by_i - 2cz_i + a^2 + b^2 + c^2 - R^2)^2 \qquad (9.5)$$

式中，δ^2 表示目标抛物面上的 n 个点到球面中心距离平方与球面半径平方的差的平方和。

令 $\partial \delta^2 / \partial a = \partial \delta^2 / \partial b = \partial \delta^2 / \partial c = \partial \delta^2 / \partial t = 0$，得

$$\begin{bmatrix} a \\ b \\ c \\ t \end{bmatrix}^{\mathrm{T}} \begin{bmatrix} \sum\limits_{i=1}^{n} 2x_i^2 & \sum\limits_{i=1}^{n} 2x_i y_i & \sum\limits_{i=1}^{n} 2x_i z_i & \sum\limits_{i=1}^{n} 2x_i \\ \sum\limits_{i=1}^{n} 2x_i y_i & \sum\limits_{i=1}^{n} 2y_i^2 & \sum\limits_{i=1}^{n} 2y_i z_i & \sum\limits_{i=1}^{n} 2y_i \\ \sum\limits_{i=1}^{n} 2x_i z_i & \sum\limits_{i=1}^{n} 2y_i z_i & \sum\limits_{i=1}^{n} 2z_i^2 & \sum\limits_{i=1}^{n} 2z_i \\ -\sum\limits_{i=1}^{n} x_i & -\sum\limits_{i=1}^{n} y_i & -\sum\limits_{i=1}^{n} z_i & -\sum\limits_{i=1}^{n} n \end{bmatrix} = \begin{bmatrix} \sum\limits_{i=1}^{n} (x_i^2 + y_i^2 + z_i^2) x_i \\ \sum\limits_{i=1}^{n} (x_i^2 + y_i^2 + z_i^2) y_i \\ \sum\limits_{i=1}^{n} (x_i^2 + y_i^2 + z_i^2) z_i \\ \sum\limits_{i=1}^{n} (x_i^2 + y_i^2 + z_i^2) \end{bmatrix}^{\mathrm{T}} \qquad (9.6)$$

在圆柱面投影在 xOy 平面的圆内随机取 n 个二维点，代入目标抛物面方程，得到目标抛物面上的 n 个三维点，再代入式(9.6)，求得拟合球面方程：

$$x^2 + (y + b)^2 + (z - c)^2 = R^2 \qquad (9.7)$$

9.2.2　可展开机构几何建模

1. 建立新坐标系

为了便于计算可展开机构中各关键点的位置坐标，在原坐标系的基础上建立新的坐标系，如图 9.8 所示。A、B 两点是目标抛物面在 yOz 平面上的投影与圆柱面的交点，联立目标抛物面和圆柱面在 y-z 平面上的投影方程求得这两点的位置坐标，即 $A(y_1, z_1)$ 和 $B(y_2, z_2)$。过 A、B 两点的直线斜率为

$$k = \frac{z_1 - z_2}{y_1 - y_2} \tag{9.8}$$

该直线与 y 轴正方向的夹角 $\theta = \arctan k$，它与新坐标系下的 y' 轴平行。

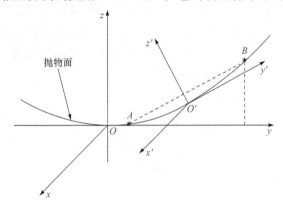

图 9.8　新旧坐标系

y' 轴与拟合球面在 y-z 平面上的投影相切，z' 轴通过球面中心，从而求得切点位置即新坐标系的原点位置为 O'，由此建立新坐标系 O'-$x'y'z'$ 以及描述新旧坐标系之间转换关系的齐次转换矩阵 $\boldsymbol{T}$。新旧坐标系的转换关系为

$$\begin{bmatrix} x \\ y \\ z \\ 1 \end{bmatrix} = \boldsymbol{T} \begin{bmatrix} x' \\ y' \\ z' \\ 1 \end{bmatrix} \tag{9.9}$$

球面方程在新坐标系下的表达式为

$$x'^2 + y'^2 + (z' - R)^2 = R^2 \tag{9.10}$$

2. 关键点位置确定

为了建立可展开机构的数学模型，必须确定可展开机构中各关键点的位置。

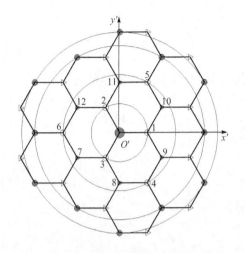

图 9.9　可展开模块的位置分布

各关键点的位置坐标满足以下两条原则：①可展开机构中弦杆的长度都相同，各关键点位于拟合球面上；②一些特殊弦杆之间的平面角度能够预先给定。可展开模块的位置分布如图 9.9 所示，在新坐标系下用正六边形划分 x'-y' 平面，并以其中一中心杆的位置作为 x' 轴与 y' 轴的交点 O'。

根据以上两个原则，能够求得图中由圆圈标出的各关键点的位置。在此基础上根据第 1 条原则求出由三角形标出的各关键点的位置。图中阴影表示中心杆位置，无阴影则表示竖杆的位置。下面列举几个关键点位置的求解方程组。

点 1 坐标满足的方程组为

$$\begin{cases} y_1' = 0 \\ x_1'^2 + y_1'^2 + (z_1' - R)^2 = R^2 \\ x_1'^2 + y_1'^2 + z_1'^2 = l^2 \end{cases} \tag{9.11}$$

点 2 坐标满足的方程组为

$$\begin{cases} y_2' = -\sqrt{3}x_2' \\ x_2'^2 + y_2'^2 + (z_2' - R)^2 = R^2 \\ x_2'^2 + y_2'^2 + z_2'^2 = l^2 \end{cases} \tag{9.12}$$

点 6 坐标满足的方程组为

$$\begin{cases} y_6' = 0 \\ x_6'^2 + y_6'^2 + (z_6' - R)^2 = R^2 \\ x_6'^2 + y_6'^2 + z_6'^2 = 4l^2 \end{cases} \tag{9.13}$$

点 12 坐标满足的方程组为

$$\begin{cases} x_{12}'^2 + y_{12}'^2 + (z_{12}' - R)^2 = R^2 \\ (x_{12}' - x_2')^2 + (y_{12}' - y_2')^2 + (z_{12}' - z_2')^2 = l^2 \\ (x_{12}' - x_6')^2 + (y_{12}' - y_6')^2 + (z_{12}' - z_6')^2 = l^2 \end{cases} \tag{9.14}$$

图 9.9 中点 3 的求法与点 1、2 类似，点 4、5 的求法与点 6 类似，其余点的

求法与点 12 类似。预先给定各弦杆的长度 l 以及各竖杆的高度 h(中心杆高度与竖杆高度相同)，并令各竖杆和中心杆的方向均与 z' 轴平行，通过求解方程组得到各关键点的坐标，在此基础上建立可展开机构的数学模型。

9.2.3　可展开机构三维建模

为了验证可展开机构数学模型建立方法的正确性，在此给定一组数据并建立可展开机构的数学模型。已知抛物面参数 p=1760mm，圆柱参数 b_c=1858mm，r_c=1358mm，通过最小二乘法求取拟合球面方程的各参数。取 7 个不同的 n 值，对应每一个 n 值记录 10 组球面参数后计算平均值，如图 9.10 和图 9.11 所示。

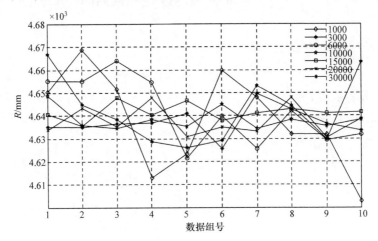

图 9.10　对应 7 个 n 值的 10 组数据

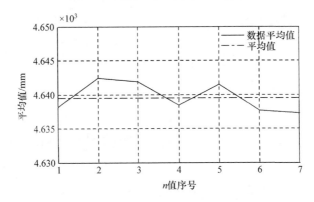

图 9.11　对应 7 个 n 值的 10 组数据的平均值

从图 9.10 可以发现，n 值越大，对应的 10 组 R 值数据波动就越小。因此，在一定情况下选择 n 值越大越好。从图 9.11 可以看出，7 个不同的 n 值对应的 R

平均值在 4640mm 上下波动，说明 R 值接近 4640mm。那么，选择 $n=30000$ 时的一组数据，球心坐标为 $(0, -235, 4632)$，半径 $R=4639.2$mm，得到球面方程为

$$x^2 + (y+235)^2 + (z-4632)^2 = 4639.2^2 \tag{9.15}$$

在建立新坐标系 $O'\text{-}x'y'z'$ 的过程中，A 点的坐标为 $(0, 500, 35.51)$，B 点的坐标为 $(0, 500, 35.51)$。过点 A 和 B 的直线的斜率 $k=0.529$，其与 y 轴的夹角 $\theta = 27.8788°$。由此得到新旧坐标系的齐次转换矩阵为

$$T = \begin{bmatrix} 1 & 0 & 0 & 0 \\ 0 & 0.8839 & -0.4676 & 1934.3057 \\ 0 & 0.4676 & 0.8839 & 531.2331 \\ 0 & 0 & 0 & 1 \end{bmatrix}$$

拟合球面方程在新坐标系下表达为

$$x'^2 + y'^2 + (z'-4632)^2 = 4639.2^2 \tag{9.16}$$

取弦杆的长度 $l=580$mm，求得点 1、点 2、…、点 12 共计 12 个点的位置坐标，并在 MATLAB 中建立三模块的可展开天线机构模型，如图 9.12 所示。

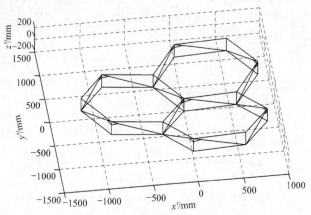

图 9.12　三模块的可展开天线机构模型

9.3　天线机构动力学建模与分析

采用有限元方法建模，并用 MATLAB 求解，可以极大地减少工作量及计算时间，同时也最大限度地保证了计算结果的准确性。下面以三模块可展开机构为例介绍详细的建模过程。

9.3.1　动力学建模

1. 可展开机构编号

15 个可展开单元构成了三模块可展开机构，利用计算得到的 12 个关键点的位置坐标并结合计算得到的可展开单元中其余连接点的位置坐标，就可以建立可展开机构的空间模型。根据编程计算的需要，对各可展开单元进行编号，如图 9.13 所示。

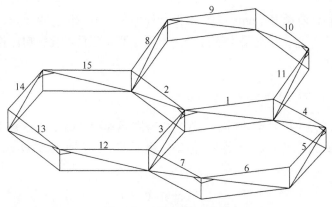

图 9.13　可展开单元编号

接下来需要对各可展开单元的各梁单元及其节点进行编号。如图 9.14 所示，对编号为 1、2 和 3 的可展开单元进行编号，e 表示梁单元，n 表示梁单元的端(节)点。图中包括 3 个可展开单元，共有 23 个梁单元，15 个节点。类似地，对所有

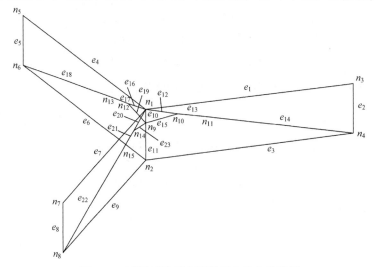

图 9.14　可展开单元中梁单元和节点的编号

的可展开单元进行统一编号后，将得到 110 个梁单元和 63 个节点。因此，可以得到三模块可展开机构中各梁单元与各节点之间的关系。这些关系都将作为已知条件输入程序进行计算。

已知的各参数还包括：各梁单元的节点自由度为 6，含 3 个转动自由度和 3 个平移自由度；梁单元材料选择碳纤维；l 和 h 分别取为 580mm 和 160mm；对于可展开单元 1、2 和 3，l_2 和 l_3 取为 55mm；对于其余的两两可展开单元，由于具有对称性，其取值完全相同，l_1 和 h_1 分别取为 50mm 和 110mm；各梁单元的截面外径为 12mm，内径为 8mm；节点边界条件为 n_1、n_2 和 n_9 点被完全约束，其余节点不受外力作用；单元采用欧拉梁；为了计算简便且不会影响计算精度，采用集中质量矩阵。

2. 坐标系的转换关系

由于可展开机构是空间桁架，在建立有限元模型时需要把各梁单元的特性矩阵从局部坐标系下的表达转换到总体坐标系下[2,3]。局部坐标系 $O\text{-}xyz$ 与总体坐标系 $\bar{O}\text{-}\bar{x}\,\bar{y}\,\bar{z}$ 之间的转换矩阵可以表示为

$$T=\begin{bmatrix} t & 0 & 0 & 0 \\ 0 & t & 0 & 0 \\ 0 & 0 & t & 0 \\ 0 & 0 & 0 & t \end{bmatrix} \tag{9.17}$$

式中

$$t=\begin{bmatrix} \cos(x,\bar{x}) & \cos(x,\bar{y}) & \cos(x,\bar{z}) \\ \cos(y,\bar{x}) & \cos(y,\bar{y}) & \cos(y,\bar{z}) \\ \cos(z,\bar{x}) & \cos(z,\bar{y}) & \cos(z,\bar{z}) \end{bmatrix} \tag{9.18}$$

子矩阵 t 中的第一行可以由梁单元节点的坐标得到，即

$$\cos(x,\bar{x})=\frac{\bar{x}_2-\bar{x}_1}{l}, \quad \cos(x,\bar{y})=\frac{\bar{y}_2-\bar{y}_1}{l}, \quad \cos(x,\bar{z})=\frac{\bar{z}_2-\bar{z}_1}{l},$$

$$l=\sqrt{(\bar{x}_2-\bar{x}_1)^2+(\bar{y}_2-\bar{y}_1)^2+(\bar{z}_2-\bar{z}_1)^2}$$

子矩阵 t 中的其余行需要一个辅助参考坐标系 $O'\text{-}x'y'z'$ 来确定。此坐标系与总体坐标系 $\bar{O}\text{-}\bar{x}\,\bar{y}\,\bar{z}$ 之间的转换矩阵为

$$t_1 = \begin{bmatrix} l & m & n \\ -\dfrac{m}{\lambda} & \dfrac{l}{\lambda} & 0 \\ -\dfrac{nl}{\lambda} & -\dfrac{mn}{\lambda} & \lambda \end{bmatrix} \tag{9.19}$$

式中

$$l = \frac{(\overline{x}_j - \overline{x}_i)}{L}, \quad m = \frac{(\overline{y}_j - \overline{y}_i)}{L}, \quad n = \frac{(\overline{z}_j - \overline{z}_i)}{L}, \quad \lambda = \sqrt{l^2 + m^2}$$

$$L = \sqrt{(\overline{x}_j - \overline{x}_i)^2 + (\overline{y}_j - \overline{y}_i)^2 + (\overline{z}_j - \overline{z}_i)^2}$$

辅助参考坐标系 O'-$x'y'z'$ 与局部坐标系 O-xyz 之间的转换矩阵表达为

$$t_2 = \begin{bmatrix} 1 & 0 & 0 \\ 0 & \cos\alpha & \sin\alpha \\ 0 & -\sin\alpha & \cos\alpha \end{bmatrix} \tag{9.20}$$

式中，α 为局部坐标系 y 轴与辅助坐标系 y' 轴的夹角。

因此，子矩阵 t 可以表示为

$$t = t_2 t_1 = \begin{bmatrix} 1 & 0 & 0 \\ 0 & \cos\alpha & \sin\alpha \\ 0 & -\sin\alpha & \cos\alpha \end{bmatrix} \begin{bmatrix} l & m & n \\ -\dfrac{m}{\lambda} & \dfrac{l}{\lambda} & 0 \\ -\dfrac{nl}{\lambda} & -\dfrac{mn}{\lambda} & \lambda \end{bmatrix} \tag{9.21}$$

从而能够推导出从局部坐标系下转换到总体坐标系下的刚度与质量特性矩阵：

$$\overline{M} = T^{\mathrm{T}} M T \tag{9.22}$$

$$\overline{K} = T^{\mathrm{T}} K T \tag{9.23}$$

9.3.2　动力学分析

以上理论为可展开机构的有限元方法建模编写 MATLAB 算法奠定了基础，建模算法的流程：输入数据，包括梁单元、节点的数目以及梁单元与节点的关系，节点位置坐标，梁单元材料属性及其特性矩阵，节点边界条件及其所受外力等；计算各梁单元的特性矩阵；根据各梁单元的特性矩阵构建可展开机构总体特性

矩阵；根据节点边界条件及其外力退化有限元方程，求解有限元方程获得可展开机构的固有频率。有限元建模的算法流程如图 9.15 所示。

图 9.15　有限元建模的算法流程

通过此算法流程编写 MATLAB 程序，求得可展开机构的前 5 阶固有频率，如表 9.2 所示。为了验证此算法以及程序的正确性，运用有限元软件 ANSYS 对可展开机构进行建模，如图 9.16 所示，并比较两者得出的固有频率。从表 9.2 中可以看出，有限元建模分析得出的固有频率与 MATLAB 程序计算出的固有频率吻合较好。

表 9.2　MATLAB 计算和 ANSYS 分析得到的前 5 阶固有频率

阶次	固有频率(MATLAB)/Hz	固有频率(ANSYS)/Hz
1	13.454	13.593
2	34.467	35.228
3	34.467	35.230
4	69.036	70.034
5	69.036	70.038

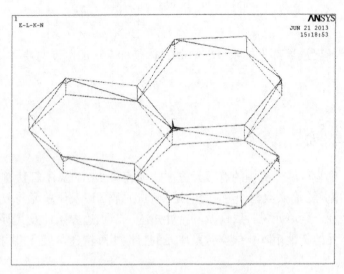

图 9.16　ANSYS 有限元建模分析

9.4　可展开天线索网设计

9.4.1　索网结构分析

索网结构通过若干支撑杆与天线机构相连接，由表面环形索、前索网、后索网和张紧索构成，如图 9.17 所示。金属网面与表面环形索、前索网连接，在张紧索的张拉作用下使前索网能够形成目标抛物面的形状。

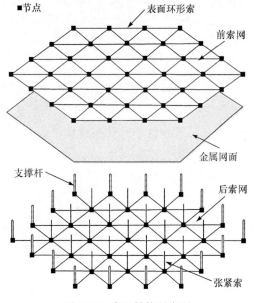

图 9.17　索网结构示意图

索网结构找形的目标是让前索网能够形成抛物面形状，需要确定索网中各根索拉伸后的长度以及拉力大小，在此基础上求出各根索在变形前的原长，从而根据各根索的原长铺设索网使其在展开后形成设计形状。

要进行索网结构的找形，首先确定平面划分，确定结构的拓扑矩阵以及固定节点的空间位置坐标。然后给定各个索单元的力密度值，由此构成结构的力密度矩阵，在此基础上计算得到满足力密度法的各个自由节点的位置坐标 x' 和 y'。最后根据各个自由节点的 x' 和 y' 值求得对应的 z' 值，进而求得各个索单元的原长和节点受到的外力。

9.4.2　索网结构找形

本节以三角形平面划分的找形结果为例，计算得到索网中各个索单元受到的拉力和长度,如图 9.18 所示。其中,索单元受到拉力的变化范围为 7.206~7.421N,长度的变化范围为 144.1~148.4mm,如图 9.19 和图 9.20 所示。

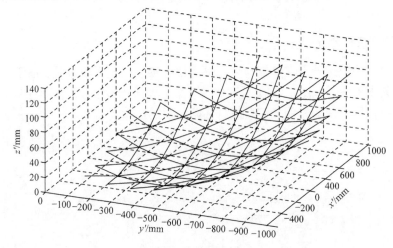

图 9.18　索网找形结果

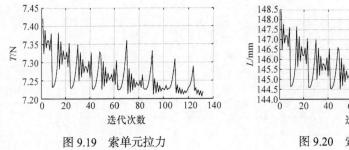

图 9.19　索单元拉力

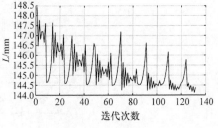

图 9.20　索单元长度

9.4.3　索网结构的误差计算

索网结构的找形方法只是让金属网面能更好地拟合目标抛物面,因此不可避免地会出现表面误差。表面误差的大小取决于索网结构平面划分的细密程度。表面误差的计算公式为[4]

$$\delta_{RMS} \approx \frac{L^2}{pC^2} \tag{9.24}$$

式中,L 为前索网或者后索网中最长索单元的长度;p 为抛物面的焦距;C 为常数,对于三角形平面划分取值为 7.872。

不同索单元数量划分找形的表面误差计算结果如表 9.3 所示。

表 9.3　不同平面划分找形后的表面误差计算结果

平面划分	索单元数/条	索单元长度范围/mm	表面误差
三角形 1	132	144.1~148.4	0.0453
三角形 2	72	192.2~197.6	0.0804
三角形 3	30	288.4~295.5	0.1797

9.5　可展开机构优化设计

以上对天线机构建模及索网结构进行了介绍。事实上，结构参数和索单元的拉力对可展开机构性能有着相当大的影响。为此，需要对可展开机构索网结构中的各参数进行优化，从而使天线机构具备较为优良的性能。

9.5.1　索单元拉力优化

完全展开后的索网结构的稳定性对天线反射面精度有着很大的影响。为了提高结构稳定性，必须对索单元的拉力进行优化，使得各个索单元拉力趋向一个理想拉力值[5,6]。

具体方法如下：确定索网的平面划分、对应的结构拓扑矩阵以及索网中固定节点的位置坐标；以各个索单元的力密度值为待优化变量，设定理想拉力值 T_d；按照前面的索网结构找形方法计算各个索单元的拉力；设定待优化目标函数为

$$\mathrm{Min}F(q_1,q_2,\cdots,q_m)=(T_1-T_d)^2+(T_2-T_d)^2+\cdots+(T_m-T_d)^2 \tag{9.25}$$

式中，$q_1,q_2,\cdots,q_m$ 为各个索单元的力密度值；$T_1,T_2,\cdots,T_m$ 为各个索单元的拉力。

本节以三角形平面划分的前索网结构找形为例，对其进行索单元拉力一致性优化。已知索网平面划分、结构拓扑矩阵以及固定节点的位置坐标，设定索单元的理想拉力值为 7.245N[7]。优化算法中的各参数设定如表 9.4 所示，且优化结果如图 9.21~图 9.23 所示。

表 9.4　优化算法中的各参数设定

索单元拉力	群体大小	最优个体数	基因交换率	基因变异率	最大迭代数
132	60	3	0.75	0.2	50000

将优化迭代后索单元的拉力数据与优化前的拉力数据进行比较，结果如表 9.5 所示。由表可知，优化后索单元拉力的波动范围明显减小。

最小平均适应度: 0.0814467

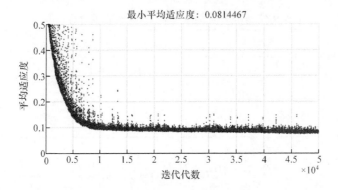

图 9.21　索单元拉力的迭代过程

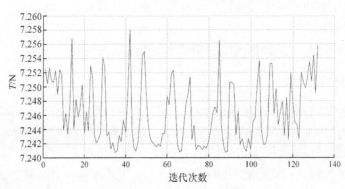

图 9.22　迭代后的索单元拉力

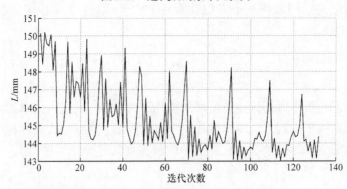

图 9.23　迭代后的索单元长度

表 9.5　优化迭代前后索单元的拉力数据比较

拉力数据	范围/N	范围差/N	平均值/N	标准差
优化前	7.209~7.421	0.2154	7.263	0.2154
优化后	7.241~7.258	0.01727	7.246	0.004518

9.5.2　结构参数优化

同样，以可展开单元各杆的长度及其截面参数为优化变量，以可展开机构的 1 阶固有频率及其质量为优化函数，采用多目标遗传算法对可展开机构的结构进行优化。

可展开天线机构的多目标优化问题表述为

$$\mathrm{Min}(-f(x), m(x))$$
$$\mathrm{s.t.} \quad l_{\mathrm{b}} \leqslant x \leqslant u_{\mathrm{b}} \tag{9.26}$$

式中，$x=\{l, h, L_3, L_2, h_1, l_1, D, d\}$，$L_2$ 和 L_3 为可展开单元中的杆长；$l_{\mathrm{b}} = \{570, 150, 50, 50, 105, 45, 10, 7\}$；$u_{\mathrm{b}} = \{590, 170, 60, 60, 130, 55, 14, 10\}$；$-f(x)$ 为 1 阶固有频率待优化函数；$m(x)$ 为质量待优化函数。

具体算法流程如下：设定待优化变量；计算可展开单元关键点的位置坐标以及单元内杆件连接点的位置坐标；确定各杆长度并建立质量优化函数；建立有限元方程；求解方程并建立 1 阶固有频率优化函数。优化算法中设定群体大小为 70，非劣解率为 0.3，基因交换率为 0.75，分别对优化问题进行 30 次迭代，结果如图 9.24 所示。图 9.24(a) 中，星点表示非劣解，直线表示对非劣解的直线拟合；图 9.24(b) 表示非劣解与拟合直线的纵轴距离。

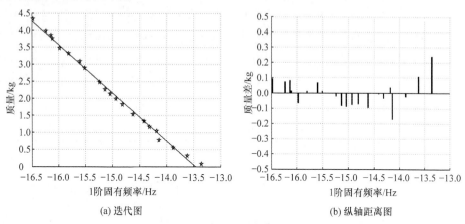

(a) 迭代图　　　　　　　　　　　　　　(b) 纵轴距离图

图 9.24　迭代 30 次的结果

表 9.6 中列出了进行 30 次迭代后的 21 组非劣解。在实际应用中，需要根据不同的设计要求选择不同的非劣解。

表 9.6　优化迭代 30 次后的非劣解集

非劣解	l/mm	h/mm	L_3/mm	L_2/mm	h_1/mm	l_1/mm	D/mm	d/mm
1	570.2839	159.5431	57.1539	57.3169	117.5830	50.6385	13.9559	9.8233
2	573.9572	163.3147	55.2390	59.3658	117.7423	50.0013	11.1119	9.9975

续表

非劣解	l/mm	h/mm	L₃/mm	L₂/mm	h₁/mm	l₁/mm	D/mm	d/mm
3	571.1613	157.0937	55.1236	57.0438	117.6936	50.6979	13.1417	9.8887
4	571.1437	161.9528	55.2375	57.0366	117.0779	50.7133	12.9352	9.8894
5	571.7696	158.7947	57.0869	59.8861	118.1168	50.6879	11.8202	9.9233
6	570.4299	157.0913	59.2382	59.9527	117.5958	50.9320	13.2885	9.8960
7	570.9739	157.1892	59.0664	59.7666	117.1319	50.7538	11.5217	9.9021
8	570.7403	157.8548	57.1375	57.2846	117.7625	50.5191	12.3760	9.8519
9	574.1841	165.5045	55.4155	59.5770	119.7933	52.0775	10.0246	9.9342
10	571.0376	157.1700	55.1310	59.8935	117.3391	50.6958	11.9641	9.9020
11	573.2950	165.6501	57.1261	57.0513	119.0816	50.0945	10.3204	9.9593
12	571.0485	159.0827	59.1195	57.2430	118.0563	50.6160	12.7654	9.8750
13	570.7497	157.5186	59.0436	59.8333	117.8610	50.0932	12.2138	9.8906
14	572.1413	160.1883	59.2829	57.2195	117.9363	50.2177	11.3326	9.9187
15	571.2103	157.4723	59.3533	57.2415	117.9669	50.5934	11.1373	9.8819
16	570.7575	158.7676	55.5230	59.9867	117.8534	50.9707	13.5734	9.8602
17	572.6113	162.2427	59.2140	59.9785	117.2607	51.2417	10.5837	9.9741
18	570.4829	159.9632	59.4116	59.9614	117.6654	50.8936	12.0773	9.8749
19	570.0081	159.7354	55.8139	59.8987	118.0087	51.0913	13.6528	9.8136
20	571.5398	157.8996	59.7484	59.9883	117.6388	50.6385	10.8249	9.9749
21	571.2731	157.0268	59.5075	57.1531	118.1931	50.5259	13.5137	9.9007

9.6　本章小结

　　本章综合模块化构架式和环形可展开天线机构的优势，提出一种由多个闭环模块组成的新型模块化构架式可展开天线机构设计方案。经过对比分析验证了该设计方案在不降低刚度的情况下更具质量优势。另外，模块化构架式可展开天线机构的网面设计和精度调整相对容易实现，为大口径可展开天线机构设计提供了新的借鉴和参考。

参 考 文 献

[1] 田大可. 模块化空间可展开天线支撑桁架设计与实验研究[D]. 哈尔滨: 哈尔滨工业大学, 2011.

[2] Finlayson B A. The Method of Weighted Residuals and Variational Priciples[M]. New York: Academic Press, 1972.

[3] 徐斌, 高跃飞, 余龙. MATLAB 有限元结构动力学分析与工程应用[M]. 北京: 清华大学出版社, 2009.

[4] Agrawal P, Anderson M, Card M. Preliminary design of large reflectors with flat facets[J]. IEEE Transactions on Antennas and Propagation, 1981, 29(4):688-694.

[5] Morterolle S, Maurin B, Quirant J, et al. Numerical form-finding of geotensoid tension truss for mesh reflector[J]. Acta Astronautica, 2012, 76(4):154-163.

[6] Maurin B, Motro R. Investigation of minimal forms with density methods[J]. Journal of the International Association for Shell and Spatial Structures, 1997, 38(3):143-154.

[7] Ando K, Mitsugi J, Senbokuya Y. Analyses of cable-membrane structure combined with deployable truss[J]. Computers & Structures, 2000, 74(1):21-39.

第 10 章 索杆张拉式可展开天线机构设计

索杆张拉结构是不连续的受压杆件和连续的受拉绳索组成的自平衡、稳定的空间结构。张拉结构具有结构简单、质量轻的优势，可作为空间可展开天线机构设计的解决方案。张拉天线机构主要由杆和索组成，杆只受轴向压力、索只受轴向拉力，构件的受力是纯轴向载荷，可使材料的力学性能充分发挥。

10.1 索杆张拉式可展开天线机构参数化建模

10.1.1 基本张拉单元

图 10.1 所示为索杆张拉构成的棱柱单元，即基本张拉单元，该结构由 3 根杆和 9 根索组成。在基本张拉单元中，R 为顶面外接圆半径，r 为底面外接圆半径，h 为棱柱的高度，顶面与底面平行，φ 为顶面和底面的扭转角度[1-3]。

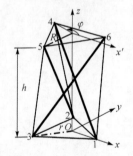

图 10.1 基本张拉单元

如图 10.1 所示建立坐标系，基本张拉单元的 6 个节点空间坐标可表示为

$$\mathrm{nb}_i = \begin{bmatrix} r\cos\theta_i \\ r\sin\theta_i \\ 0 \end{bmatrix} \tag{10.1}$$

$$\mathrm{nt}_i = \begin{bmatrix} R\cos(\theta_i + \varphi) \\ R\sin(\theta_i + \varphi) \\ h \end{bmatrix} \tag{10.2}$$

式中，$\theta_i = \dfrac{2\pi}{n}(i-1)$，$i = 1,2,3$；$\mathrm{nb}_i$ 为底面节点空间坐标；nt_i 为顶面节点空间坐标。

建立各节点的空间坐标后，该索杆张拉单元的节点矩阵可用 N 表示为

$$N = \begin{bmatrix} \mathrm{nb}_1 & \mathrm{nb}_2 & \mathrm{nb}_3 & \mathrm{nt}_1 & \mathrm{nt}_2 & \mathrm{nt}_3 \end{bmatrix} = \begin{bmatrix} n_1 & n_2 & n_3 & n_4 & n_5 & n_6 \end{bmatrix} \tag{10.3}$$

杆的空间向量 B 用节点坐标表示为

$$B = \begin{bmatrix} n_4 - n_1 & n_5 - n_2 & n_6 - n_3 \end{bmatrix} \tag{10.4}$$

用连接矩阵 C_B 描述杆与各节点间的关系，定义连接矩阵内各元素为

$$C_{B_{ij}} = \begin{cases} -1, & \text{节点 } j \text{ 为杆 } i \text{ 的起点} \\ 1, & \text{节点 } j \text{ 为杆 } i \text{ 的终点} \\ 0, & \text{节点 } j \text{ 与杆 } i \text{ 无关} \end{cases} \tag{10.5}$$

则连接矩阵 C_B 为

$$C_B = [-I_3 \quad I_3]_{3\times6} \tag{10.6}$$

式中，I_3 为 3 阶单位矩阵。

杆的向量矩阵 B 可以表示为

$$B = N(C_B)^{\mathrm{T}} \in \mathbf{R}^{3\times3} \tag{10.7}$$

同理得到基本张拉单元的索连接矩阵 C_S，则索矩阵 S 为

$$S = N(C_S)^{\mathrm{T}} \in \mathbf{R}^{3\times12} \tag{10.8}$$

由此建立了基本张拉单元的数学描述，通过将结构参数代入节点矩阵，实现了杆、索的参数化建模。

10.1.2　基本张拉模块

基本张拉模块的构建过程如图 10.2 所示。基本张拉模块由 2 个结构尺寸相同的基本张拉单元构成，将上单元的底边索 7—8、8—9、9—7 去除，连接下单元顶部 3 个节点间的索 5—9、9—6、6—7、7—4、4—8、8—5，将图中两个基本单元相同编号的节点对接，再连接索 1—7、2—8、3—9、4—11、5—12、6—10，即构成了基本张拉模块，共由 6 个杆和 24 根索组成[4-6]。

将基本模块中的索分为四类，即水平索(1—2、2—3、3—1、10—11、11—12、12—10)、斜索(1—7、2—8、3—9、4—11、5—12、6—10)、竖索(1—6、2—4、3—5、7—11、8—12、9—10)和鞍索(5—9、9—6、6—7、7—4、4—8、8—5)，且同类索的长度相等，如图 10.3 所示。位于上、下面的节点称为杆的主端，位于中间

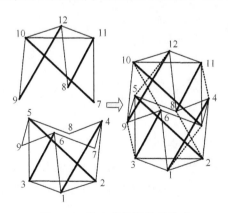

图 10.2　基本张拉模块的构建

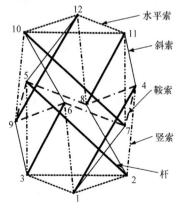

图 10.3　索的分类

的节点称为杆的副端。水平索连接同一基本张拉单元相邻杆的主端；斜索连接两个基本张拉单元相邻杆的主端和副端；鞍索连接两个基本张拉单元相邻杆的副端；竖索连接同一基本张拉单元相邻杆的主端和副端[7]。竖索长度减小(增大)，同时水平索长度增大(减小)，可实现基本张拉模块的形态变换，如图10.4所示。

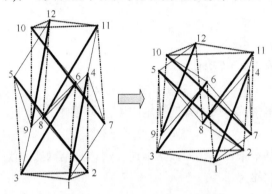

图 10.4　基本张拉模块的形态变换

基本张拉模块的节点分别位于四个平面，即下棱柱的底面、上棱柱的底面、下棱柱的顶面和上棱柱的顶面，将其分别命名为第一、二、三、四平面。由于杆和同类索的长度相等，这四个平面是相互平行的，且第一、三平面和第二、四平面之间的距离为基本张拉单元的高 h，第一、二平面之间和第三、四平面之间的距离为 l，如图10.5所示。

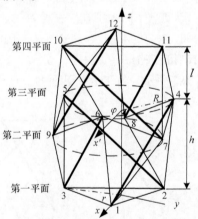

图 10.5　基本张拉模块的基本参数

基本张拉模块上、下三个节点的相对转角为π/3。该结构有 5 个基本参数(r、R、h、l、φ)，用以确定基本张拉模块的结构形态，其中 r 是第一或第四平面上节点的外接圆半径，称为张拉模块的直径[8-10]。

按照基本张拉单元节点矩阵的推导方法，可以得到基本张拉模块的节点矩阵 N_6：

$$
N_6 = \begin{bmatrix}
rC(0) & rS(0) & 0 \\
rC\left(\dfrac{2\pi}{3}\right) & rS\left(\dfrac{2\pi}{3}\right) & 0 \\
rC\left(\dfrac{4\pi}{3}\right) & rS\left(\dfrac{4\pi}{3}\right) & 0 \\
RC(\varphi) & RS(\varphi) & h \\
RC\left(\dfrac{2\pi}{3}+\varphi\right) & RS\left(\dfrac{2\pi}{3}+\varphi\right) & h \\
RC\left(\dfrac{4\pi}{3}+\varphi\right) & RS\left(\dfrac{4\pi}{3}+\varphi\right) & h \\
RC\left(-\dfrac{\pi}{3}+\varphi\right) & RS\left(-\dfrac{\pi}{3}+\varphi\right) & l \\
RC\left(\dfrac{\pi}{3}+\varphi\right) & RS\left(\dfrac{\pi}{3}+\varphi\right) & l \\
RC(\pi+\varphi) & RS(\pi+\varphi) & l \\
rC\left(-\dfrac{\pi}{3}\right) & rS\left(-\dfrac{\pi}{3}\right) & h+l \\
rC\left(\dfrac{\pi}{3}\right) & rS\left(\dfrac{\pi}{3}\right) & h+l \\
rC(\pi) & rS(\pi) & h+l
\end{bmatrix}^{\mathrm{T}}
\tag{10.9}
$$

式中，C 代表 cos；S 代表 sin；φ 为基本张拉单元的扭转角；R 为第二、三平面上节点的外接圆半径。

分析基本张拉模块中杆的连接方式，可得到杆的连接矩阵 C'_B 为

$$
C'_B = \begin{bmatrix}
I_3 & -I_3 & o & o \\
o & o & I_3 & -I_3
\end{bmatrix}_{6\times12}
\tag{10.10}
$$

杆的向量矩阵 B' 为

$$
B' = N_6(C'_B)^{\mathrm{T}} \in \mathbf{R}^{3\times6}
\tag{10.11}
$$

索的连接矩阵 C'_S 为

$$
C'_S = \begin{bmatrix}
e_1 & o & o & o \\
o & o & o & e_1 \\
-I_3 & e_2 & o & o \\
o & o & -I_3 & e_3 \\
o & -I_3 & e_3 & o \\
o & -I_3 & I_3 & o \\
-I_3 & o & I_3 & o \\
o & -I_3 & o & e_3
\end{bmatrix}_{24\times12}
\tag{10.12}
$$

式中，o 为 3 阶零矩阵；$e_1 = \begin{bmatrix} -1 & 1 & 0 \\ 0 & -1 & 1 \\ 1 & 0 & -1 \end{bmatrix}$；$e_2 = \begin{bmatrix} 0 & 0 & 1 \\ 1 & 0 & 0 \\ 0 & 1 & 0 \end{bmatrix}$；$e_3 = (e_2)^{\mathrm{T}}$。

索的向量矩阵 S' 为

$$S' = N_6 (C'_S)^{\mathrm{T}} \in \mathbf{R}^{3 \times 24} \tag{10.13}$$

10.1.3　索杆张拉天线机构

为了研究更广泛意义的索杆张拉天线机构，这里将基本张拉单元的杆数从 3 变为 $n(n \geqslant 3)$，则由基本张拉单元变换得到的基本索杆张拉模块的杆数从 6 变为 $2n$，索的数量也从 24 根变到 $8n$ 根，给定 n 值不同，结构形状也不同，如图 10.6 所示。

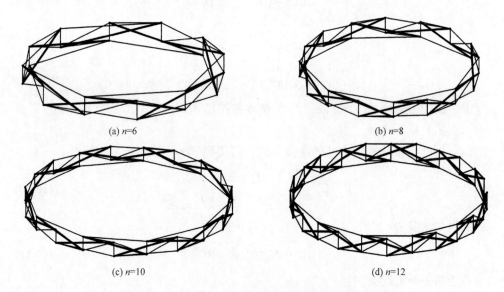

(a) $n=6$　　　　　　　　　　　　　　　　(b) $n=8$

(c) $n=10$　　　　　　　　　　　　　　　(d) $n=12$

图 10.6　$2n$ 杆索杆张拉天线

虽然 n 值发生了变化，但描述张拉模块的基本参数不变，确定了 n 值后仍可以通过 5 个基本参数确定结构的具体形状，因此可以将 n 作为一个已知参数代入节点矩阵，进行 $2n$ 杆索杆张拉天线的参数化建模。

在基本索杆张拉模块参数化建模的基础上，分析得到 $2n$ 杆索杆张拉天线的节点矩阵 N_{2n} 为

$$N_{2n} = \begin{bmatrix} rC\theta_1 & rS\theta_1 & 0 \\ \vdots & \vdots & \vdots \\ rC\theta_n & rS\theta_n & 0 \\ RC(\theta_1 + \varphi) & RS(\theta_1 + \varphi) & h \\ \vdots & \vdots & \vdots \\ RC(\theta_n + \varphi) & RS(\theta_n + \varphi) & h \\ RC\left(\theta_1 - \dfrac{\pi}{n} + \varphi\right) & RS\left(\theta_1 - \dfrac{\pi}{n} + \varphi\right) & l \\ \vdots & \vdots & \vdots \\ RC\left(\theta_n - \dfrac{\pi}{n} + \varphi\right) & RS\left(\theta_n - \dfrac{\pi}{n} + \varphi\right) & l \\ rC\left(\theta_1 - \dfrac{\pi}{n}\right) & rS\left(\theta_1 - \dfrac{\pi}{n}\right) & h+l \\ \vdots & \vdots & \vdots \\ rC\left(\theta_n - \dfrac{\pi}{n}\right) & rS\left(\theta_n - \dfrac{\pi}{n}\right) & h+l \end{bmatrix}^{\mathrm{T}} \tag{10.14}$$

式中，$\theta_i = \dfrac{2\pi}{n}(i-1)$, $i = 1, 2, \cdots, n$；C 代表 cos；S 代表 sin。

$2n$ 杆索杆张拉天线机构中杆的连接矩阵 C_B^* 为

$$C_B^* = \begin{bmatrix} -I_n & I_n & O & O \\ O & O & -I_n & I_n \end{bmatrix}_{2n \times 4n} \tag{10.15}$$

式中，I_n 为 n 阶单位矩阵；O 为 n 阶零矩阵。

进而获得 $2n$ 杆索杆张拉天线中杆的向量矩阵 B^* 为

$$B^* = N_{2n}(C_B^*)^{\mathrm{T}} \in \mathbf{R}^{3 \times 2n} \tag{10.16}$$

$2n$ 杆索杆张拉天线机构中索的连接矩阵 C_S^* 为

$$C_S^* = \begin{bmatrix} E_1 & O & O & O \\ O & O & O & E_1 \\ -I_n & E_2 & O & O \\ O & O & -I_n & E_3 \\ O & -I_n & E_3 & O \\ O & -I_n & I_n & O \\ -I_n & O & I_n & O \\ O & -I_n & O & E_3 \end{bmatrix}_{8n \times 4n} \tag{10.17}$$

其中

$$E_1 = \begin{bmatrix} -1 & 1 & 0 & \cdots & 0 & 1 \\ 0 & -1 & 1 & \cdots & 0 & 0 \\ 0 & 0 & -1 & \cdots & 0 & 0 \\ \vdots & \vdots & \vdots & & \vdots & \vdots \\ 0 & 0 & 0 & \cdots & -1 & 1 \\ 1 & 0 & 0 & \cdots & 0 & -1 \end{bmatrix}_{n \times n}$$　(10.18)

$$E_2 = \begin{bmatrix} 0 & 0 & 0 & \cdots & 0 & 1 \\ 1 & 0 & 0 & \cdots & 0 & 0 \\ 0 & 1 & 0 & \cdots & 0 & 0 \\ \vdots & \vdots & \vdots & & \vdots & \vdots \\ 0 & 0 & 0 & \cdots & 0 & 0 \\ 0 & 0 & 0 & \cdots & 1 & 0 \end{bmatrix}_{n \times n}$$　(10.19)

$$E_3 = \left(E_2 \right)^{\mathrm{T}}$$　(10.20)

索的向量矩阵 S^* 为

$$S^* = N_{2n}(C_S^*)^{\mathrm{T}} \in \mathbf{R}^{3 \times 8n}$$　(10.21)

10.2　天线机构力学分析

10.2.1　天线机构力学建模

1. 基本张拉模块内力平衡分析

下面以基本张拉模块为对象进行内力平衡分析。选择连接节点 1 和节点 4 的杆进行受力分析,对其两端点的受力情况进行分解。杆的受力分析如图 10.7 所示。

节点 1 和节点 4 分别受到来自 4 根绳和 1 根杆的力,节点处在 x、y、z 三个方向上各力的分力平衡,于是可以得到力平衡方程为

$$\begin{cases} -\overline{F}_{1x} + \overline{T}_{1x} + \overline{T}_{3x} + \overline{T}_{7x} + \overline{T}_{19x} = 0 \\ -\overline{F}_{1y} + \overline{T}_{1y} + \overline{T}_{3y} + \overline{T}_{7y} + \overline{T}_{19y} = 0 \\ -\overline{F}_{1z} + \overline{T}_{1z} + \overline{T}_{3z} + \overline{T}_{7z} + \overline{T}_{19z} = 0 \\ \overline{F}_{1x} + \overline{T}_{8x} + \overline{T}_{13x} + \overline{T}_{16x} + \overline{T}_{22x} = 0 \\ \overline{F}_{1y} + \overline{T}_{8y} + \overline{T}_{13y} + \overline{T}_{16y} + \overline{T}_{22y} = 0 \\ \overline{F}_{1z} + \overline{T}_{8z} + \overline{T}_{13z} + \overline{T}_{16z} + \overline{T}_{22z} = 0 \end{cases}$$　(10.22)

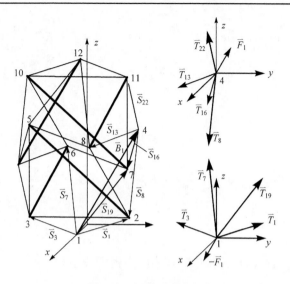

图 10.7　杆的受力分析

力密度为构件的内力与构件长度的比值。第 i 根杆构件的内力密度定义为 λ_i，则该杆的内力矢量 $\vec{F}_i = \vec{B}_i \lambda_i$，方向与杆矢量方向一致，$\vec{B}_i$ 为第 i 根杆构件的方向矢量。第 i 根索构件的内力密度定义为 γ_i，则索的内力矢量 $\vec{T}_i = \vec{S}_i \gamma_i$，方向与索矢量方向一致，$\vec{S}_i$ 为第 i 根索构件的方向矢量。将内力矢量用关于力密度的表达式代入式(10.22)，得

$$\begin{cases} -\vec{B}_{1x}\lambda_1 + \vec{S}_{1x}\gamma_1 + \vec{S}_{3x}\gamma_3 + \vec{S}_{7x}\gamma_7 + \vec{S}_{19x}\gamma_{19} = 0 \\ -\vec{B}_{1y}\lambda_1 + \vec{S}_{1y}\gamma_1 + \vec{S}_{3y}\gamma_3 + \vec{S}_{7y}\gamma_7 + \vec{S}_{19y}\gamma_{19} = 0 \\ -\vec{B}_{1z}\lambda_1 + \vec{S}_{1z}\gamma_1 + \vec{S}_{3z}\gamma_3 + \vec{S}_{7z}\gamma_7 + \vec{S}_{19z}\gamma_{19} = 0 \\ \vec{B}_{1x}\lambda_1 + \vec{S}_{8x}\gamma_8 + \vec{S}_{13x}\gamma_{13} + \vec{S}_{16x}\gamma_{16} + \vec{S}_{22x}\gamma_{22} = 0 \\ \vec{B}_{1y}\lambda_1 + \vec{S}_{8y}\gamma_8 + \vec{S}_{13y}\gamma_{13} + \vec{S}_{16y}\gamma_{16} + \vec{S}_{22y}\gamma_{22} = 0 \\ \vec{B}_{1z}\lambda_1 + \vec{S}_{8z}\gamma_8 + \vec{S}_{13z}\gamma_{13} + \vec{S}_{16z}\gamma_{16} + \vec{S}_{22z}\gamma_{22} = 0 \end{cases} \tag{10.23}$$

同类索具有相同的力密度，可得

$$\begin{cases} \gamma_1 = \gamma_3 \\ \gamma_7 = \gamma_8 \\ \gamma_{13} = \gamma_{16} \\ \gamma_{19} = \gamma_{22} \end{cases} \tag{10.24}$$

根据各杆和索在 x、y、z 三个方向上的向量，基本参数与力密度的矩阵关系为

$$\boldsymbol{AX} = \boldsymbol{0} \tag{10.25}$$

式中

$$A=\begin{bmatrix} r-RC\varphi & -3r & RC\left(\dfrac{4\pi}{3}+\varphi\right)-r & 0 & RC\left(-\dfrac{\pi}{3}+\varphi\right)-r \\[2mm] -RS\varphi & 0 & RS\left(\dfrac{4\pi}{3}+\varphi\right) & 0 & RS\left(-\dfrac{\pi}{3}+\varphi\right) \\[2mm] -h & 0 & h & 0 & l \\[2mm] RC\varphi-r & 0 & -\dfrac{1}{2}r-RC\varphi & -RC\varphi & \dfrac{1}{2}r-RC\varphi \\[2mm] RS\varphi & 0 & \dfrac{\sqrt{3}}{2}r-RS\varphi & -RS\varphi & \dfrac{\sqrt{3}}{2}r-RS\varphi \\[2mm] h & 0 & -h & 2(l-h) & l \end{bmatrix} \tag{10.26}$$

$$\boldsymbol{X}=[\lambda_1 \quad \gamma_1 \quad \gamma_7 \quad \gamma_{13} \quad \gamma_{19}]^{\mathrm{T}} \tag{10.27}$$

最终，得到基本张拉模块中杆、索的力密度关系为

$$\begin{cases} \lambda_1 = \left(\dfrac{\left(l-\dfrac{1}{2}h\right)S\varphi+\dfrac{\sqrt{3}}{2}hC\varphi}{-\dfrac{\sqrt{3}}{2}hC\varphi-\dfrac{3}{2}hS\varphi}+\dfrac{l}{h}\right)\gamma_{19} \\[6mm] \gamma_1 = \dfrac{\sqrt{3}Rh-\dfrac{\sqrt{3}}{2}Rl+r(l-h)\left(\dfrac{\sqrt{3}}{2}C\varphi+\dfrac{3}{2}S\varphi\right)}{3r\left(\dfrac{\sqrt{3}}{2}hC\varphi+\dfrac{3}{2}hS\varphi\right)}\gamma_{19} \\[6mm] \gamma_7 = \dfrac{\left(l-\dfrac{1}{2}h\right)S\varphi+\dfrac{\sqrt{3}}{2}hC\varphi}{-\dfrac{\sqrt{3}}{2}hC\varphi-\dfrac{3}{2}hS\varphi}\gamma_{19} \\[6mm] \gamma_{13} = \dfrac{l}{h-l}\gamma_{19} \end{cases} \tag{10.28}$$

由式(10.28)可知，在固定基本参数的情况下，索、杆之间的力密度呈线性关系；当基本张拉模块的形态发生变化时，结构的基本参数发生变化，其力密度之间的关系也随形态的变化而变化。

2. 索杆张拉天线内力平衡分析

在 $2n$ 杆索杆张拉天线中，选择由节点 1 和节点 $n+1$ 连接的杆进行受力分析，得到平衡方程为

$$\begin{cases} -\vec{F}_{1x} + \vec{T}_{1x} + \vec{T}_{nx} + \vec{T}_{(2n+1)x} + \vec{T}_{(6n+1)x} = 0 \\ -\vec{F}_{1y} + \vec{T}_{1y} + \vec{T}_{ny} + \vec{T}_{(2n+1)y} + \vec{T}_{(6n+1)y} = 0 \\ -\vec{F}_{1z} + \vec{T}_{1z} + \vec{T}_{nz} + \vec{T}_{(2n+1)z} + \vec{T}_{(6n+1)z} = 0 \\ \vec{F}_{1x} + \vec{T}_{(2n+2)x} + \vec{T}_{(4n+1)x} + \vec{T}_{(5n+1)x} + \vec{T}_{(7n+1)x} = 0 \\ \vec{F}_{1y} + \vec{T}_{(2n+2)y} + \vec{T}_{(4n+1)y} + \vec{T}_{(5n+1)y} + \vec{T}_{(7n+1)y} = 0 \\ \vec{F}_{1z} + \vec{T}_{(2n+2)z} + \vec{T}_{(4n+1)z} + \vec{T}_{(5n+1)z} + \vec{T}_{(7n+1)z} = 0 \end{cases} \tag{10.29}$$

将内力矢量转化为关于力密度的表达式为

$$\begin{cases} -\vec{B}_{1x}\lambda_1 + \vec{S}_{1x}\gamma_1 + \vec{S}_{nx}\gamma_n + \vec{S}_{(2n+1)x}\gamma_{(2n+1)} + \vec{S}_{(6n+1)x}\gamma_{(6n+1)} = 0 \\ -\vec{B}_{1y}\lambda_1 + \vec{S}_{1y}\gamma_1 + \vec{S}_{ny}\gamma_n + \vec{S}_{(2n+1)y}\gamma_{(2n+1)} + \vec{S}_{(6n+1)y}\gamma_{(6n+1)} = 0 \\ -\vec{B}_{1z}\lambda_1 + \vec{S}_{1z}\gamma_1 + \vec{S}_{nz}\gamma_n + \vec{S}_{(2n+1)z}\gamma_{(2n+1)} + \vec{S}_{(6n+1)z}\gamma_{(6n+1)} = 0 \\ \vec{B}_{1x}\lambda_1 + \vec{S}_{(2n+2)x}\gamma_{(2n+2)} + \vec{S}_{(4n+1)x}\gamma_{(4n+1)} + \vec{S}_{(5n+1)x}\gamma_{(5n+1)} + \vec{S}_{(7n+1)x}\gamma_{(7n+1)} = 0 \\ \vec{B}_{1y}\lambda_1 + \vec{S}_{(2n+2)y}\gamma_{(2n+2)} + \vec{S}_{(4n+1)y}\gamma_{(4n+1)} + \vec{S}_{(5n+1)y}\gamma_{(5n+1)} + \vec{S}_{(7n+1)y}\gamma_{(7n+1)} = 0 \\ \vec{B}_{1z}\lambda_1 + \vec{S}_{(2n+2)z}\gamma_{(2n+2)} + \vec{S}_{(4n+1)z}\gamma_{(4n+1)} + \vec{S}_{(5n+1)z}\gamma_{(5n+1)} + \vec{S}_{(7n+1)z}\gamma_{(7n+1)} = 0 \end{cases} \tag{10.30}$$

在 $2n$ 杆索杆张拉天线中，计算获得基本参数与力密度的矩阵关系为

$$\mathbf{A}'\mathbf{X}' = 0 \tag{10.31}$$

式中

$$\mathbf{A}' = \begin{bmatrix} r - RC\varphi & 2r\left(C\dfrac{2\pi}{n} - 1\right) & RC\left(\dfrac{2(n-1)\pi}{n} + \varphi\right) - r & 0 & RC\left(-\dfrac{\pi}{n} + \varphi\right) - r \\ -RS\varphi & 0 & RS\left(\dfrac{2(n-1)\pi}{n} + \varphi\right) & 0 & RS\left(-\dfrac{\pi}{n} + \varphi\right) \\ -h & 0 & h & 0 & l \\ RC\varphi - r & 0 & rC\dfrac{2\pi}{n} - R \cdot C\varphi & 2RC\varphi\left(C\dfrac{\pi}{n} - 1\right) & rC\dfrac{\pi}{n} - R \cdot C\varphi \\ RC\varphi & 0 & rS\dfrac{2\pi}{n} - R \cdot S\varphi & 2RS\varphi\left(C\dfrac{\pi}{n} - 1\right) & rS\dfrac{\pi}{n} - R \cdot S\varphi \\ h & 0 & -h & 2(l - h) & l \end{bmatrix} \tag{10.32}$$

$$\mathbf{X}' = \begin{bmatrix} \lambda_1 & \gamma_1 & \gamma_{(2n+1)} & \gamma_{(4n+1)} & \gamma_{(6n+1)} \end{bmatrix}^{\mathrm{T}} \tag{10.33}$$

式中，λ_1 为杆的力密度；γ_1 为环形索的力密度；$\gamma_{(2n+1)}$ 为竖索的力密度；$\gamma_{(4n+1)}$ 为鞍索的力密度；$\gamma_{(6n+1)}$ 为斜索的力密度。

当 n 确定时，可以求解得到索杆张拉天线的各基本参数，确定结构的具体形态。因此，可得到 $2n$ 杆索杆张拉天线各构件力密度的关系为

$$
\begin{cases}
\lambda_1 = \left[\dfrac{\left(h\mathrm{C}\dfrac{\pi}{n} - l \right)\mathrm{S}\varphi - h\mathrm{S}\dfrac{\pi}{n}\mathrm{C}\varphi}{h\mathrm{S}\dfrac{2\pi}{n}\mathrm{C}\varphi + h\left(1 - \mathrm{C}\dfrac{2\pi}{n} \right)\mathrm{S}\varphi} + \dfrac{l}{h} \right]\gamma_{(6n+1)} \\[4mm]
\gamma_1 = \dfrac{2Rh\mathrm{S}\dfrac{\pi}{n} - Rl\mathrm{S}\dfrac{2\pi}{n} + r(l-h)\left[\mathrm{S}\dfrac{2\pi}{n}\mathrm{C}\varphi + \left(1 - \mathrm{C}\dfrac{2\pi}{n}\right)\mathrm{S}\varphi \right]}{2r\left(1 - \mathrm{C}\dfrac{2\pi}{n} \right)\left[h\mathrm{S}\dfrac{2\pi}{n}\mathrm{C}\varphi + h\left(1 - \mathrm{C}\dfrac{2\pi}{n} \right)\mathrm{S}\varphi \right]}\gamma_{(6n+1)} \\[4mm]
\gamma_{(2n+1)} = \dfrac{\left(h\mathrm{C}\dfrac{\pi}{n} - l \right)\mathrm{S}\varphi - h\mathrm{S}\dfrac{\pi}{n}\mathrm{C}\varphi}{h\mathrm{S}\dfrac{2\pi}{n}\mathrm{C}\varphi + h\left(1 - \mathrm{C}\dfrac{2\pi}{n} \right)\mathrm{S}\varphi}\gamma_{(6n+1)} \\[4mm]
\gamma_{(4n+1)} = \dfrac{l}{h-l}\gamma_{(6n+1)}
\end{cases}
\tag{10.34}
$$

10.2.2　基本参数求解

取索杆张拉天线的杆长和索长为设计参数，其展开过程可以认为是内力平衡状态间发生的连续变换。对于基本张拉模块，其杆、鞍索和斜索的长度在姿态变换过程中都不发生改变，由空间几何分析可以得到这些设计参数与基本参数之间的关系为

$$
\begin{cases}
l_{\mathrm{B}}^2 = r^2 + R^2 - 2rR\mathrm{C}\varphi + h^2 \\[2mm]
l_{S_{\mathrm{S}}}^2 = (h-l)^2 + R^2 \\[2mm]
l_{S_{\mathrm{D}}}^2 = l^2 + r^2 + R^2 - 2rR\mathrm{C}\left(\varphi - \dfrac{\pi}{3} \right)
\end{cases}
\tag{10.35}
$$

式中，l_{B} 为杆长；$l_{S_{\mathrm{S}}}$ 为鞍索长度；$l_{S_{\mathrm{D}}}$ 为斜索长度。

在确定展开口径 r、杆长 l_{B}、鞍索长 $l_{S_{\mathrm{S}}}$ 和斜索长 $l_{S_{\mathrm{D}}}$ 之后，三个方程中仍有 4 个基本参数无法求解。但是引入由内力平衡决定的基本参数关系后，可通过数值求解方法求得基本参数的具体数值。

根据空间几何关系得到展开过程中长度发生变化的水平索和竖索与基本参数间的关系为

$$\begin{cases} l_{S_V}{}^2 = r^2 + R^2 - 2rR\mathrm{C}\left(\varphi - \dfrac{2\pi}{3}\right) + h^2 \\ l_{S_H}{}^2 = 3r^2 \end{cases} \tag{10.36}$$

式中，l_{S_V} 为竖索长度；l_{S_H} 为水平索长度。

在基本参数通过数值求解确定之后，通过式(10.36)能够计算索长的具体值。同理，在形态变换过程中 $2n$ 杆索杆张拉天线的杆长、鞍索长和斜索长也都不变，将 n 作为一个确定参数代入空间几何关系分析中，可以得到

$$\begin{cases} l_B^2 = r^2 + R^2 - 2rR\mathrm{C}\varphi + h^2 \\ l_{S_S}^2 = (h-l)^2 + 2R^2\left(1 - \mathrm{C}\dfrac{\pi}{n}\right) \\ l_{S_D}^2 = l^2 + r^2 + R^2 - 2rR\mathrm{C}\left(\varphi - \dfrac{\pi}{n}\right) \end{cases} \tag{10.37}$$

竖索和水平索与基本参数间的关系为

$$\begin{cases} l_{S_V}^2 = r^2 + R^2 - 2rR\mathrm{C}\left(\varphi - \dfrac{2\pi}{n}\right) + h^2 \\ l_{S_H}^2 = 2r^2\left(1 - \mathrm{C}\dfrac{2\pi}{n}\right) \end{cases} \tag{10.38}$$

在确定杆的数量和展开口径的情况下，基本参数 R、h、l、φ 可以通过数值计算的方式获得，改变展开口径 r 的值可求得相应的基本参数，而这些参数值最终确定了索杆张拉天线的各个展开状态，为索杆张拉式可展开天线的参数分析和选择奠定了基础。

10.3　索杆张拉式可展开天线机构参数分析

设计参数的不同会造成姿态多解性与展开特性的不同，为了使索杆张拉天线具有更好的展开性能，本节从设计参数的解域入手，分析杆长、索长对展开过程及展开后基本参数的影响。

10.3.1　张拉天线解域分析

根据设计参数与基本参数的关系，对于一个确定杆数的索杆张拉天线，只需知道展开口径 r、杆长 l_B、鞍索长 l_{S_S} 和斜索长 l_{S_D} 这 4 个参数就能够求出索杆张拉天线的 4 个基本参数 R、h、l、φ，也就能完整描述其结构特征。对于确定的天线展开口径，根据杆长、鞍索长、斜索长的不同组合得到的索杆张拉天线基本参

数是不同的。

1. 杆长固定时的索长解域

为了获得确定的索杆张拉天线，首先选定杆的数量。设杆数为 24，天线外包络半径 R 为 600mm。设计展开后口径 r 为 570mm，每根杆的扭转角为 30°，杆轴向高度为 205mm，如图 10.8 所示。求得杆长 l_B 为 366.78mm，圆整后为 366mm。

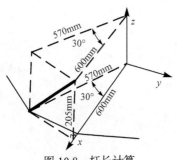

图 10.8　杆长计算

杆张拉天线构型。

在索杆张拉天线中，鞍索、斜索和杆是决定天线形状的设计参数，其长度关系满足

$$\begin{cases} l_B + l_{S_S} > l_{S_D} \\ l_B + l_{S_D} > l_{S_S} \\ l_{S_S} + l_{S_D} > l_B \end{cases} \tag{10.39}$$

当展开口径 r 和杆长 l_B 固定时，由于给出的鞍索和斜索长度不同，得出的基本参数也有所不同。图 10.9 所示为得到的 6 种环形索

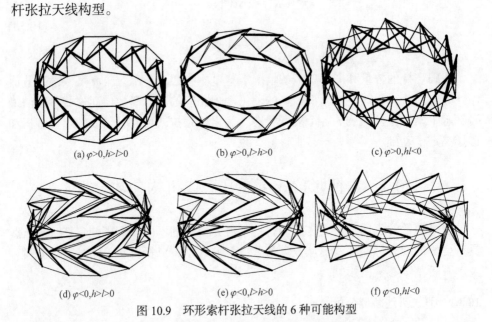

(a) $\varphi>0, h>l>0$　　　　　　　(b) $\varphi>0, l>h>0$　　　　　　　(c) $\varphi>0, hl<0$

(d) $\varphi<0, h>l>0$　　　　　　　(e) $\varphi<0, l>h>0$　　　　　　　(f) $\varphi<0, hl<0$

图 10.9　环形索杆张拉天线的 6 种可能构型

图 10.9(b)、(c)、(e)和(f)所示的构型虽然自身有稳定的力系存在，但该力系极容易破坏，不能承受外力。图 10.9(d) 所示的构型在展开过程中会出现图 10.9(e)所示的构型，容易在展开过程中丧失刚度，故不适合作为索杆张拉式可展开天线。图 10.9(a)所示的构型能够承受外力，且展开过程中形态类型不发生变化，能够满

足索杆张拉天线机构的需求，因此将如图 10.9(a)所示的构型确定为可展开环形张拉天线的设计构型。

在展开口径 r 和杆长 l_B 确定的情况下，图 10.9(a)所示构型的鞍索长 l_{S_S} 和斜索长 l_{S_D} 组成的解域如图 10.10 所示。

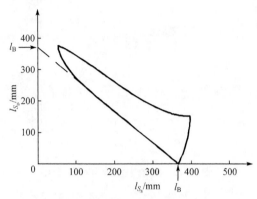

图 10.10　杆长固定时的索长解域

从图 10.10 中可以发现，解域下边界与一直线相切，该直线方程为

$$l_{S_D} = -l_{S_S} + l_B \tag{10.40}$$

2. 索长固定时的杆长解域

当索长固定时，即已经确定了图 10.10 中的一个定点，可求其杆长。索长固定时，杆长的取值要求是由杆长所确定的解域必须包含固定索长在解域坐标系中所确定的点；反之，这种杆长值不能与索长形成如图 10.9(a)所示的张拉构型。因此，索长固定时的杆长解域如图 10.11 所示。

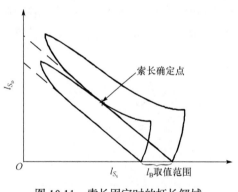

图 10.11　索长固定时的杆长解域

10.3.2　张拉天线参数分析

索杆张拉天线不仅展开形态多样，而且展开特点各不相同，需要分析基本参数与杆长、索长的对应关系，从而为选择索杆张拉天线的设计参数提供依据。

1. 杆的扭转角

杆的扭转角 φ 决定了杆件的扭转方向和扭转角度，因此需要分析杆件的扭转角。由于杆长确定了解域,故固定杆长值,分析解域内参数的变化规律。在解域中对每个点处的索长组合进行计算,得到扭转角 φ 的分布规律,如图 10.12 所示。

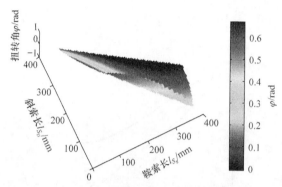

图 10.12　解域中扭转角 φ 的变化

从图 10.12 中可以发现,根据扭转角 φ 的变化规律不同,解域明显地分成两个区域,因此将索杆张拉天线解域进一步地划分为区域 A 和 B,如图 10.13 所示。区域 A 中索杆张拉天线扭转角的大小与鞍索长和斜索长都为正相关关系,区域 B 中扭转角的大小与鞍索长和斜索长都为负相关关系。

区域 A 中的扭转角较大,而区域 B 中的扭转角普遍小很多。扭转角越小,杆之间交叉的程度也越小,会产生如图 10.14 所示的结构形态。在这种结构形态下结构容易发生扭转和收缩,因此要避免采用小扭转角的结构。

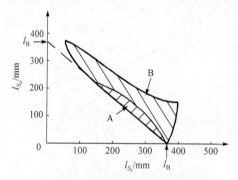

图 10.13　索杆张拉天线解域分解

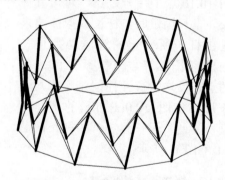

图 10.14　小扭转角索杆张拉天线

为了进行索杆张拉天线展开与收拢的对比分析,确定收拢时的口径 r 为 100mm。对收拢状态下的扭转角 φ 在解域内进行计算分析,结果如图 10.15 所示,而展开状态下的扭转角值在解域内的分布规律如图 10.16 所示。

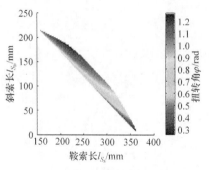

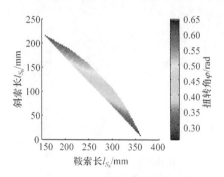

图 10.15　收拢状态下的扭转角 φ　　　　　　图 10.16　展开状态下的扭转角 φ

收拢状态下的扭转角比展开状态下的扭转角大。展开状态下扭转角越大，杆长在周向上的利用率就越高，有利于提高结构的扭转刚度。因此，在区域 A 中确定基于扭转角分析的索长取值范围(mm)，即

$$\begin{cases} 160 \leqslant l_{S_\mathrm{S}} \leqslant 300 \\ 100 \leqslant l_{S_\mathrm{D}} \leqslant 210 \end{cases}$$

2. 天线高度

索杆张拉天线要求展开时高度尽量大，收拢时高度尽量小，这样可以减小收拢所占用的空间。对索杆张拉天线基本参数 h 在解域中进行收拢和展开状态下的数值求解，分别得到如图 10.17 和图 10.18 所示的结果。在收拢和展开状态下，基本参数 h 的值与鞍索长和斜索长都是负相关关系。在收拢状态下，解域中 h 值分布范围较小，而在展开状态下，h 值具有很大的分布范围。

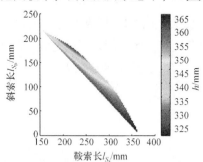

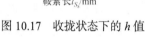

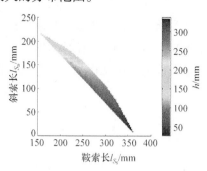

图 10.17　收拢状态下的 h 值　　　　　　　图 10.18　展开状态下的 h 值

对基本参数 l 在解域中进行收拢和展开状态下的数值求解，分别得到如图 10.19 和图 10.20 所示的结果。在收拢和展开状态下，参数 l 的值与鞍索长和斜索长都是负相关关系。在收拢状态下，解域中 l 值分布范围较大，而在展开状态下，l 值分布范围较小。当鞍索长越小、斜索长越大时，l 值在展开过程中会有更大的

变化范围。

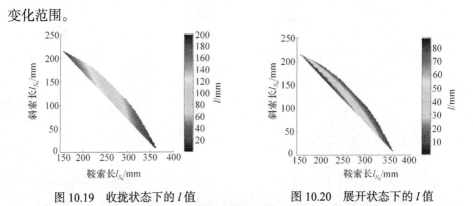

图 10.19　收拢状态下的 l 值　　　　　图 10.20　展开状态下的 l 值

根据对基本参数 h 和 l 的计算与分析，可得到收拢和展开状态下天线总高度 $H(h+l)$ 的变化规律，分别如图 10.21 和图 10.22 所示。在收拢和展开状态下，总高度 H 的值与鞍索长和斜索长都是负相关关系。

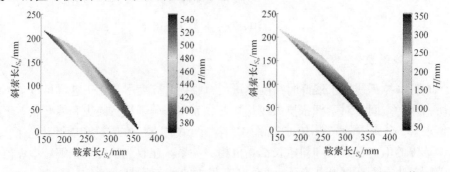

图 10.21　收拢状态下的 H 值　　　　　图 10.22　展开状态下的 H 值

根据所提出的高度设计要求"展开时 H 值大，收拢时 H 值小"，当鞍索取极小值的附近解域满足这个要求时，该区域具有比其他区域展开高度更大、收拢高度更小的优势，因此得到基于高度参数分析的索长取值范围(mm)为

$$160 \leqslant l_{S_S} \leqslant 200$$

3. 外包络半径

对索杆张拉天线半径 R 在解域中进行收拢和展开状态下的数值求解，得到的结果分别如图 10.23 和图 10.24 所示。在收拢和展开状态下，R 值与鞍索长和斜索长都是正相关关系。在收拢状态下，解域中 R 值分布范围较大；在展开状态下，R 值分布范围较小。收拢状态下 R 值小的区域在展开状态下也较小。

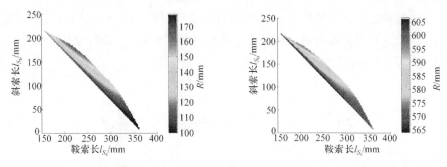

图 10.23　收拢状态下的 R 值　　　　　　图 10.24　展开状态下的 R 值

为了满足收拢时半径小的要求，确定了基于基本参数 R 分析的索长取值范围 (mm)为

$$
\begin{cases}
160 \leqslant l_{S_S} \leqslant 200 \\
-l_{S_S} + 366 < l_{S_D} \leqslant -l_{S_S} + 380
\end{cases}
$$

4. 杆间距离

在索杆张拉天线的展开运动中，相邻杆间的距离是约束其展开的关键参数。在索杆张拉天线中，两相邻异旋向杆之间的距离是杆与杆在展开过程中的最小距离，研究这个参数可以为杆直径的确定提供依据。根据空间异向杆的距离公式可以得到杆间距离为

$$
d = \frac{\left| \left(\vec{B}_n \times \vec{B}_{n+12} \right) \cdot \vec{S}_{n+72} \right|}{\left| \vec{B}_n \times \vec{B}_{n+12} \right|}
\tag{10.41}
$$

式中，$n = 1, 2, \cdots, 12$。

在整个展开过程中，杆的直径 D 应始终小于 d，否则会发生杆与杆之间的干涉而无法展开。对杆间距离参数 d 在解域中进行收拢和展开状态下的数值求解，得到的结果分别如图 10.25 和图 10.26 所示。

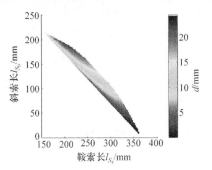 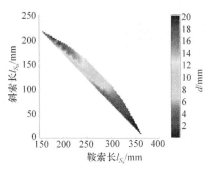

图 10.25　收拢状态下的 d 值　　　　　　图 10.26　展开状态下的 d 值

在收拢状态下，杆间距离 d 的值与鞍索长和斜索长都是正相关关系，d 值的变化范围较为有限，都在 30mm 以下。将收拢和展开状态下的 d 值进行比较，结果如图 10.27 所示。

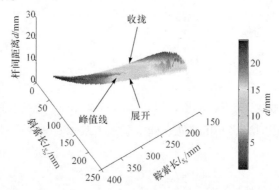

图 10.27 收拢和展开状态下 d 值的比较

从收拢到展开，在杆间距离 d 的变化过程中存在着 d_{min}，而杆的直径 D 必须满足 $D < d_{min}$。d_{min} 越小，杆就要求越细。d_{min} 值较大时，杆直径选择的范围就较大。综合考虑这些问题，索长选择在峰值线附近区域内，取值(mm)为

$$160 \leqslant l_{S_s} \leqslant 250$$

对设计参数进行确定，最终得到鞍索长为 190mm，斜索长为 185mm。该设计参数组合可以满足杆的扭转角更大、收拢时高度更小、展开时高度更高、收拢时外包络半径更小以及杆间距离始终较大的要求。

10.3.3 张拉天线展开形态分析

根据确定的设计参数和基本参数得到展开过程中各口径下索杆张拉天线的具体形态，通过编程得到天线的展开形态变化，如图 10.28 所示。

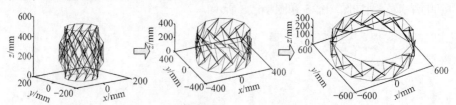

图 10.28 索杆张拉天线的展开过程

该仿真是基于参数化建模和设计参数的分析结果进行的，其求解流程如图 10.29 所示。

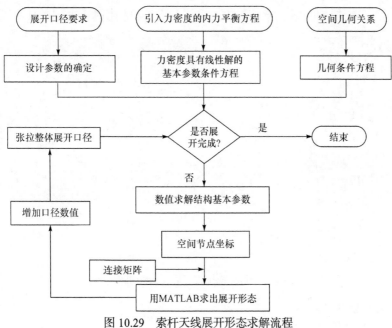

图 10.29　索杆天线展开形态求解流程

10.4　索杆张拉式可展开天线机构设计与研制

10.4.1　张拉天线机构设计

确定设计参数：鞍索长为 190mm，斜索长为 185mm，杆长为 366mm，展开半径为 570mm，收拢半径为 100mm，杆内外直径为 12/14mm。

利用杆中弹簧的弹性势能将竖索拉入杆内，实现竖索长度的改变并带动张拉天线形状的变化。杆驱动组件由吊环螺栓、主端固件、销钉、主端连接件、锁定弹簧片、碳纤维管、竖索、副端连接件、副端固件、引导滑块和驱动弹簧等构件组成，如图 10.30 所示。

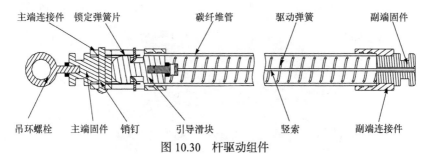

图 10.30　杆驱动组件

为了提高索杆张拉天线机构的刚度，将上下面的主端节点分别与两个中间盘连接,形成 24 根中间索。索杆张拉式可展开天线机构模型如图 10.31 所示。

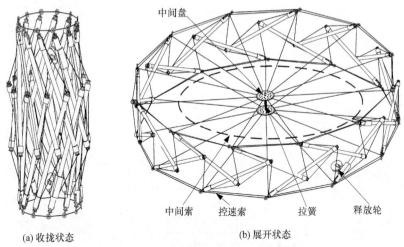

(a) 收拢状态　　　　　　　　　　　　(b) 展开状态

图 10.31　索杆张拉式可展开天线机构模型

10.4.2　样机研制与试验

1. 杆驱动组件

整个杆最终安装完后两端平面中心距离为 366mm,其实物如图 10.32 所示。

图 10.32　杆件实物图

设计收拢时天线口径为 100mm,展开后口径达到 570mm。在这一过程中,在杆中驱动弹簧的带动下,竖索长从 352.333mm 减小到 176.064mm,缩短 176.269mm。

对杆件释放时绳索内的拉力值进行测量,具体测试设备如图 10.33 所示。

图 10.33　杆件拉力测试

　　绳索拉力变化测试结果如图 10.34 所示。绳索的初始内力约为 23N，在锁定时绳索内力为 5N，试验中可实现驱动锁定。

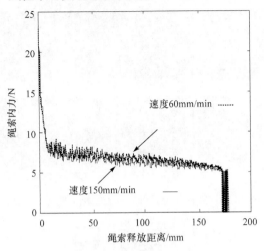

图 10.34　绳索释放拉力变化

2. 天线机构

　　研制的索杆张拉式可展开天线机构实物样机如图 10.35 所示。该天线机构总体质量约为 1.8kg。

　　为了验证理论分析的可行性和样机的展开性能，进行了展开功能试验，其展开过程如图 10.36 所示。

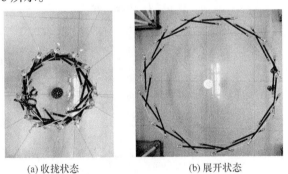

(a) 收拢状态　　　　　　　　(b) 展开状态

图 10.35　索杆张拉式可展开天线机构实物样机

3. 模态试验

　　为了测量索杆张拉式可展开天线展开时的自由模态频率，天线通过 12 根等长的弹性绳悬吊以补偿重力，采用锤击法进行模态测试，如图 10.37 所示。测量得到的功率谱密度曲线如图 10.38 所示，图中显示了加速度传感器 1(a1)和加速度传感器 2(a2)分别在 x、y、z 方向上的数据采集结果。由图可知，索杆张拉式可展开天线机构样机的自由模态的频率为 0.67Hz。

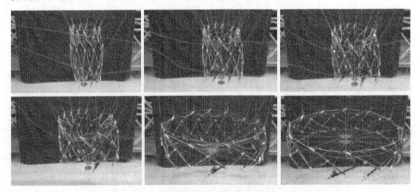

图 10.36　索杆张拉式可展开天线机构展开功能试验

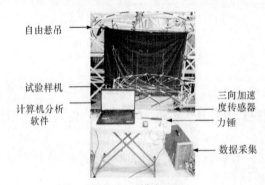

图 10.37　模态试验

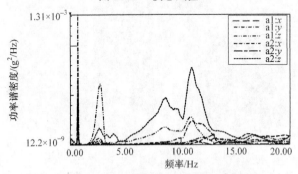

图 10.38　功率谱密度与频率关系曲线

10.5　本　章　小　结

本章基于空间索杆张拉结构提出一种索杆张拉式可展开天线机构的设计方法，建立了天线机构参数化模型和力密度分析模型，通过参数分析确定了天线机构构型和参数设计范围。通过天线机构样机研制与试验验证了索杆张拉天线机构设计的可行性，可为空间大口径天线机构的轻量化设计和采用柔索张拉实现刚度增强的其他空间结构设计提供借鉴与参考。

参 考 文 献

[1] Skelton R E, de Oliveira M C. Tensegrity Systems[M]. New York: Springer, 2009.

[2] You Z, Pellegrino S. Cable-stiffened pantographic deployable structures part 2: mesh reflector[J]. AIAA Journal, 1997, 35(8):1348-1355.

[3] Zolesi V S, Ganga P L, Scolamiero L, et al. On an innovative deployment concept for large space structures[C]. 42nd International Conference on Environmental Systems, San Diego, 2012:1-4.

[4] Tibert A G, Pellegrino S. Deployable tensegrity masts[C]. 44th AIAA/ASME/ASCE/AHS/ASC Structures, Structural Dynamics, and Materials Conference, Norfolk, 2003:1978-1987.

[5] Tibert A G. Deployable tensegrity structures for space applications[D]. Stockholm: Royal Institute of Technology, 2002.

[6] Furuya H, Murata S, Nakahara M, et al. Concept of inflatable tensegrity for large space structures[C]. 47th AIAA/ASME/ASCE/AHS/ASC Structures, Structural Dynamics, and Materials Conference, Newport, 2006:1700-1708.

[7] Montgomery I V E, Glenn W Z. Ultralightweight space deployable primary mirror demonstrator[C]. 43rd AIAA/ASME/ASCE/AHS/ASC Structures, Structural Dynamics, and Material Conference, Denver, 2002:1-10.

[8] Aldrich J B, Skelton R E, Kreutz-Delgado K. Control synthesis for a class of light and agile robotic tensegrity structures[C]. The American Control Conference, Washington DC, 2003:5245-5251.

[9] Pinaud J P. Deployable Tensegrity Towers[D]. San Diego: University of California, 2005.

[10] Skelton R E, Adhikari R, Pinaud J P, et al. An introduction to the mechanics of tensegrity structures[C]. Proceedings of the 40th IEEE Conference on Decision and Control, Orlando, 2001:4254-4259.

第 11 章　薄膜天线可展开机构设计

可展开薄膜天线是一种新兴的天线机构形式，相对于传统的平面天线，其具有质量轻、折展比大的优势，是未来大型可展开天线的重要发展方向。

11.1　薄膜天线可展开机构构型设计

11.1.1　系统组成

薄膜天线通常由薄膜阵面、可展开支撑机构和张拉系统等组成，如图 11.1 所示。

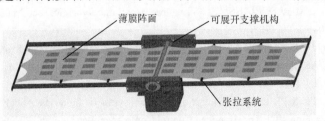

图 11.1　薄膜天线组成

聚酰亚胺薄膜材料[1]常用作空间可展开天线薄膜阵面的基板材料，具有大面积、柔软、质量轻、易折叠等特性。薄膜呈黄色透明，相对密度为 1.39～1.45，厚度为 0.025～0.25mm，有突出的耐高温、耐辐射、耐化学腐蚀和电绝缘性能，特别适合用作柔性印制电路板基材和各种耐高温电器元件的绝缘材料。

可展开支撑机构[2]是薄膜天线系统的重要组成部分，起到展开和支撑薄膜阵面的作用。为了突出薄膜天线轻量化的优势，对可展开支撑机构提出了更高的折展比和质量要求。传统的桁架式可展开机构已无法满足薄膜天线的使用要求，而具有轻质量、大变形的弹性伸杆机构成为薄膜天线展开支撑的首选，如利用薄壁管状结构通过弹性变形实现展收的豆荚杆[3,4]、开口圆管[5]等伸展机构。

张拉系统[6,7]是薄膜阵面和支撑框架之间的绳索系统，以对薄膜阵面施加均匀拉应力及提供薄膜阵面和支撑框架间的柔性连接。薄膜天线张拉系统是保持薄膜阵面所需的刚度和平面度的重要保障。

11.1.2　薄膜天线可展开机构构型

索杆张拉式结构具有结构效率高、受力合理、构型多样、质量轻、经济性好等优点。以薄膜作为天线面板，通过索-杆张拉构成预应力刚化结构可实现对薄膜天线的支撑。借鉴悬索桥、索膜建筑结构和空间大型可展开机构等，本节提出了三种高刚度薄膜天线可展开机构构型设计。

1. 桅杆斜拉式薄膜天线机构

桅杆斜拉式薄膜天线机构方案如图 11.2 所示，主要由桅杆、拉索、膜面和弹性杆等组成。类似于悬索桥结构，柔性索从桅杆连接到弹性杆上，由于太空微重力，需要对薄膜天线施加双向的拉索。为了达到较好的刚化效果，需要将桅杆高度设计得较高。

该种天线机构方案的桅杆需要从卫星本体伸展出去，且对拉索施加拉力困难；所有拉索的拉力作用在弹性杆上，容易使弹性杆失稳。为了减小桅杆高度和单个拉索的长度，设计如图 11.3 所示的多桅杆斜拉式天线机构方案。在保留卫星上主桅杆的基础上，在弹性杆上布置多个副桅杆将整个长天线机构分成若干个短天线，在副桅杆和局部天线弹性杆上通过拉索进行连接刚化。

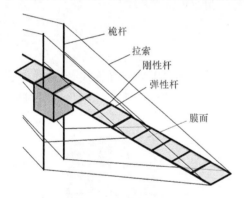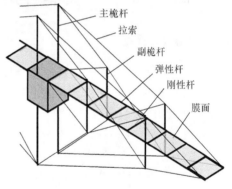

图 11.2　桅杆斜拉式薄膜天线机构　　　图 11.3　多桅杆斜拉式薄膜天线机构

2. 索杆张拉式薄膜天线机构

索杆张拉式薄膜天线机构采用两根弹性杆及若干根横杆、竖杆组合支撑薄膜天线，弹性杆与最外端横杆固连，其余各横杆通过滑车与弹性杆连接，如图 11.4 所示。每根横杆(除最外端横杆)两侧均有两根竖杆，竖杆间连接柔性索以实现结构刚化。

3. 三棱柱式薄膜天线机构

三棱柱式薄膜天线机构是利用三根弹性杆组合形成三棱柱式伸展臂结构。三棱柱的顶端面是和弹性杆固接在一起的三角框，中间的三角框则通过滑车和弹性杆相连接，最内侧三角框和卫星本体固接。这样，当三个弹性杆各自同步展开时就会由外端的三角框通过与之相连的绳索带动其他三角框依次运动展开，最终形成如图 11.5 所示的完全展开状态。薄膜可展开天线安装在三棱柱的侧面。

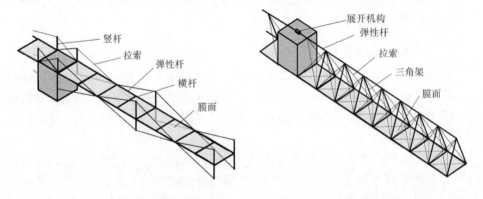

图 11.4　索杆张拉式薄膜天线机构　　　　图 11.5　三棱柱式薄膜天线机构

11.2　薄膜的折叠与张拉找形分析

11.2.1　薄膜的折叠

针对不同形状平面、曲面空间薄膜结构的折叠要求，折叠方式[8-11]也多种多样。基于仿树叶有叶外和叶内折叠方式(图 11.6)，此外还有旋转和 Miura(图 11.7)等多种折叠方式。

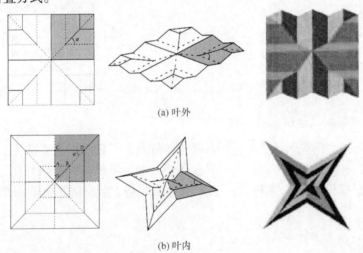

(a) 叶外

(b) 叶内

图 11.6　叶外和叶内折叠方式

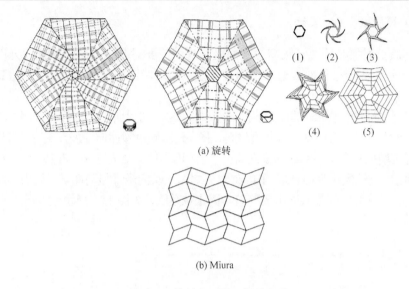

(a) 旋转

(b) Miura

图 11.7　旋转和 Miura 折叠方式

基于以上折叠方式可以拟合构造任何正多边形平面和以等弧长为基础的弧面、抛物面和球面等，如图 11.8 所示。

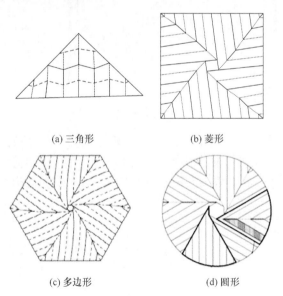

(a) 三角形　　　　　　　　(b) 菱形

(c) 多边形　　　　　　　　(d) 圆形

图 11.8　不同几何形状平面薄膜的折叠方式

11.2.2 薄膜张拉系统设计

薄膜反射面必须要有很高的平面度，这就需要对其施加一定的预应力以防止出现膜面褶皱[7,12]。目前常通过四周的支撑结构对膜面施加预应力，从而达到消除褶皱的目的。

可通过弹性伸杆展开机构展开形成支撑结构，利用绳索张拉系统对膜面施加预应力。薄膜阵面采用聚酰亚胺薄膜材料，其中的两侧由弹性伸杆展开支撑，另外两侧由碳纤维增强复合材料制成的刚性梁支撑。膜面周边剪裁成圆弧形花边，内部穿有凯芙拉绳索，此绳索称为内悬索。内、外悬索之间以及内悬索与刚性梁之间由中间索相连。内外悬索和中间索共同组成薄膜阵面张拉系统，如图11.9所示。

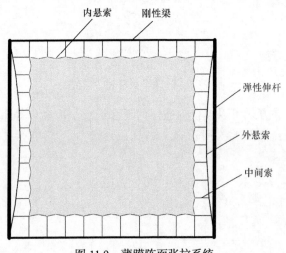

图 11.9　薄膜阵面张拉系统

平面薄膜结构的张拉实现方式主要为角点张拉、管道张拉和口袋张拉，如图 11.10 所示。角点张拉指悬索只通过膜面边界上的角点，对薄膜结构进行张拉；管道张拉指悬索穿在薄膜结构边界上的管道内，通过张拉管道的悬索实现对反射面的张拉。

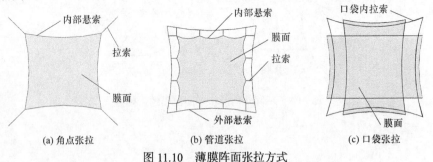

(a) 角点张拉　　　　　(b) 管道张拉　　　　　(c) 口袋张拉

图 11.10　薄膜阵面张拉方式

11.2.3　薄膜力学特性分析

对于膜结构力学特性分析，目前大量应用且较成熟的方法主要有力密度法、动力松弛法和非线性有限元法。

1. 力密度法

利用力密度法[13]对膜结构进行分析的基本原理是首先将膜结构离散成由索元通过铰链相互连接而成的索网结构，然后根据离散后的结构拓扑关系、边界条件以及设定的力密度值来列写静力平衡方程，便可以得到某一力密度值对应的膜位形及应力分布。力密度法的优点是在计算过程中认为各单元的力密度值保持不变，则平衡方程为线性方程组，解算过程简单，但是需反复尝试才能确定满足要求的力密度值，膜结构分析过程比较困难。

2. 动力松弛法

动力松弛法是将静力问题模拟为动态过程进行迭代求解，从而获得结构平衡状态的一种数值方法。其基本原理为对膜结构划分网格，根据达朗贝尔原理建立动力平衡方程，令所有节点在不平衡力(当前时刻结构的惯性力、阻尼力与外载荷的合力)的作用下产生振动，跟踪各节点的振动过程并利用动力方程不断积分计算各节点的速度和位移，根据求得的速度值计算结构的动能，由于阻尼的存在，动能不断耗散并衰减，最终结构静止到平衡状态。

根据牛顿第二定律得到的 t 时刻节点 i 在 j 方向的力学平衡方程为

$$R_{ij}^t = M_{ij}\dot{V}_{ij}^t \tag{11.1}$$

把式(11.1)改写成中心差分形式并整理得

$$V_{ij}^{t+\Delta t/2} = V_{ij}^{t-\Delta t/2} + \frac{R_{ij}^t}{M_{ij}}\Delta t \tag{11.2}$$

式中，R_{ij}^t 为 t 时刻节点 i 在 j 方向的不平衡力；M_{ij} 为 t 时刻节点 i 的虚拟质量；$\dot{V}_{ij}^t$ 为 t 时刻节点 i 在 j 方向的加速度。

为了保证力学平衡方程迭代的稳定性，时间增量、刚度和质量应满足以下关系式：

$$\Delta t \leqslant \sqrt{2M_{ij}/S_{ij\max}} \tag{11.3}$$

式中，$S_{ij\max}$ 为节点 i 在 j 方向的最大可能刚度，包括与 i 节点相连的索单元和膜单元的刚度。

t 时刻节点 i 在 j 方向的不平衡力表达式为

$$R_{ij}^t = \sum \frac{T_m^t}{L_m^t}(x_{ji}^t - x_{ki}^t) \tag{11.4}$$

式中，T_m^t 为 t 时刻节点 i 连接的膜单元等效连杆内力；L_m^t 为 t 时刻节点 i 连接的膜单元等效连杆长度；x_{ji}^t、x_{ki}^t 为 t 时刻与节点 i 相连的等效连杆另一端的坐标。

节点坐标的递推关系为

$$x_{ij}^{t+\Delta t} = x_{ij}^t + \Delta t V_{ij}^{t+\Delta t/2} \tag{11.5}$$

式中，x_{ij} 表示节点 i 在 j 方向的坐标。

该方法计算过程简单，解算过程不涉及大型非线性方程组，但是刚度系数和动能限制设定较困难，需要有足够的经验，参数选取不合适往往会导致迭代次数较多且计算时间较长。

3. 非线性有限元法

非线性有限元法是基于固体力学大变形问题处理材料非线性、几何非线性(大位移、大应变)和接触非线性的数值方法。其主要特点是根据变分原理建立的刚度矩阵不再是线性的，而是关于节点位移、转角的非线性方程组。针对这种非线性问题，研究中多采用增量法、迭代法进行求解，得出满足边界条件的结构形态。这种方法适用范围广，通用性强，计算精度高，但计算量大，计算效率低。而对于膜结构，由于其抗压和抗弯刚度很小，只能在面内预应力的作用下保持一定形状和具有一定的刚度，当载荷过大或者不对称时薄膜便会发生褶皱，此时利用非线性有限元法建立的刚度矩阵或其逆矩阵可能会出现奇异而导致求解失败。

运用非线性有限元法进行找形，膜单元一般采用 3 节点、9 自由度的三角形平面单元，索单元一般采用 2 节点、6 自由度的只能受拉不受压的空间杆单元。忽略材料非线性，考虑几何非线性，则有

$$\Delta \boldsymbol{\sigma} = \boldsymbol{D} \Delta \boldsymbol{\varepsilon} \tag{11.6}$$

$$\Delta \boldsymbol{\varepsilon} = (\boldsymbol{B}_{\mathrm{L}} + \boldsymbol{B}_{\mathrm{NL}}) \Delta \boldsymbol{U} \tag{11.7}$$

式中，$\Delta \boldsymbol{\sigma}$ 为单元应力增量矢量；$\Delta \boldsymbol{\varepsilon}$ 为单元应变增量矢量；$\boldsymbol{D}$ 为材料本构矩阵；$\boldsymbol{B}_{\mathrm{L}}$ 为线性应变位移转换矩阵；$\boldsymbol{B}_{\mathrm{NL}}$ 为非线性应变位移转换矩阵；$\Delta \boldsymbol{U}$ 为单元节点位移增量矢量。

根据虚功原理，可以得到非线性位移法找形平衡方程：

$$(\boldsymbol{K}_{\mathrm{L}} + \boldsymbol{K}_{\mathrm{NL}}) \Delta \boldsymbol{U} = \boldsymbol{R} - \boldsymbol{F} \tag{11.8}$$

式中，$\boldsymbol{R}$ 为 $t+\Delta t$ 时刻载荷的等效节点力矢量，可忽略不计；$\boldsymbol{F} = \int \boldsymbol{B}_{\mathrm{L}}^{\mathrm{T}} \boldsymbol{\sigma} \mathrm{d}V$ 为 t 时

刻单元应力的等效节点力矢量，$\mathrm{d}V$ 为体积微元；$K_{\mathrm{L}} = \int B_{\mathrm{L}} D B_{\mathrm{L}} \mathrm{d}V$ 为线性应变增

量刚度矩阵；$K_{\mathrm{NL}} = \int G^{\mathrm{T}} \sigma G \mathrm{d}V$ 为几何刚度矩阵或初应力刚度矩阵，其中 G 为位

移梯度与单元节点位移矢量之间的转换矩阵。

除以上方法外，还有基于向量式分析与固体力学理论提出的有限质点法。该方法是采用点值来描述结构的运动和变形，即用空间质点的位置与时间轨迹来描述结构的几何形状和空间位置，结构的质量都集中在质点上，并认为结构中每一个质点运动在其所有途径单元中都遵循牛顿第二定律，采用虚功原理建立运动控制方程，通过虚拟的逆向运动得到节点的内力项。相对于传统有限元法，有限质点法简化了计算，具有较好的通用性，在处理大变形、大位移等非线性很强的问题时具有很大的优势。

另外，膜结构在外载荷作用下易出现褶皱，而褶皱会影响薄膜的形面精度和结构的稳定性，因此薄膜褶皱分析也是薄膜结构力学特性分析的重点。目前，薄膜褶皱分析的主要方法为基于张力场理论和基于稳定性理论的分析方法。基于张力场理论的分析不考虑薄膜的抗弯刚度，薄膜中一旦出现压应力，褶皱便会出现，而褶皱区处于单轴的应力状态，褶皱方向与张力线同向。这种分析方法主要使用了修正本构矩阵法和修正变形梯度张量法的分析模型。基于稳定性理论的分析中认为薄膜可以承受微小压力，将褶皱看成薄壳受压屈曲的行为。该方法可以给出薄膜褶皱的幅度、半波长等信息，为使用有限元法对薄膜褶皱的模拟及分析提供了依据。此外，能量动量法和向量式有限元法也分别被应用到薄膜结构的展开分析及薄膜结构褶皱分析中。

11.3　基于弹性伸杆的可展开机构设计

11.3.1　弹性伸杆机构

弹性伸杆一般采用高比强、高弹性、高导热系数、小热膨胀系数的铜铍合金、钼、钨和碳纤维等材料，其截面通常是一个或多个圆柱状薄壳。此外，弹性伸杆还可以由一个元件或几个元件组成，形成一元、二元或多元杆。弹性伸杆主要利用弹性变形、弹性恢复和电机卷绕实现伸展收缩，基本运动为转动、扭转或伸展。弹性伸杆构造简单、可靠性高、收拢体积小，可重复展开和收拢，已成功应用于单极、双极天线和重力梯度杆等。弹性伸杆的直径为 10～300mm，壁厚一般为0.07～0.13mm，完全展开后的长度可达 300m。弹性伸杆的典型形式有单层、嵌套式、互锁式和透镜状等。

1. 单层弹性伸杆

单层弹性伸杆如图 11.11 所示。收拢时薄壳卷曲在转轴上，通过转轴的转动可以实现该弹性伸杆的展开和收拢。这种结构形式的主要特点是其截面由单层薄壳构成，在搭接处有一定角度的表面重叠，通过重叠部分相互挤压来增加摩擦阻力以提高剪切刚度和抗弯刚度，但由于是开口截面，其抗扭刚度很低。

2. 嵌套式弹性伸杆

嵌套式弹性伸杆如图 11.12 所示。由两个圆柱薄壳重叠搭接嵌套在一起构成，圆柱薄壳分别卷曲在两个单独的转轴上，其弯曲刚度和扭转刚度比单层伸杆有较大提高。

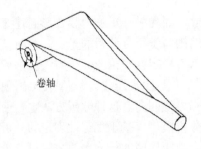
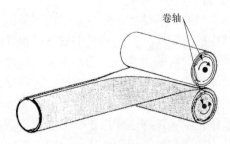

卷轴　　　　　　　　　　　　　　　　　　　　　卷轴

图 11.11　单层弹性伸杆　　　　　图 11.12　嵌套式弹性伸杆

3. 互锁式弹性伸杆

以上两种形式都属于开环截面形式，依靠搭接处的摩擦阻力来得到一定程度的弯曲、扭转和剪切刚度。另外还有互锁式的弹性伸杆，如图 11.13 所示。一个薄壳带有锁槽，另一个薄壳带有锁扣，通过转轴展开，沿展开方向，两个薄壳在搭接处的锁槽与锁扣位置上互锁，提高了伸杆的弯曲刚度和扭转刚度。

4. 透镜状弹性伸杆

透镜状弹性伸杆如图 11.14 所示。两个薄壳沿展开方向焊接在一起呈两端凸出状闭合截面，弹性伸杆卷曲到转轴上时，内、外侧薄壳一个向内卷曲一个向外卷曲。这类形式的弹性伸杆强度、刚度较高，抗扭刚度比上述弹性伸杆显著提高，其截面可为圆形、透镜形等。德国空间中心已研制出用于太阳帆的长 14m 的弹性伸杆，由碳纤维增强复合材料制成，每米质量仅 0.1kg。

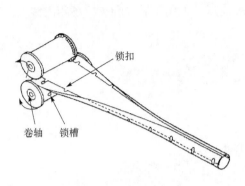

图 11.13　互锁式弹性伸杆

图 11.14　透镜状弹性伸杆

透镜状弹性伸杆由上下两个近似 "Ω" 形薄壳结构黏合而成，横截面呈中空、薄壁、对称透镜状，称为豆荚杆，其截面如图 11.15 所示。每个薄壁壳体由多段圆弧依次相接而成。

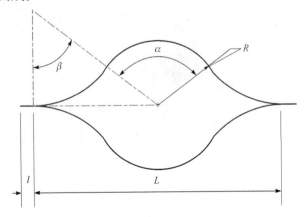

图 11.15　豆荚杆截面形状图

豆荚杆鼓起时的宽度为

$$L_1 = L + 2l = \frac{2R}{\tan(\pi - \beta)} + 2l \tag{11.9}$$

豆荚杆拉平时的宽度为

$$L_2 = (\alpha + 2\beta)R + 2l \tag{11.10}$$

式中，α 为中间弧段的弧度；β 为两侧弧段的弧度；R 为弧段的曲率半径；l 为侧边宽度；L 为截面宽度。

复合材料豆荚杆是采用树脂基复合材料研制的可以压平、卷曲、收拢的可展开弹性伸杆结构。收拢时，豆荚杆可平绕在滚筒上或自身卷成一个卷筒而呈收拢状态(图 11.16)；展开时，依靠自身弹性从平卷状态恢复为长管形状，具有结构简单、质量轻、折展比大、展开可靠性高等优点，适用于展开和支撑薄膜天线。

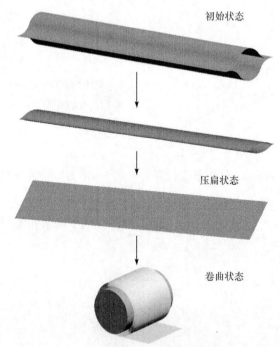

图 11.16 豆荚杆卷曲过程示意图

Crawdord[14]给出了适用于各种形式弹性伸杆的质量、弯曲刚度和屈服应力的半经验公式。

质量公式为

$$m = \pi f \rho D t H \tag{11.11}$$

弯曲刚度公式为

$$EI = \frac{1}{8}\pi CED^3 t \tag{11.12}$$

屈服应力公式为

$$\sigma_{CR} = k_{CR} E \frac{t}{D} \tag{11.13}$$

式中，H 为伸展臂长度；D 为薄壁管直径；t 为薄壳厚度；ρ 为材料密度；E 为材料的弹性模量；I 为截面惯性矩；f、C、k_{CR} 为不同形式弹性伸杆的试验修正系数。

11.3.2 豆荚杆展开机构

豆荚杆展开机构包括支架、滚筒、导向轮、锁紧与释放机构、驱动电机等，如图 11.17(a) 所示。豆荚杆与滚筒牢固连接，收拢时，先将豆荚杆压扁成带状(图 11.17(b))，然后通过转动滚筒将豆荚杆从两端卷到滚筒上(图 11.17(c))，卷曲到位后对滚筒实施锁紧(图 11.17(d))，并将端杆与支架连接。展开时，先进行解锁，然后在驱动电机的控制下，滚筒匀速转动，豆荚杆在导向轮的约束下向两侧逐渐展开，当伸杆完全展开后对滚筒进行锁紧。图 11.17(a)～图 11.17(d)给出了整个展开过程。

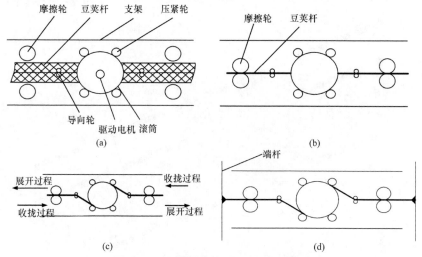

图 11.17　豆荚杆收拢(展开)过程示意图

　　根据豆荚杆的展收原理设计其展开机构。展开机构主要包括支撑架、滚筒、摩擦轮、导向轮、根部夹紧机构和摩擦轮解锁装置等部分，如图 11.18 所示。展开机构用于将豆荚杆压平缠绕在滚筒上，通过滚筒的转动实现收拢和展开；摩擦轮为豆荚杆的展开提供展开力；导向轮保证豆荚杆直线展开，并使豆荚杆根部过渡段具有一定的刚度；当豆荚杆完全展开后，摩擦轮解锁装置动作，摩擦轮解锁收起，豆荚杆鼓起；根部夹紧机构用于固定豆荚杆根部。

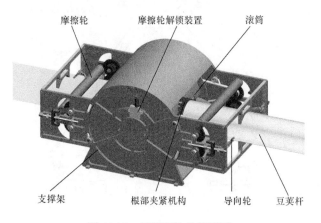

图 11.18　展开机构的外形图

11.3.3　三棱柱式薄膜天线机构设计

将三套豆荚杆展开机构与滑道、多组滑车部件和张拉系统等进行装配，设计出一种三棱柱式薄膜天线机构，如图 11.19 所示。

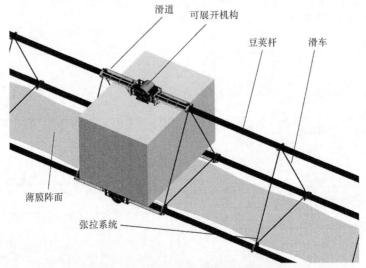

图 11.19　三棱柱式薄膜天线机构

可展开机构将卷曲在滚筒上的豆荚杆逐渐伸出，位于滑道上的锁紧机构依次将滑车等距锁定到豆荚杆上，薄膜阵面与滑车通过张拉系统连接，随着豆荚杆的展开逐渐将薄膜阵面从折叠状态拉平展开。

滑车机构主要由豆荚杆夹紧机构和碳纤维杆组成，如图 11.20 所示。

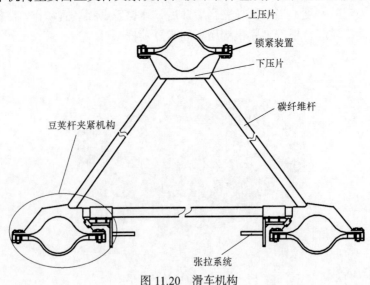

图 11.20　滑车机构

豆荚杆夹紧机构主要由上压片、下压片和锁紧装置组成，锁紧机构将上压片下压，上压片与下压片共同将豆荚杆夹紧并由锁紧装置锁紧上压片，从而将滑车机构锁定到豆荚杆上。

三棱柱式薄膜天线可展开机构的应用效果图如图 11.21 所示。

(a) 收拢图　　　　　　　　　　　　　　　(b) 展开图

图 11.21　三棱柱式薄膜天线可展开机构的应用效果

为了掌握三棱柱式薄膜天线的力学特征，这里对展开后的薄膜天线机构进行模态分析。首先建立具有 15 个桁架单元的三棱柱式薄膜天线仿真模型(图 11.22)，总长度为 60m；然后设定材料属性与截面形状，截面形状为豆荚杆形，材料为碳纤维；最后利用有限元软件 ABAQUS 进行仿真。

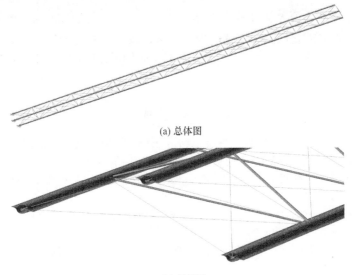

(a) 总体图

(b) 局部图

图 11.22　三棱柱式薄膜天线仿真模型

得到三棱柱式薄膜天线机构的前 4 阶模态振型，如图 11.23 所示。

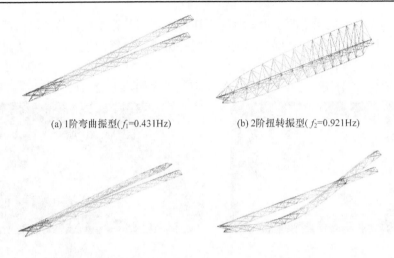

(a) 1阶弯曲振型(f_1=0.431Hz)

(b) 2阶扭转振型(f_2=0.921Hz)

(c) 3阶弯曲扭转振型(f_3=1.049Hz)

(d) 4阶弯曲振型(f_4=1.441Hz)

图11.23 三棱柱式薄膜天线机构的前4阶模态振型

11.4 本章小结

本章介绍了薄膜天线可展开机构的组成；介绍了通过具有大变形能力的弹性伸杆对薄膜阵面进行展开与支撑的设计方法，设计了弹性伸杆的卷筒式展开驱动机构及三棱柱式薄膜天线机构，实现了薄膜天线机构的大折展比、轻量化、高刚度设计。

参 考 文 献

[1] 陈丹. 聚酰亚胺取向纳米复合膜的制备、结构与性能研究[D]. 上海: 复旦大学, 2012.

[2] 姬鸣. 薄膜天线支撑杆展开机构的研制[D]. 哈尔滨: 哈尔滨工业大学, 2011.

[3] 康雄建, 陈务军, 邱振宇, 等. 空间薄壁CFRP豆荚杆模态试验及分析[J]. 振动与冲击, 2017, 36(15):215-221.

[4] 蔡祈耀, 陈务军, 张大旭, 等. 空间薄壁CFRP豆荚杆悬臂屈曲分析及试验[J]. 上海交通大学学报, 2016, 50(1):145-151.

[5] 徐喆, 杨晓林, 贺雨, 等. 开口薄壁圆管弹塑性弯扭试验及ABAQUS分析[J]. 科技创新导报, 2017, (29):28-29.

[6] 刘志全, 邱慧, 李潇, 等. 平面薄膜天线张拉系统优化设计及天线结构模态分析[J]. 宇航学报, 2017, 38(4):344-351.

[7] 魏玉卿, 尚仰宏. 空间薄膜结构张拉系统优化设计[C]//段宝岩, 叶渭川. 中国电子学会电子机械工程分会2009年机械电子学学术会议论文集. 北京: 电子工业出版社, 2009.

[8] Kobayashi H, Daimaruya M, Vincent J F V. Folding/unfolding manner of tree leaves as a deployable

structure[C]. Proceedings of the IUTAM Symposium on Deployable Structures, Theory and Applications, Cambridge, 1998:211-220.

[9] de Focatiis D S, Guest S D. Deployable membranes designed from folding tree leaves[J]. Philosophical Transactions , 2002 , 360(1791):227-238.

[10] Miura K. Method of packaging and deployment of large membranes in space[J]. The Institute of Space and Astronautical Science Report, 1985, 618:1-9.

[11] Miura K. A note on intrinsic geometry of origami[C]. Proceedings of the 1st International Conference of Origami Science and Technology, Ferrara, 1991:239-249.

[12] 刘充. 空间平面薄膜结构褶皱与动力学分析[D]. 西安: 西安电子科技大学, 2014.

[13] Schek H J. The force density method for form finding and computation of general networks[J]. Computer Methods in Applied Mechanics and Engineering, 1974, 3(1):115-134.

[14] Crawford R F. Strength and efficiency of deployable booms for space applications[R]. AIAA-1971-396, 1971.

第 12 章　固面天线可展开机构设计

可展开固面天线一般是由若干个相同的固面可展开单元组合而成的，具有形面精度高、刚度高的特点[1-5]。固面天线可展开机构是由天线面板、连杆和运动副等组成的空间机构[6]，其设计实质上就是对基本可展开单元进行设计。

12.1　太阳花式可展开天线机构设计

将太阳花式可展开天线机构看作由多个基本可展开单元构成，每个基本可展开单元就是一个空间杆机构。

12.1.1　基本可展开单元设计

取两个相同的 Bennett 机构，二者呈对称布置，通过共连杆和铰链形成一个过约束的 6R 机构，这里称为 Twin-Bennett 机构，其机构运动简图如图 12.1 所示。

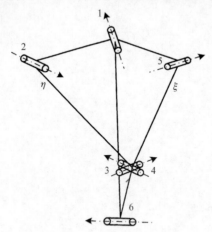

图 12.1　Twin-Bennett 机构运动简图

Twin-Bennett 机构含有 6 个转动副(图 12.1 中的 1、2、3、4、5 和 6)和 7 个连杆(图 12.1 中的杆 12、杆 23、杆 45、杆 51、杆 36(46)和杆 16，杆 34 的长度为 0)，并取转动副 2 和 3 的夹角 $\alpha_{23} = \dfrac{\pi}{2}$，分别设连杆 23 和连杆 45 为连杆 η 和连杆 ξ。

同样设 $\theta_i (i=1,2,3,4,5,6)$ 为关节变量,由 Bennett 机构运动条件可以推导得到 Twin-Bennett 机构的关节变量的关系式为

$$
\begin{cases}
\tan\dfrac{\theta_2}{2} = \dfrac{\sin\left[\dfrac{1}{2}\left(\dfrac{\pi}{2}+\alpha_{12}\right)\right]}{\sin\left[\dfrac{1}{2}\left(\dfrac{\pi}{2}-\alpha_{12}\right)\right]}\tan\dfrac{\theta_3}{2} \\[4mm]
\theta_3 = \dfrac{1}{2}(\pi-\theta_1) \\[2mm]
\theta_4 = \theta_3 + \pi \\[2mm]
\theta_5 = 2\pi - \theta_2 \\[2mm]
\theta_6 = 2\pi - \theta_2
\end{cases}
\tag{12.1}
$$

在式(12.1)中,任何一个 $\theta_i (i=1,2,3,4,5,6)$ 确定时,其余的关节变量就随之确定,即该 Twin-Bennett 机构的自由度为 1。

根据 Twin-Bennett 机构运动简图,取 n=6,即单元数为 6,在正六边形上的一个顶点上布置上一个 Twin-Bennett 机构,以连杆 46 或连杆 36 为机架,所得到的连杆机构即可展开单元,如图 12.2 所示。

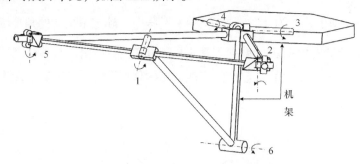

图 12.2　可展开单元的连杆机构模型

根据图 12.2 中的可展开单元,得到其展开过程如图 12.3 所示。

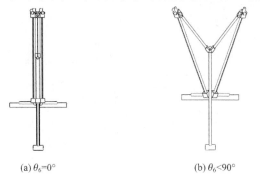

(a) $\theta_6=0°$　　　　　　　　　　(b) $\theta_6<90°$

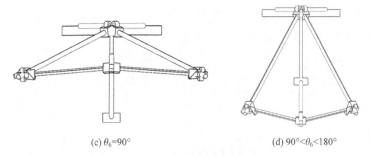

(c) $\theta_6=90°$　　　　　(d) $90°<\theta_6<180°$

图 12.3　可展开单元的展开过程

12.1.2　基本可展开单元组装与运动特性分析

1. Twin-Bennett 机构的组装

以上完成了一个可展开单元的设计，将多个机构单元按照一定规律组装在一起便可以设计出具有折展功能的多环路空间机构。若 n 个 Twin-Bennett 机构单元均布在正 n 边形的顶点上，杆长为 0 的连杆与顶点重合，顶点处的两个转动副轴线分别和正多边形的边重合，相邻单元的连杆 η 和连杆 ξ 通过刚体连接，且构成的多闭环空间连杆机构的自由度为 1。

当 $n=4$，即单元数为 4 时，$\alpha_{34}=\dfrac{(n-2)\pi}{n}=\dfrac{\pi}{2}$，确定了机构的角度参数，就确定了其他的转动副角度 α_{ij}，即得到基本可展开单元，利用该基本可展开单元得到的装配机构如图 12.4 所示。连杆 34 和四边形的顶点重合，铰链 3 和铰链 4 的轴线

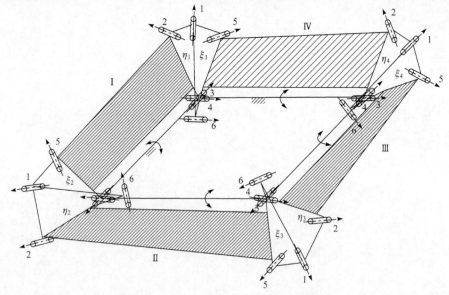

图 12.4　4 个 Twin-Bennett 机构单元的装配

与正四边形的两条相交的边重合。图中阴影部分表示刚体面板,此时机构自由度为 1。

取 $n=6$,机构参数 $\alpha_{34} = \dfrac{(n-2)\pi}{n} = \dfrac{2}{3}\pi$,各 Twin-Bennett 机构单元围绕一个正六边形得到的装配机构如图 12.5 所示。

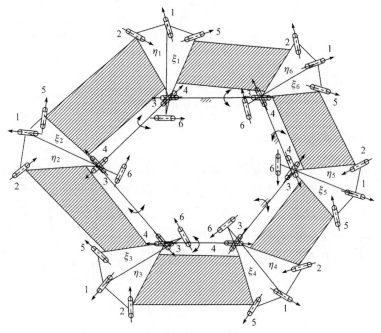

图 12.5　6 个 Twin-Bennett 机构单元的装配

以上 4 个单元和 6 个单元的装配机构的自由度均为 1,推广到单元数为 n 的装配机构自由度仍为 1。以 $n=6$ 为例,各个机构单元之间通过刚性面板连接,即可得到固面可展开机构,如图 12.6 所示。

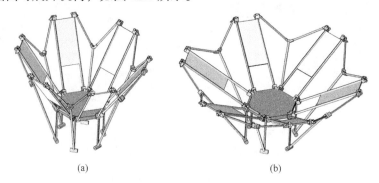

(a)　　　　　　　　　　　　(b)

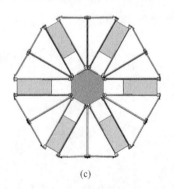

(c)

图 12.6　6 单元 Twin-Bennett 机构装配连杆模型和展开过程

2. 组装机构运动特性分析

组装机构由多个单元重复阵列构成，在运动过程中，每个单元的角位移、速度和加速度变化相同，因此只对一个单元进行运动特性分析。由方程(12.1)可知，关节变量 θ_2 和 θ_3 之间是非线性关系，其他的关节变量之间是线性关系。

为了便于讨论，假定转动副 6 处为机构的输入，且为匀速转动，设匀速转动的角速度为 ω，在方程(12.1)中，替换掉 θ_2 和 θ_6，可得

$$\theta_3 = -2\arctan\left(\frac{1}{K}\tan\frac{\omega t}{2}\right) \tag{12.2}$$

式中，$K = \tan\left(\dfrac{\pi}{2n} + \dfrac{\pi}{4}\right)$，$n$ 为正多边形的边数。

显然 θ_3 是一个周期函数，不同的 n 对应的 θ_3 随着 θ_6 的变化关系如图 12.7 所示。

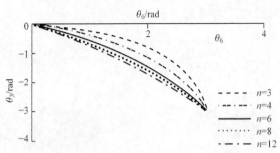

图 12.7　θ_3 随 θ_6 的变化曲线

对方程(12.2)分别进行一阶、二阶微分，得到关节 3 处的输出角速度 $\dot{\theta}_3$ 和角加速度 $\ddot{\theta}_3$ 与 ω 和 θ_6 的关系。设 $\omega = 1$，图 12.8 和图 12.9 给出了相应的变化曲线。

n 越大，角速度、角加速度曲线的平滑性越好，说明机构展开过程越平稳。作为可展开天线，一般取 $0 < \theta_6 < \dfrac{\pi}{2}$，即可实现天线机构的完全展开和收拢。

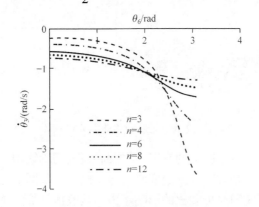

图 12.8　关节 3 的角速度 $\dot\theta_3$ 随 θ_6 的变化曲线 $(\omega = 1)$

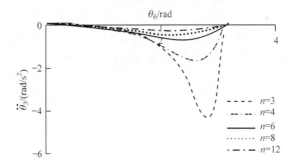

图 12.9　关节 3 的角加速度 $\ddot\theta_3$ 随 θ_6 的变化曲线 $(\omega = 1)$

12.1.3　太阳花式可展开机构设计

1. 天线反射面分割

天线机构展开后为一个完整的抛物面，若要实现折叠则需要将完整的抛物面分割成为若干个盘面。分割曲线会影响机构的收拢尺寸，甚至在展收过程中导致盘面干涉。

抛物面天线反射面在水平面上的投影为圆，这里采用外圆包络的方案进行曲面分割，即给定曲线是若干段圆弧，且每段圆弧都经过抛物面的水平投影(圆)的中心。图 12.10 为曲面分割的投影视图，切割抛物面投影的圆弧所在的圆称为切割线圆。

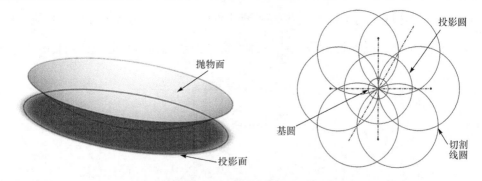

图 12.10　外圆包络曲面分割方案

天线的基本参数有投影圆的直径、抛物面方程、切割线圆的直径和基圆直径。基圆就是以上曲面分割方案中固定底座的包络圆。当基圆直径越大时，收拢后的体积越大，而切割线圆对折展比的影响不大。从收拢性能的角度来说，基圆直径越小，收拢性能越好，但是从结构设计的角度，基圆半径过小会给结构设计带来困难。

因此，在图 12.10 所示曲面切割方案基础上加入正六边形安装底座，得到由主、副盘面组成的太阳花式切割方案图，如图 12.11 所示。

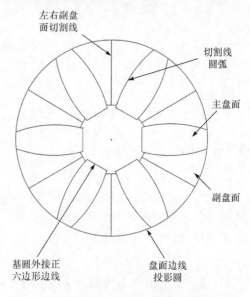

图 12.11　完整的曲面分割方案

以上得到的是外圆包络式的曲面分割方案，按照 Twin-Bennett 单元的机构约束条件，将各个铰链的回转轴线分布在如图 12.11 所示的盘面上。为了不影响反射面的形面精度，需要将铰链布置于盘面的背部。

2. 天线机构设计与研制

太阳花式固面天线可展开机构由 6 个主盘面、12 个副盘面、中心盘面、盘面间铰链、展开驱动机构、联动机构等部分组成，如图 12.12 所示。中心盘面与机架连接固定不动，主盘面与中心盘面之间、主副盘面之间、副副盘面之间都是通过转动副连接的。主盘面、中心盘面回转轴之间通过万向节相连实现同步运动。

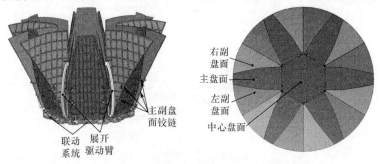

图 12.12　太阳花式固面天线可展开机构模型

太阳花式固面天线可展开机构的三维模型展开过程如图 12.13 所示。

图 12.13　太阳花式固面天线可展开机构三维模型的展开过程

在结构设计的基础上进行了太阳花式固面天线可展开机构样机研制(图 12.14)，验证了机构设计的正确性。

图 12.14　太阳花式固面天线可展开机构样机

12.2　多瓣式可展开天线机构设计

12.2.1　天线机构的分瓣设计

多瓣式可展开天线机构不同于太阳花式可展开天线机构，而是与 DAISY 或

MEA 固面可展开天线类似，其结构如图 12.15 所示。可以将反射面分割成若干个相同的盘面结构，通过可展开机构将每一个盘面与底面连接，并通过联动驱动实现多个盘面的同步展开。

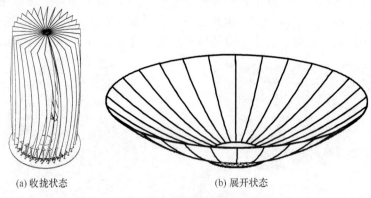

(a) 收拢状态　　　　　　　　　　(b) 展开状态

图 12.15　多瓣式固面天线

天线反射面的分瓣数量由展开状态的半径和收拢状态的半径共同决定，如图 12.16 所示。根据单块面板与中心圆盘之间的位置关系，确定面板分块数量为

$$n > \frac{\pi}{\arcsin\dfrac{r}{2R}} \tag{12.3}$$

式中，a 为单块面板外端处两端点的最大距离；r 为天线完全收拢状态时的半径；R 为天线完全展开状态时的半径。

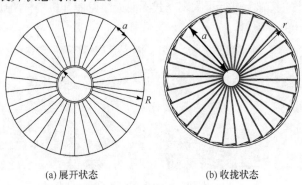

(a) 展开状态　　　　　　　　　(b) 收拢状态

图 12.16　分瓣数量的确定

12.2.2　可展开机构设计

要实现天线面板由收拢状态向展开状态运动，每个分瓣都要完成径向向外转动和绕自身轴线转动的复合运动，如图 12.17 所示。因此，每个分瓣的展开机构可以设计成分步式和复合式两种形式。

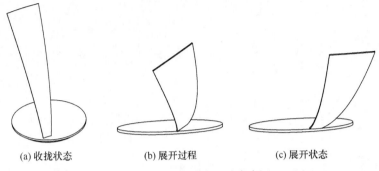

(a) 收拢状态　　　　　(b) 展开过程　　　　　(c) 展开状态

图 12.17　天线面板运动姿态图

1. 分步式展开机构

分步式展开机构在展开过程中有面板的径向展开和自身翻转两种运动形式。分布式展开机构的运动过程如图 12.18 所示。两种运动通过一套可展开机构来实现，面板初始展开时，回转副 2 锁定，此时可展开机构驱动盘下移并通过连杆拉动使面板绕回转副 1 进行径向展开运动；面板展开到一定角度时，对回转副 1 进行锁定，同时解锁回转副 2，驱动盘继续下移带动面板自身翻转运动，直至面板翻转到位实现机构的完全展开。

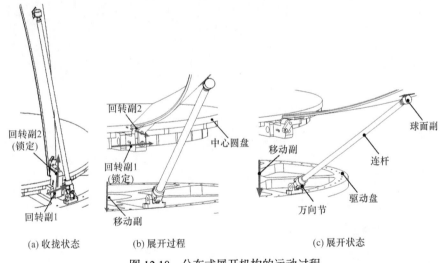

(a) 收拢状态　　　　　(b) 展开过程　　　　　(c) 展开状态

图 12.18　分布式展开机构的运动过程

图 12.19 所示为转动副 1 和转动副 2 的锁定与解锁切换机构。面板做径向展开运动时，锁销轴一端受弹簧压紧力被压入铰支座 2 锁销孔内，从而锁定回转副 2；面板展开到一定角度时，锁销轴一端从铰支座 2 锁销孔内拔出，另一端受弹簧压紧力被压入到关节轴 1 孔内，同步完成对回转副 2 的解锁和对回转副 1 的锁定。

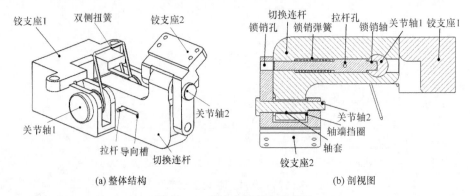

铰支座1　双侧扭簧　　铰支座2

切换连杆　　拉杆孔
锁销孔　锁销弹簧　锁销轴　关节轴1　铰支座1

关节轴2

关节轴1

拉杆 导向槽　切换连杆

关节轴2
轴端挡圈
轴套

铰支座2

(a) 整体结构　　　　　　　　　　　　(b) 剖视图

图 12.19　锁定与解锁切换机构

多瓣式可展开天线机构如图 12.20 所示。多个分瓣采用相同的展开机构,每套展开机构由锁定与解锁机构进行运动切换,多个展开机构并联到驱动盘,通过驱动盘的上下运动实现多个分瓣的同步展开。

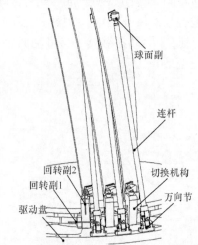

球面副

连杆

回转副2
回转副1

切换机构

万向节

驱动盘

图 12.20　多瓣式可展开天线机构

设计的固面天线分步式可展开机构的展开过程如图 12.21 所示。

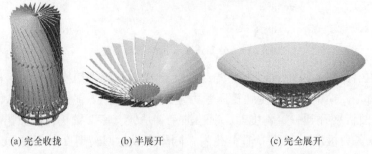

(a) 完全收拢　　　　　(b) 半展开　　　　　(c) 完全展开

图 12.21　固面天线分步式可展开机构的展开过程

2. 复合式展开机构设计

根据达朗贝尔-欧拉位移定理，刚体绕定点的任意有限转动可由绕过该定点的某一轴的一次转动实现，针对天线面板由收拢状态向展开状态的运动，若分割完后的天线反射面展开时所处的位置与收拢后所处的位置为已知条件，则天线反射面的展开运动可等效为绕某一轴的转动。基于此原理，可设计出一种单自由度的复合式展开机构，其原理模型如图 12.22 所示。

复合式展开机构单元主要由展开转动轴、传动杆件和驱动轮等组成，且之间对应的连接运动副为转动副、U 副和球副。每瓣天线面板通过一套复合式展开机构连接到天线固定基座上，如图 12.23 所示。复合式展开机构的传动杆件连接到同一个驱动轮上，通过驱动轮的转动同步驱动天线面板展开。天线面板背部设有支撑架以加强天线结构刚度。

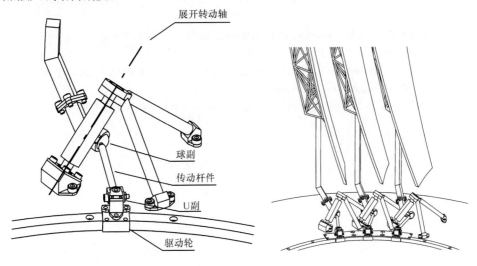

图 12.22　复合式展开机构单元　　　　图 12.23　多瓣可展开机构

根据以上原理，设计了固面天线复合式可展开机构的三维模型，其展开过程如图 12.24 所示。

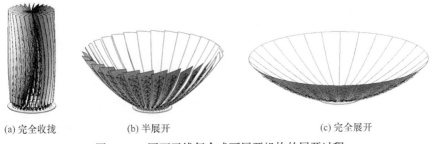

(a) 完全收拢　　　　　(b) 半展开　　　　　(c) 完全展开

图 12.24　固面天线复合式可展开机构的展开过程

12.3 本 章 小 结

本章介绍了太阳花固面天线可展开机构的设计方法并研制了样机，设计出多瓣式固面天线的分布式和复合式展开机构。

参 考 文 献

[1] 郭宏伟, 李忠杰, 刘荣强, 等. 太阳花式固体可展开天线参数与设计[C]. 空间光学与机电技术研讨会, 西安, 2013:54-62.

[2] Sahand N, Alan S, Kwan K. New concepts in large deployable parabolic solid reflectors[C]. Proceedings of 6th AECEF Symposium in Vilnius, Lithuania, 2008:162-171.

[3] 罗阿妮, 刘贺平, 李杨, 等. 花瓣式可展天线的结构分析[J]. 中国机械工程, 2012, 23(14): 1656-1658.

[4] Guest S D, Pellegrino S. A new concept for solid surface deployable antennas[J]. Acta Astronautica, 1996, 38(2):103-113.

[5] Fedorchuk S D, Arkhipov M Y. On the assurance of the design accuracy of the space radio telescope radioastron[J]. Kosmicheskie Issledovaniya, 2014, 52(5):415-417.

[6] 李忠杰. 固面折展式太阳能聚束器设计与分析[D]. 哈尔滨: 哈尔滨工业大学, 2015.